Falko Bause
Wolfgang Tölle

C++ für Programmierer

Aus dem Bereich
Computerliteratur

Programmierleitfaden Standard C
von P. J. Plauger und J. Brodie – Ein Microsoft Press/Vieweg-Buch

Programmieren lernen mit C
von A. Hansen – Ein Microsoft Press/Vieweg-Buch

Effektiv Programmieren in C
von D. Herrmann

Microsoft C-Programmierhandbuch
von C. Jamsa – Ein Microsoft Press/Vieweg-Buch

Einführung in die Programmiersprache C++
von F. Bause und W. Tölle

C++ für Programmierer
von F. Bause und W. Tölle

**Grafikprogrammierung mit Microsoft C
und Microsoft QuickC**
von K. Jamsa

Objektorientiert mit Turbo C++
von M. Aupperle

Vieweg C++ Toolbox
von M. Rebentisch

Statistik in C
von D. Herrmann

Vieweg

FALKO BAUSE / WOLFGANG TÖLLE

C++
FÜR PROGRAMMIERER

Eine umfassende und effiziente Anleitung

2., verbesserte Auflage

Die Deutsche Bibliothek – CIP-Einheitsaufnahme

Bause, Falko:
C++ für Programmierer / Falko Bause; Wolfgang Tölle. –
2., verb. Aufl. – Braunschweig; Wiesbaden: Vieweg, 1991
   ISBN 3-528-15110-2
NE: Tölle, Wolfgang:

1. Auflage 1990
2., verbesserte Auflage 1991

Das in diesem Buch enthaltene Programm-Material ist mit keiner Verpflichtung oder Garantie irgendeiner Art verbunden. Die Autoren und der Verlag übernehmen infolgedessen keine Verantwortung und werden keine daraus folgende oder sonstige Haftung übernehmen, die auf irgendeine Art aus der Benutzung dieses Programm-Materials oder Teilen davon entsteht.

Alle Rechte vorbehalten
© Friedr. Vieweg & Sohn Verlagsgesellschaft mbH, Braunschweig/Wiesbaden, 1991

Der Verlag Vieweg ist ein Unternehmen der Verlagsgruppe Bertelsmann International.

Das Werk einschließlich aller seiner Teile ist urheberrechtlich geschützt. Jede Verwertung außerhalb der engen Grenzen des Urheberrechtsgesetzes ist ohne Zustimmung des Verlags unzulässig und strafbar. Das gilt insbesondere für Vervielfältigungen, Übersetzungen, Mikroverfilmungen und die Einspeicherung und Verarbeitung in elektronischen Systemen.

Umschlaggestaltung: Schrimpf + Partner, Wiesbaden
Druck und buchbinderische Verarbeitung: Lengericher Handelsdruckerei, Lengerich
Gedruckt auf säurefreiem Papier
Printed in Germany

ISBN 3-528-15110-2

INHALTSVERZEICHNIS

Vorwort   1

1   Einleitung   3

2   Ein einführendes Beispiel   6
    2.1   Kommentare   8

3   Deklarationen/Definitionen   11

4   Typen, Konstanten, Operatoren, Ausdrücke   13
    4.1   Typen   13
       4.1.1   Elementare Typen und Typkonvertierung   13
          4.1.1.1   Implizite Typkonvertierung   14
          4.1.1.2   Explizite Typkonvertierung   16
       4.1.2   Abgeleitete Typen   17
          4.1.2.1   Referenz   19
          4.1.2.2   Zeiger   19
          4.1.2.3   Vektoren   20
          4.1.2.4   Der spezielle Typ "void"   24
       4.1.3   Typedef   26
    4.2   Konstanten   27
       4.2.1   Integer-Konstanten   27
       4.2.2   Character-Konstanten   28
       4.2.3   Reelle Konstanten   29
       4.2.4   Strings   29

	4.2.5	Const	30
	4.2.6	Aufzählungen	31
4.3	Operatoren		33
	4.3.1	Arithmetische Operatoren	34
	4.3.2	Vergleichsoperatoren und boolesche Operatoren	35
	4.3.3	Inkrement- und Dekrement-Operatoren	36
	4.3.4	Bitweise logische Operatoren	37
	4.3.5	Zuweisungsoperatoren	38
4.4	Ausdrücke		40
	4.4.1	Bedingter Ausdruck	40
	4.4.2	Kommaoperator	41

5 Anweisungen 43

5.1	Elementare Anweisungen, Blockstruktur, Gültigkeitsbereich von Variablen		43
5.2	Kontrollanweisungen		46
	5.2.1	if-else	46
	5.2.2	switch	48
	5.2.3	while und for	49
	5.2.4	do-while	51
	5.2.5	break	51
	5.2.6	continue	52
	5.2.7	gotos und labels	53

6 Funktionen 54

6.1	Definition einer Funktion		54
6.2	Parameterübergabe		56
	6.2.1	Strong Type Checking	57
	6.2.2	call by value	58
	6.2.3	call by reference	59
	6.2.4	Vektoren als Parameter	60

	6.3	Ergebnisrückgabe	62
		6.3.1 Der Freispeicher	64
	6.4	Weitere Parameterübergabemöglichkeiten	67
		6.4.1 Default Argumente	67
		6.4.2 Funktionen als Parameter	68
		6.4.3 Ellipsen	70
	6.5	Overloading von Funktionen	71
	6.6	Inline-Funktionen	74
	6.7	Die Funktion main und Hinweise zur Programmstruktur	75
		6.7.1 Programmstruktur	76
7	**Structures**		**80**
8	**Klassen**		**84**
	8.1	Motivation für das Klassenkonzept	84
	8.2	Definition von Klassen und Member-Funktionen	90
		8.2.1 Zeiger auf Klassenmember	92
		8.2.2 Statische Klassenmember	94
		8.2.3 Der this-Zeiger	97
		8.2.4 Member-Funktionen	98
	8.3	Gültigkeitsbereiche bei Verwendung von Klassen	101
	8.4	Initialisierung von Klassen	104
		8.4.1 Konstruktoren	104
		8.4.2 Weitere Möglichkeiten zur Initialisierung	105
	8.5	Löschen von Klassenobjekten	109
		8.5.1 Destruktoren	109
	8.6	Friends	112
	8.7	Klassen als Member von Klassen	115
		8.7.1 Konstruktoren/Destruktoren für Member-Klassen	115
	8.8	Vektoren von Klassen	119
	8.9	Structures und Unions	120

	8.10	Bitfelder	122

9 Abgeleitete Klassen — 123

9.1	Manipulation von Klassenobjekten	130
9.2	Klassenhierarchien	133
9.3	Zugriff auf vererbte Member	137
9.4	Konstruktoren/Destruktoren für abgeleitete Klassen	138
	9.4.1 X(const X&) bei abgeleiteten Klassen	141
9.5	Virtuelle Funktionen	143
9.6	Virtuelle Destruktoren	149
9.7	Virtuelle Basisklassen	150

10 Operator Overloading — 155

10.1	Möglichkeiten und Einschränkungen	156
	10.1.1 Operator [ ]	159
	10.1.2 Operator ( )	160
	10.1.3 Operator =	161
	10.1.4 Operator ->	162
	10.1.5 Operatoren *new* und *delete*	163
10.2	Selbstdefinierte Typkonvertierung	164

11 Ein-/Ausgabe — 169

11.1	Unformatierte Ein-/Ausgabe	169
11.2	Formatierte Ausgabe	174
11.3	Dateioperationen	178

12 Anhang — 184

12.1	Tabelle der Operatoren	184
12.2	Tabelle der reservierten Worte	187
12.3	Tabelle der besonderen Character	187
12.4	Tabelle der Anweisungen	188

12.5		Tabelle der Ausdrücke	189
12.6		Hinweise zur Benutzung von UNIX-Rechnern	192
12.7		Hinweise zum Compiler	193
	12.7.1	Aufruf des C++-Compilers	193
	12.7.2	Compiler-Anweisungen	195
12.8		Unterschiede zur C++-Version 1.2	197
	12.8.1	Änderungen der Semantik von Version 1.2	197
	12.8.2	Nicht unterstützte Konzepte in Version 1.2	198
12.9		Zukünftige Neuerungen von C++	199

13 Aufgaben   **201**

14 Musterlösungen   **209**

15 Literatur   **257**

16 Register   **266**

VORWORT

Dieses Buch wendet sich zum einen an alle, die den Einstieg in eine sehr zukunftsträchtige Programmiersprache im **Selbstudium** betreiben wollen. Ferner bietet dieses Buch denjenigen, die die AT&T C++-Version 1.2 bereits kennen, die Möglichkeit, die neuere Version 2.0 in kurzer Zeit zu erlernen. Zusätzlich dient dieses Buch durch sein ausführliches Register als schnelles **Nachschlagewerk** und ist durch seinen Aufbau als **Lehrbuch** geeignet.

Die ursprüngliche Idee entstammte einer selbstgehaltenen Vorlesung über die AT&T C++-Version 1.2 der Autoren an der Universität Dortmund im Sommersemester 1988. Diese Version der Programmiersprache wurde von den Autoren bereits in einem früheren Buch (Bause/Tölle 1989) behandelt, und es wurde versucht, den Aufbau dieses Buches möglichst ähnlich zu halten, um so C++-Kennern das Erlernen der neuen Features zu erleichtern. Andererseits ist der Aufbau auch so angelegt, daß Programmierer, die weder C noch C++ kennen, diese Programmiersprache leicht erlernen können. Es wird allerdings vorausgesetzt, daß der Leser einer anderen Hochsprache (z.B. Pascal) zumindest ansatzweise mächtig ist. Angefangen bei den für ein praktisches Erproben von Beispielen wichtigen Ein-/Ausgabeanweisungen wird das Wissen des Lesers schrittweise erweitert, ohne ihn gleich mit komplizierten Anweisungen zu überfordern. Im übrigen gilt, daß vor allem solche Hinweise in das Buch eingearbeitet wurden, die sich für die Programmierpraxis als wesentlich erwiesen haben.

Ein einführendes Beispiel in Kapitel 2, anschließend Grundlagen über Definitionen und Deklarationen in Kapitel 3, gefolgt von Grundlagen über Typen, Konstanten, Operatoren und Ausdrücke in Kapitel 4 bilden die Basis für das Erproben kleinerer praktischer Probleme und für Aufgabenstellungen komplexerer Natur.

Anweisungen in Kapitel 5, Funktionen in Kapitel 6 und Structures in Kapitel 7 beenden den C-spezifischen Teil von C++, der im wesentlichen identisch zu C ist, trotzdem aber einige wichtige syntaktische Unterschiede beinhaltet.

Kapitel 8 leitet über zu den wichtigen Neuerungen von C++. Hier werden die Grundlagen des Konzepts der Klassen aufgezeigt und anschließend in Kapitel 9 in Form von abgeleiteten Klassen erweitert. Kapitel 10 beschäftigt sich sodann mit dem ebenfalls neuen Konzept des Operator Overloading und Bemerkungen zur Ein-/Ausgabe in Kapitel 11 bilden den Abschluß des Hauptteils.

Der Anhang in Kapitel 12 listet in kurzer Form die wichtigsten syntaktischen Regeln der Spache auf und führt die Unterschiede der AT&T C++-Version 2.0 zur Version 1.2 auf, so daß sich erfahrene Programmierer hier schnell einen Überblick über die wichtigsten Features und Unterschiede verschaffen können. Ferner werden hier einige wichtige Hinweise zur Benutzung des C++-Compilers gegeben.

Übungsaufgaben, die sich an der Reihenfolge im Hauptteil orientieren und sukzessive immer anspruchsvoller werden, samt **ausführlichen Musterlösungen** unterstützen den Leser bei seinen ersten praktischen Schritten. Nach Bearbeiten des Hauptteils und der Aufgaben hat der Leser ein Wissen, auf deren Grundlage er auch größere praktische Probleme lösen kann. Gleichzeitig stellen die ausführlichen Musterlösungen ein wichtiges und schnelles Nachschlagewerk nicht nur für spezielle Probleme dar.

1 EINLEITUNG

Die Programmiersprache C++ stellt eine Erweiterung der Programmiersprache C dar. C bietet die Möglichkeit, fundamentale Objekte der Hardware (Bits, Words, Adressen) mittels einfacher Befehle effizient zu manipulieren, wobei die Sprachkonstrukte mit denen anderer Programmiersprachen, wie z.B. Pascal, durchaus vergleichbar sind. Die Intention bei der Entwicklung der Programmiersprache C war, Assemblersprachen, welche zur Programmierung von Betriebssystemroutinen benötigt wurden, weitgehend zu ersetzen, um so die Fehlerhäufigkeit bei der Programmerstellung zu reduzieren. Ein gutes Beispiel liefert das Betriebssystem UNIX, dessen Code überwiegend aus C-Code (und heute immer mehr C++-Code) besteht.

C läßt allerdings einige Konzepte, welche in anderen höheren Programmiersprachen vorhanden sind, vermissen. Dies war der Anlaß zur Weiterentwicklung von C zur Programmiersprache C++. Die wesentlichen Erweiterungen gegenüber C sind - neben allgemeinen Verbesserungen existierender C-Sprachmittel - die Unterstützung der Kreierung und Benutzung von **Datenabstraktionen** sowie die Unterstützung von **objektorientiertem Design** und **objektorientierter Programmierung**. Die Mächtigkeit von C++ liegt somit insbesondere in der Unterstützung von neuen Ansätzen zur Programmierung und in neuen Wegen, über Programmierprobleme nachzudenken.

C++ ist eine relativ junge Sprache, welche von den AT&T Laboratories entwickelt wurde. Eine erste Version dieser Sprache ist unter dem Namen "C with Classes" ca. 1980 erstmals bekannt geworden, und seit dieser Zeit unterlag die Sprache einer ständigen Weiterentwicklung. Der Name C++ tauchte zuerst im Jahre 1983 auf und im Jahr 1985 wurde die erste Version herausgebracht. 1988 kam die Version 1.2 heraus und seit Mitte 1989 existiert die Version 2.0. Bei der Entwicklung von C++ ist von Anfang an auf Standardisierungsmöglichkeiten geachtet worden. Es gibt Bestrebungen, einige in C++ neu entwickelte Techniken in andere Sprachen (z.B. Ada) zu integrieren, und einige sind auch bereits übernommen worden (z. B. das Konzept der strengen Typüberprüfung von C++ in den ANSI C-Standard). Für die Interpretation des Namens C++ gibt es mehrere Versionen. Die geläufigste ist, daß der Name aus dem C und dem Inkrementoperator ++ der Programmiersprache C entstand.

Wesentliche Änderungen gegenüber C bei der anfänglichen Konzeption von C++ (bis zur Version 1.2) waren zum einen die Einbettung des *Klassenkonzeptes*, welches z.B. in Simula67 vorzufinden ist, zum anderen die Möglichkeit des sogenannten *Operator Overloading*. Speziell die Verwendung von Klassen und die explizite Trennung der Daten in "öffentlich" zugreifbare und "private" Teile ermöglichte es schon in den ersten Versionen, das grundlegende Konzept der abstrakten Datentypen mit einfachen Mitteln zu realisieren. Ein Anwender der Sprache war in der Lage, die Sprache durch selbstdefinierte Datentypen zu erweitern, die dann mit der gleichen Flexibilität und der gleichen Einfachheit verwendet werden konnten wie die standardmäßig vorhandenen Typen. Außerdem unterstützte C++ den Aufbau von *Klassenhierarchien* und ermöglichte so *objektorientiertes Programmieren*.

In der Version 2.0 kamen wesentliche Dinge hinzu:

- die Möglichkeit, mehrfache Vererbung zu beschreiben,

- virtuelle Basisklassen,

- memberweise Initialisierung und Zuweisung von Klassenobjekten,

- typensicheres Binden,

- das Overloading der Operatoren *new* und *delete*,

- statische und konstante Member-Funktionen,

um nur einige Highlights zu nennen.

Als Basis für C++ wurde C gewählt. Gründe hierfür sind zum einen, daß bereits eine Vielzahl von Bibliotheksfunktionen in C existieren (einige hunderttausend Programmzeilen), die weiterhin genutzt werden können, und zum anderen der große Bekanntheitsgrad von C, so daß C-Programmierer die Sprache mit geringem Aufwand erlernen können. Um aber C++ effektiv einsetzen zu können, reicht es nicht aus, nur einen neuen Satz an syntaktischen Strukturen zu erlernen. Die neuen Denkweisen im Vergleich zu C müssen eindeutig motiviert werden, um so die sinnvollen Verwendungsmöglichkeiten der neuen Sprachmittel grundlegend zu unterstreichen.

Die Verbreitung von C++ geht sehr rasch vor sich, und C++ ist mittlerweile auch direkt bei mehreren Rechnerherstellern erhältlich. Das Betriebssystem UNIX wird bei AT&T bereits in C++ weiterentwickelt. Die Verfügbarkeit bereits etlicher Compiler und insbesondere die enormen Möglichkeiten der Sprache zeigen deutlich die Wichtigkeit von C++ für die Zukunft. Trotz der Mächtigkeit der Sprache ist ihre Weiterentwicklung keineswegs ausgeschlossen, sondern sogar wahrscheinlich. Zur Zeit in der Diskussion ist die Einführung von *parametrisierten Typen*, *Klassen* und *Funktionen*.

Kenntnisse der Programmiersprache C sind zum Verständnis nicht notwendig, Kenntnisse mindestens einer anderen höheren Programmiersprache (z.B. Pascal oder Simula) sollten allerdings vorhanden sein.

So wird in den Kapiteln 2-7 der Anteil von C++ beschrieben, der, bis auf wenige Ausnahmen (insbesondere syntaktischer Art), identisch zu C ist. In den restlichen Kapiteln werden dann die o.g. Unterschiede zwischen C++ und C behandelt.

Die meisten folgenden Beispielprogramme bzw. -fragmente sind nicht unbedingt unter Effizienzaspekten entworfen worden. In den meisten Fällen lag die Darstellung der Sprachmittel und ihrer möglichen Verwendung eindeutig im Vordergrund. Weiterhin wurde darauf verzichtet, an jeder Stelle ausführliche Programmbeispiele zu verwenden, da hierdurch dem Leser der Blick für das Wesentliche verstellt wird; vielmehr wurde Programmfragmenten zur Erläuterung der Sprachkonstrukte häufig der Vorzug gegeben.

2 EIN EINFÜHRENDES BEISPIEL

Zu Beginn soll uns ein einfaches Beispiel einen Einblick in die Programmiersprache C++ geben:

```
 1      /* Dieses Programm berechnet für eine eingegebene Zahl
 2         n die Potenzen 2^n, 3^n,...,11^n und speichert diese
 3         Ergebnisse in einem Vektor(Array). Anschließend
 4         werden die Inhalte des Vektors ausgegeben. */
 5
 6      #include <iostream.h>
 7
 8      int i, n;
 9
10      // Definition eines 10-elementigen Vektors v mit den
11      // Komponenten v[0], v[1], ..., v[9] vom Typ integer
12      int v[10];
13
14      /* Definition einer Funktion mit Namen b_hoch_n und
15         zwei Parametern b und n. Das Ergebnis der Funktion
16         ist ein Integer-Wert, der dem Ergebnis von b^n
17         entspricht. */
18
19      int b_hoch_n(int b, int n)
20      {
21         // Definition einer lokalen Integer-Variablen
22         // ergebnis mit Anfangswert 1.
23         int ergebnis = 1;
24
25         while (n > 0)
26         {
27            ergebnis = ergebnis * b;
28            n = n - 1;      // = ist der Zuweisungsoperator, in
29                            // Pascal z.B. unter := bekannt
30         }
31
32         return ergebnis; // Ergebnisrückgabe
33      }
34
35      main( )              // Beginn des Hauptprogramms
36      {
37         i = 0;
38         cout << "Geben Sie eine ganze Zahl ein: \n";
39                                              // schreiben
40         cin >> n;                            // lesen
41         while (i < 10)
42         {
43            v[i] = b_hoch_n( (i+2), n);
44            i    = i + 1;
45         }
46
```

```
47                  cout << "\nDie Ergebnisse sind: \n";
48                  i = 0;
49
50                  while (i < 10)
51                  {
52                     cout << (i+2) << " hoch " << n << " = " << v[i]
53                          << "\n";
54                     i = i + 1;
55                  }
56               }
```

Im obigem Programm sind am linken Rand Zeilennummern aufgeführt worden, da wir uns so leichter auf Teile des Programms beziehen können. Sollte das Programm vom C++-Compiler übersetzt werden, so dürfen diese Zeilennummern nicht vorkommen.

In Zeile 6 wird durch den Befehl **#include** die Datei **iostream.h** eingebunden, d.h. sie wird beim Kompilieren an dieser Stelle eingefügt. In dieser Datei sind u.a. die Deklarationen der Funktionen zur Ein- und Ausgabebehandlung abgelegt. Ohne diesen *include*-Befehl wären die Ein- bzw. Ausgabeanweisungen **cin** >> bzw. **cout** << nicht verwendbar. Die spitzen Klammern um den Namen *iostream.h* geben an, daß diese Datei unter einem vordefiniertem Directory steht, üblicherweise */usr/include/CC*. Der Befehl *#include* muß am linken Rand der zu kompilierenden Datei stehen, da dieser Befehl sonst nicht ausgeführt wird.

Hinweis:
iostream.h existiert erst seit C++ Version 2.0. Frühere C++-Versionen beinhalteten die entsprechende Bibliothek *stream.h*. Ältere Programme brauchen an dieser Stelle jedoch nicht geändert zu werden. Die Compiler-Anweisung *#include <stream.h>* wird auch weiterhin unterstützt; sie ist jetzt ein "Alias" für *#include <iostream.h>*.

In den Zeilen 8 und 12 werden Variablen vom Typ **int** (Integer = ganze Zahlen) definiert. Die Variable *v* ist dabei ein Vektor (ein Array) mit 10 Komponenten.

Die Zeilen 19-33 enthalten die Definition einer Funktion mit Namen *b_hoch_n*. Wird diese Funktion mit zwei aktuellen Parametern für *b* und *n* aufgerufen, so wird das Ergebnis b^n in der Variablen *ergebnis* berechnet. Die Ergebnisrückgabe erfolgt durch das Schlüsselwort **return**.

In den Zeilen 35-56 steht das Hauptprogramm, gekennzeichnet durch das Schlüsselwort **main**. *main* ist eine spezielle Funktion (hier mit leerer Parameterliste, daher die beiden runden Klammern), welche in jedem lauffähigen C++-Programm vorhanden sein muß. Denn wird ein Programm aufgerufen, so wird nach der speziellen Funktion *main* gesucht, welche automatisch aufgerufen wird.

Die geschweiften Klammern { bzw. } kennzeichnen den Beginn bzw. das Ende eines Blockes. So ist z.B. der Funktionsrumpf (-block) von *b_hoch_n* durch die geschweiften Klammern in den Zeilen 20 und 33 gekennzeichnet. Die Bedeutung von { und } ist z.B. vergleichbar mit den Schlüsselwörtern *begin* und *end* der Programmiersprachen Pascal und Simula.

Abschließend noch ein paar Worte zu den Ein- und Ausgabeoperatoren. Mittels **cout <<** werden Ausgaben vorgenommen. So wird in Zeile 38 der in Hochkommata stehende Text (String) ´*Geben Sie eine ganze Zahl ein:*´ ausgegeben. Das spezielle Symbol \n veranlaßt einen Zeilenvorschub, so daß die nächste Ausgabe am Anfang der nächsten Zeile erfolgt. Spezielle Symbole innerhalb einer Ausgabe sind grundsätzlich durch das Zeichen \ gekennzeichnet. Weitere Symbole zur Manipulation des Ausgabeformats sind im Anhang verzeichnet.

Die Zeilen 52-53 zeigen ein anderes Format für die Ausgabeanweisung. Die Anweisung ist äquivalent zur Anweisungsfolge:

```
cout << (i+2);
cout << " hoch ";
cout << n;
cout << " = ";
cout << v[i];
cout << "\n";
```

Mittels **cin >>** werden Eingaben von der Tastatur den angegebenen Variablen zugewiesen. So bedeutet die Anweisung *cin >> n;* (Zeile 40), daß der eingegebene Wert der Variablen *n* zugewiesen wird (vorausgesetzt, daß eine ganze Zahl eingegeben wird).

Bemerkung:
Das Übersetzen eines C++-Programmes wird bei einigen Compilern noch in mehreren Schritten durchgeführt. Zuerst führt ein sogenannter Präprozessor bestimmte Schritte aus, z.B. die Anweisungen, die durch ein # gekennzeichnet sind (also z.B. include-Befehle). Die Ausgabe des Präprozessors dient dann als Eingabe für den C++-Compiler, der sie in ein semantisch äquivalentes C-Programm umgesetzt, welches daraufhin vom C-Compiler kompiliert wird. Zur Vereinfachung werden wir im folgenden diese Schritte nicht mehr getrennt betrachten, sondern alle Vorgänge zusammenfassen und nur noch vom C++-Compiler sprechen.

2.1 Kommentare

Das obige Programmbeispiel beginnt mit einem **Kommentar** (Zeilen 1-4), in dem beschrieben wird, welche Funktionalität dem Benutzer zur Verfügung gestellt wird. Kommentare sind wichtige Hilfsmittel für den Ersteller und andere Leser eines Programms. Sie haben ausschließlich Erklärungsfunktionen und können etwa Algorithmen verdeutlichen, den Zweck von Variablen erklären oder

2.1 Kommentare

besondere Programmstellen hervorheben. Kommentare vergrößern den ausführbaren Programmcode nicht; sie werden vom Compiler vor der Codegenerierung entfernt.

In C++ gibt es - im Unterschied zu C - zwei Möglichkeiten, Kommentare zu verwenden:

1) durch Einschachtelung der zu kommentierenden Zeilen durch die Zeichenkombinationen /* und */ . Hier wird der Beginn eines Kommentars durch /* gekennzeichnet und mit */ abgeschlossen. Alles was sich zwischen diesen Zeichenkombinationen befindet, wird als Kommentar angesehen.

2) durch Voranstellen der Zeichen //, um den Rest einer einzigen Zeile als Kommentar zu kennzeichnen. Alles was sich rechts von diesen beiden Zeichen (aber nur in dieser einen Zeile) befindet, wird vom Compiler ignoriert.

Beispiele:

```
/* Definition einer Funktion mit Namen b_hoch_n und
   zwei Parametern b und n. Das Ergebnis der Funktion
   ist ein Integer-Wert, der dem Ergebnis von b^n
   entspricht.
*/

int b_hoch_n(int b, int n);

// Definition einer lokalen Integer-Variablen ergebnis
// mit Anfangswert 1.

int ergebnis = 1;

/* Funktion, die das Minimum zweier Integer-Zahlen
   berechnet.
*/

int min(int a, int b);
```

Nur die erste der beiden Möglichkeiten existiert auch in C. Kommentare dürfen nicht ineinander verschachtelt sein, d.h. ein Kommentarpaar darf nicht innerhalb eines anderen Kommentars auftauchen. Bei beiden Möglichkeiten darf zwischen den beiden kennzeichnenden Zeichen kein Leerzeichen stehen:

```
int   ergebnis;
int   i  =  10;
int   k  =  5;
int   *z =  &k;      /* Definition eines Integer-Zeigers z
                        (Sprachliches Hilfsmittels dazu
                        ist der *), welcher mit der
                        Adresse von k initialisiert wird
                     */
```

```
        ergebnis  = i / *z;
                      /* Division von i durch den Wert, auf
                         den z verweist: ergebnis hat den
                         Wert 2
                      */

        ergebnis  = i /*z;
                      /* Direkt hinter i beginnt ein
                         Kommentar
                      */
```

Im letzten Beispiel ist etwas Unerwünschtes passiert. Die zusammenhängende Schreibweise von /* kennzeichnet den Beginn eines Kommentars und nicht - wie offensichtlich gewünscht - eine Division. Direkt dahinter steht aber der Beginn des eigentlichen Kommentars. Da aber Kommentare nicht ineinander verschachtelt sein dürfen, erzeugt der Compiler (hier glücklicherweise) einen Fehler.

Kommentare sind zweifellos nützlich und ihre Verwendung fraglos angebracht. Sie dürfen jedoch nicht dazu führen, daß ein Programm schlecht lesbar wird. Folgendes Beispiel soll deshalb als Abschreckung dienen, weil hier die eigentlich wichtigen Programmschritte sehr schlecht zu erkennen sind:

```
        /* Definition einer Funktion mit Namen b_hoch_n und
           zwei Parametern b und n. Das Ergebnis der
           Funktion ist ein Integer-Wert, der dem Ergebnis
           von b^n entspricht. */
           int b_hoch_n(int b, int n);
        /* Definition einer lokalen Integer-Variablen
           ergebnis mit Anfangswert 1.*/
           int ergebnis = 1; /* Zuweisung */
        /* Definition eines Zeigers auf Integer */
           int *int_zeiger; /* Anfangs uninitialisiert */
        /* schlechtes Beispiel für Kommentare */
```

In den nächsten Kapiteln wollen wir uns mit den Grundlagen der Sprache C++ beschäftigen, wie z.B. Deklarationen, Typen und Anweisungen.

3 DEKLARATIONEN/DEFINITIONEN

Bevor ein Name, wie z.B. *ergebnis* aus unserem einführenden Beispiel (Kap. 2), in C++ benutzt werden darf, muß er deklariert werden, d.h. es muß angegeben werden, von welchem Typ diese Variable ist. Beispiele hierfür sind:

```
int     zaehler;
char    ch;
float   x = 5.0;
```

Diese **Deklarationen** sind auch zugleich **Definitionen**, da sie direkt den entsprechenden Speicherplatz für diese Variablen reservieren.

Deklarationen wie z.B.

```
extern  int re;
```

sind dagegen keine Definitionen. Hier wird dem Compiler lediglich mitgeteilt, daß die Variable *re* vom Typ *int* ist und extern (z.B. in einer anderen Datei) definiert ist. Es wird für *re* kein Speicherplatz zum Zeitpunkt der Deklaration reserviert.

In einer Definition ist es zusätzlich möglich, die Variable zu initialisieren, d.h. ihr einen Anfangswert zuzuweisen:

```
float   x  =  5.1;
int     i  =  16;
char    ch =  'c';
```

Definitionen sehen allgemein also wie folgt aus

<Typ_name> <Variablen_name> [= <Anfangs_wert>];

wobei die Angabe eines Anfangswertes optional ist.

Globale Variablen werden automatisch mit 0 initialisiert, lokale Variablen (z. B. innnerhalb von Funktionen) dagegen nicht! Wird bei lokalen Variablen also kein Anfangswert angegeben, so ist der Wert der Variablen undefiniert. Zu beachten ist aber, daß sie trotzdem einen Wert besitzen, nämlich den Inhalt der Speicherzellen, die für diese Variablen reserviert worden sind! Dies liegt daran, daß eine einfache Definition ohne Inititialisierung nur den Namen und den Typ der Variablen bekanntmacht, für die dann Speicherplatz reserviert wird. Dieser Speicherbereich muß jedoch nicht "sauber" sein. Das, was in diesem Speicherbereich durch vorherige Nutzung stand, bleibt erhalten.

Mehrfache Deklarationen ein und derselben Variable sind durchaus gestattet (da kein Speicherplatz reserviert wird), jedoch ist für eine Variable nur eine Definition erlaubt. Eine doppelte Definition führt zu einem Kompilierfehler.

In C++ muß eine Variable bzw. eine Funktion erst definiert oder deklariert worden sein, bevor sie benutzt werden darf. Dies macht in einigen Fällen eine sogenannte **Vorwärtsdeklaration** notwendig:

```
int drucke (int a, int b);
// Vorwärtsdeklaration der Funktion drucke

main( )
{
   int   c, d;
   ...
   drucke (c, d);
   // Aufruf wegen Vorwärtsdeklaration möglich
}

int drucke(int a, int b)
{
   ...
   // Definition des Funktionsrumpfes
}
```

Durch die erste Anweisung wird dem Compiler bekannt gemacht, daß eine Funktion *drucke* existiert und daß ihre konkrete Definition anderswo im Programm stattfindet (vielleicht auch in einer anderen Datei). Auch wenn an dieser Stelle noch nicht angegeben wird, wie die Funktion konkret aussieht: der Name der Funktion (hier *drucke*), ihr Ergebnistyp (hier *int*) und die Parametertypen (hier *int* und *int*) sind jedoch bekannt gemacht worden (die Parameternamen (hier *a* und *b*) sind optional). Ohne diese Vorwärtsdeklaration wäre der Aufruf der Funktion im Hauptprogramm nicht möglich gewesen; der Compiler hätte einen Fehler erzeugt.

Namen werden in C++ genauso gebildet wie in vielen anderen Programmiersprachen. Ein **Name** (Identifier) besteht aus einer Folge von Buchstaben und Ziffern, wobei das erste Zeichen (Character) eines Namens ein Buchstabe sein muß. Das spezielle Zeichen _ wird ebenfalls als Buchstabe gewertet. Man beachte, daß C++ zwischen Groß- und Kleinschreibung der Zeichen unterscheidet. Gültige Namen sind z.B.

```
u_name
sehr_langer_variablen_name
_var
_vAr    // ist ein anderer Name als _var!
b78u8
```

Reservierte Worte, wie z.B. *return*, sind im allgemeinen nicht als Identifier zugelassen. Eine Tabelle der reservierten Worte ist im Anhang verzeichnet.

4 TYPEN, KONSTANTEN, OPERATOREN, AUSDRÜCKE

4.1 Typen

Jeder Name in einem C++-Programm muß mit einem Typ assoziiert werden. Die Angabe des Typs bestimmt die erlaubten Operationen auf diesem Identifier. C++ bietet bestimmte elementare Typen und Konstruktoren zur Erzeugung weiterer (abgeleiteter) Typen an.

4.1.1 Elementare Typen und Typkonvertierung

C++ besitzt u.a folgende elementare Typen:

>   char
>   short int
>   int
>   long int

Sie repräsentieren Integer verschiedener Größe. Man beachte, daß auch der Typ *char* (der zur Darstellung von Charactern verwendet wird) Integerwerte repräsentiert. Allerdings belegen Identifier vom Typ *char* im allgemeinen nur 1 Byte, welches zur Darstellung von Charactern ausreicht, zur Darstellung ganzer Zahlen aber oft unzureichend ist. Die Schlüsselworte *short* und *long* dienen der Größenangabe des definierten Identifiers, d.h. wieviel Speicherplatz durch diesen Identifier tatsächlich belegt werden soll. Durch die Größe eines Identifiers wird natürlich auch der darstellbare Zahlenbereich bestimmt.

Zur Definition positiver Identifier kann das Schlüsselwort **unsigned** verwendet werden.

```
        unsigned int x;        // x ist immer >= 0
        unsigned long int y;   // y ist immer >= 0
```

Auf solchen als *unsigned* definierten Identifiern wird eine Arithmetik modulo 2^n (n = Anzahl der Bits) durchgeführt.

Das Schlüsselwort *int* kann auch weggelassen werden, dies ist aber aus Übersichtlichkeitsgründen nicht zu empfehlen:

```
short   x;
long    a;
```

Der Typ solcher Identifier ist automatisch *short int* bzw. *long int*.

Weitere elementare Typen sind

    float   zur Darstellung einer geordneten Teilmenge der reellen Zahlen

    double zur Darstellung einer geordneten Teilmenge der reellen Zahlen, allerdings mit höherer Genauigkeit.

Der für die definierten Identifier reservierte Speicherplatz ist maschinenabhängig. Die Größen von Typen (und Ausdrücken) lassen sich mit der C++-Compiler-Funktion **sizeof** ermitteln, die die Größe eines Identifiers als Vielfache der Größe eines Identifiers vom Typ *char* angibt. Per Definition gilt:

```
sizeof(char) = 1.
```

Das einzige, was unabhängig vom Rechnertyp gewährleistet ist, sind folgende Ungleichungsketten:

```
1 = sizeof(char)    <= sizeof(short)  <= sizeof(int)
                    <= sizeof(long)      sowie
    sizeof(float)   <= sizeof(double).
```

Auf einer DEC VAX gilt z.B.:

```
int  x;
long int y;
sizeof(x) ergibt 4.
sizeof(y) ergibt 4.
```

Dies bedeutet, daß durch Angabe von *long int* auf einer DEC VAX kein größerer Zahlenbereich dargestellt werden kann als mittels *int*.

4.1.1.1 Implizite Typkonvertierung

In der Regel lassen sich elementare Typen beliebig in Zuweisungen und Ausdrücken mischen. Wo immer es möglich ist, werden Werte konvertiert, so

4.1 Typen

daß keine Information verloren geht. In arithmetischen Ausdrücken wird folgende implizite Typkonvertierung vorgenommen: Bei einem binären Operator, wie z.B. + oder *, der auf zwei Operanden unterschiedlichen Typs angewendet wird, wird der Operand mit dem "niedrigeren" Typ zum "höheren" Typ konvertiert. Die Konvertierung ist hierfür durch folgende Vorgehensweise bestimmt:

Zunächst die Konvertierung

char, short	-->	int
float	-->	double

dann	Operand	anderer Operand	Ergebnis
	double -->	double	double
andernfalls	long -->	long	long
andernfalls	unsigned -->	unsigned	unsigned
sonst	int	int	int

Zuerst wird jeder Operand vom Typ *char* oder *short* nach *int*, und jeder Operand vom Typ *float* nach *double* konvertiert. Danach wird ggf. der Operand vom "niedrigeren" Typ in den "höheren" Typ des anderen Operanden konvertiert. Ist beispielsweise ein Operand vom Typ *double* und der andere Operand vom Typ *int*, so wird letzterer in den Typ *double* konvertiert. Das Ergebnis ist in diesem Fall ebenfalls vom Typ *double*:

```
int i    = 20;
i        = i * 2.5;  /* i ergibt 50 und nicht 40 wegen:
                        i = double(20) * 2.5
                        i = 50.0
                        i = 50
                     */
```

Bei Zuweisungen wird versucht, den Wert der rechten Seite in den Typ der linken Seite zu konvertieren. Hierbei kann es zu Informationsverlusten kommen (z.B. Zuweisung eines *double*-Wertes an einen Integer-Identifier).

```
char d   = 'b';
int  i   = d;
d        = i;        // d = 'b'
```

Der Wert von d ändert sich nicht.

```
float x  = 2.4;
int   i;
i        = x;        // i = 2
```

Der Wert von *i* ist 2.

```
int  i   = 256 + 255;
char ch  = i;
int  j   = ch;       // j ≠ 511
```

j enthält ein anderes Ergebnis als 511. Der aktuelle Wert von *j* hängt vom jeweiligen Rechnertyp ab (der Typ *char* belegt nur ein Byte). Ist *char* signed, so gilt j = -1; ist *char* unsigned, gilt j = 255.

4.1.1.2 Explizite Typkonvertierung

Eine explizite Typkonvertierung läßt sich durch Aufruf spezieller Konvertierungsfunktionen vornehmen, die allgemein als **cast**-Funktion bezeichnet werden (cast ≈ in Form bringen, formen). Diese Funktionen haben den gleichen Namen wie der entsprechende Typ, der als Ergebnis der Konvertierung vorliegen soll:

```
float   r1 = float(1);  // Konvertierung der Integerzahl
                        // 1 zur reellen Zahl 1.0
double  r2 = double(5);
```

Folgende - nicht funktionale - Notation ist ebenfalls erlaubt:

```
float   r1 = (float)1;
double  r2 = (double)5;
```

Die funktionale Notation kann nur für Typen verwendet werden, die einen einfachen Namen haben. Um z.B. einen Integerwert in eine Adresse zu konvertieren, muß die Konvertierung in cast-Notation angegeben werden.

```
char *p = (char*)0777;
// Ein Zeiger ist kein Typ mit einfachem Namen
```

oder es muß ein einfacher Name für den Typ *char** mittels **typedef** definiert werden (vgl. 4.1.3).

```
typedef char* Pchar;
char* p = Pchar(0777);
```

4.1.2 Abgeleitete Typen

Aus den elementaren Typen lassen sich mittels der folgenden Operatoren weitere Typen ableiten:

*	Zeiger	(Präfix-Operator)
&	Referenz	"
[]	Vektor	(Postfix-Operator)
()	Funktion	"

Diese Operatoren beziehen sich jeweils auf die angegebene Variable (s.u. Definition von Identifierlisten). Die Operatoren zur Definition von Vektoren und Funktionen sind uns bereits aus dem einführenden Beispiel bekannt.

Zwischen diesen Operatoren besteht folgende Prioritätenregelung:

1) ( ), [ ]

2) *, &

Beispiele:

```
int*    a;      /* Zeiger auf eine Integer-Zahl. In
                   anderer (besserer) Schreibweise sieht
                   diese Definition wie folgt aus: */
int     *a;

float   v[10];  /* Vektor bestehend aus 10 reellen
                   Zahlen */

char*   p[20];  /* Vektor bestehend aus 20 Character-
                   Zeigern. In anderer (besserer)
                   Schreibweise sieht diese Definition
                   folgendermaßen aus: */
char    *p[20];

int     *& w    /* Referenz auf einen Zeiger auf ein
                   Objekt vom Typ int */

int     f(int); /* Deklaration einer Funktion mit Namen
                   f und einem formalen Parameter vom
                   Typ int und Ergebnistyp int. */
```

O.g. Prioritätsreihenfolge läßt sich durch explizite Klammerung beeinflussen:

```
int (*p)[10];   /* Zeiger auf einen Vektor von 10
                   Integer-Zahlen */

int (*fp)(char, char*);
                /* Zeiger auf eine Funktion mit
                   formalen Parametern vom Typ char
                   und char* und Ergebnistyp int. */
```

In der Definition können nach der Typangabe auch Identifierlisten vorkommen:

```
int x, y, z;    /* entspricht der Definition
                   int x; int y; int z; */
```

Doch Vorsicht ist angebracht bei der Definition abgeleiteter Typen:

```
int* p, y;      /* entspricht   int *p; int y;
                   und nicht int *p, int *y! */
```

Solche Definitionen sollten daher besser so formuliert sein, daß der * (ebenso wie das Zeichen &) immer direkt beim Namen steht:

```
int *p, y;
```

4.1.2.1 Referenz

Eine Referenz ist im Prinzip nichts anderes als ein anderer Name für ein Objekt. **T&** *name* bedeutet, daß das so definierte Objekt eine Referenz auf ein Objekt vom Typ T ist.

```
int     i   = 1;
int     &r  = i;    /* r und i beziehen sich auf dasselbe
                       Objekt */
int     x   = r;    // x = 1
r           = 2;    /* r wird der Wert 2 zugewiesen, somit
                       gilt auch i = 2 (aber x = 1) */
```

Eine Referenz muß initialisiert werden, da etwas existieren muß, wofür die Referenz ein Name ist. Wenn die Referenz einmal initialisiert wurde, kann sie nicht mehr zum "Alias" eines anderen Objekts werden. Da eine Referenz nur ein anderer Name für ein Objekt ist, werden alle Operatoren, die auf die Referenz angewandt werden, direkt auf das referenzierte Objekt angewandt:

```
int     i   = 0;
int     &r  = i;    // r = 0
r           = r + 5;    // r = 5 und i = 5
```

Mittels des unären Operators & läßt sich die Adresse eines Objektes bestimmen und z.B. einem Zeiger zuweisen (vgl. auch Kap. 4.1.2.2):

```
int     i;          /* Mittels &i erhält man die Adresse
                       von i. */
```

4.1.2.2 Zeiger

Für die meisten Typen T ist T* der Typ *Zeiger auf T*. D.h. eine Variable vom Typ T* kann die Adresse eines Objektes vom Typ T enthalten. Die fundamentalste Operation, welche für Zeiger definiert ist, ist das **Dereferenzieren**, also der Zugriff auf das Objekt, auf welches der Zeiger verweist.

```
char    c1  = 'a';
char*   p   = &c1;  // p enthält die Adresse von c1
```

```
            char    c2 = *p;     // c2 = 'a', Dereferenzieren von p
```

Die Variable, auf die *p* zeigt, ist *c1* mit Wert 'a'. Somit ist der Wert von **p*, welcher *c2* zugewiesen wird, ebenfalls 'a'.

Würde das Dereferenzieren nicht angewendet, würde die Variable mit der Adresse des Zeigers initialisiert, was so syntaktisch aber nicht erlaubt ist:

```
            int     i  = 100;
            int     *z = &i;     // z zeigt jetzt auf i
            int     s  = z       // Fehler
```

Man beachte, daß Zeiger auf Speicherzellen - also Adressen - verweisen, mit denen Arithmetik (man spricht dann von Zeigerarithmetik) durchgeführt werden kann:

```
            int     i  = 100;
            int     *z = &i;     // z zeigt jetzt auf i
                    *z = *z + 1; // i = i + 1, d.h. i = 100 + 1
                    z  = z + 1;  /* erhöht den Wert von z um 1, d.h.
                                    z zeigt jetzt auf eine andere
                                    Speicheradresse! */
```

Ein Zeiger kann auch auf "Nichts" verweisen, d.h. er enthält keine relevante Adresse. Man sagt, der Zeiger verweist auf **NULL**. Als Wert für NULL wird die 0 genommen.

```
            char    *pc = 0;     // Zeiger pc "verweist" auf NULL.
```

Anmerkung:
NULL ist bei einigen C++-Compilern eine vordefinierte Konstante mit Wert 0, so daß hier auch die Schreibweise

```
            char    *pc = NULL;
```

möglich ist. In Pascal und Simula spricht man beim Verweis eines Zeigers auf "Nichts" von NIL.

4.1.2.3 Vektoren

Für einen Typ T ist T[size] vom Typ *Vektor von size Elementen des Typs T*. Die Elemente sind indiziert mit den Werten 0 bis (size - 1).

```
            float   v[3];        /* Vektor von 3 reellen Zahlen: v[0],
                                    v[1], v[2]   */
            int     a[2][3];     /* Zwei Vektoren bestehend aus jeweils
                                    3 Integer-Zahlen    */
```

```
char* vcp[32]; // Vektor von 32 Character-Zeigern
```

Eine Initialisierung von Vektoren (Arrays) bei der Definition erfolgt durch Angabe der jeweiligen Elemente (man beachte die Reihenfolge):

```
char v[2][5] = {
              'a', 'b', 'c', 'd', 'e', // 1. Vektor
              '1', '2', '3', '4', '5'  // 2. Vektor
              };
```

Obige Initialisierung kann auch vollständig geklammert angegeben werden, um die Übersichtlichkeit zu erhöhen (die zusätzlichen Klammern sind optional).

```
char v[2][5] = {
              {'a', 'b', 'c', 'd', 'e'},
              {'1', '2', '3', '4', '5'}
              };
```

Wie später gezeigt wird, kann man Vektoren auch dimensionslos definieren. Hat man sich aber für die Angabe der Dimension entschieden, darf die Anzahl der in den Initialisierungsklammmern angegebenen Werte diese Dimensionsgröße nicht überschreiten. Die Angabe einer geringeren Anzahl von Anfangswerten ist allerdings erlaubt. In diesem Fall werden die restlichen Werte auf globaler Ebene mit 0 initialisiert:

```
int vektor[6] = { 1, 2, 3, 4 };
// entspricht int vektor[6] = {1, 2, 3, 4, 0, 0};
```

Bemerkung:
Die Initialisierung von Arrays durch Komma-separierte Listen ist nur außerhalb von Funktionen gestattet. Ein Grund hierfür ist, daß - wie bereits erwähnt - globale Variablen mit 0 initialisiert werden, lokale dagegen nicht. Innerhalb von Funktionen könnten deshalb die nicht angegebenen Werte nicht mit 0 initialisiert werden. Auf lokaler Ebene ist es deshalb nötig, Vektoren als *static* zu definieren oder durch Einzelanweisungen bzw. Schleifen zu initialisieren.

Die Dimension eines Vektors muß immer mittels Konstanten (bzw. mittels konstanter Ausdrücke) angegeben werden, damit die Dimension des Vektors zur Compile-Zeit berechnet werden kann (und somit der entsprechende Speicherplatz reserviert werden kann). Konstanten können - wie oben - Integerwerte sein oder als solche definierte Konstanten, wie sie noch später beschrieben werden. Folgende Definition führt deshalb zu einem Fehler:

```
int  i        = 5;
int  vektor [i] = {0, 1, 2, 3, 4}; // Fehler
```

Der Zugriff auf die Komponenten eines Vektors erfolgt durch Angabe der entsprechenden Indizes, also gilt z.B. für den vorher definierten Vektor *v*:

```
v[0][0]  enthält den Wert 'a'
v[1][2]  enthält den Wert '3'
v[0][3]  enthält den Wert 'd'.
```

Zwischen Zeigern und Vektoren besteht eine enge Beziehung. Ein Vektor ist im Prinzip nichts anderes als ein konstanter Zeiger, der auf das erste Element des Vektors verweist. Man kann auf den Anfang eines Vektors einen Zeiger setzen und mit diesem die Elemente des Vektors genauso einfach manipulieren, wie durch den oben beschriebenen Zugriff auf die Vektorkomponenten:

```
int  a[10];   // Vektor aus 10 Integer-Zahlen
int  *pa;     // Zeiger auf Integer;
pa = &a[0];   // Zuweisung der Adresse von a[0], dem
              // Anfang des Vektors
```

Durch Definition von

```
int x = *pa;  //  x = a[0]
```

erhält man eine Integervariable *x* mit Anfangswert *a[0]*.

Mittels des Zeigers *pa* läßt sich nun auf beliebige Vektorkomponenten zugreifen. Per Definition zeigt nämlich *(pa + 1)* auf das nächste Vektorelement, also *a[1]* und **(pa + 1)* ergibt den Wert, der unter *a[1]* abgespeichert ist. Allgemein gilt , daß *(pa + i)* auf *a[i]* verweist und **(pa + i)* den Wert *a[i]* besitzt (vorausgesetzt *pa* verweist auf *a[0]*). Analog läßt sich mit *(pa - i)* die i-te Komponente vor der Komponente, auf die *pa* verweist, ansprechen.

Es ist sogar erlaubt, den Zugriff **(pa + i)* wie den üblichen Zugriff auf Vektoren zu spezifizieren, also *pa[i]*, sofern *pa* ein Zeiger auf einen Vektor ist.

4.1 Typen

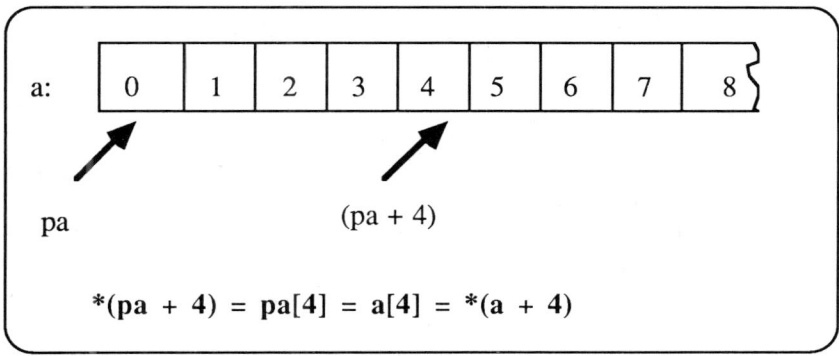

Bemerkung:
Man bedenke also immer, daß ein Vektor nichts anderes ist als ein **konstanter** Zeiger (kann daher nicht verändert werden) auf den Anfang des Vektors. Dies ist insbesondere dann von Bedeutung, wenn Vektoren als Parameter von Funktionen oder als Ergebnis einer Funktion definiert werden (vgl. Kapitel 6.2.4 und 6.3), denn ein Vektor wird einer Funktion als Zeiger auf das nullte Element übergeben. Will man der Funktion die Größe des Vektors bekanntmachen, sollte man dies über einen weiteren Parameter tun.

Die Angabe *a[i]* ist eine Kurzschreibweise für **(a + i)*, wobei a den Anfang des Vektors angibt (konstanter Zeiger). Da die Addition kommutativ ist, gilt für die Adreßrechnung **(a + i) = *(i + a)*. Daher läßt sich obige Vektorkomponente auch kurioserweise mittels *i[a]* ansprechen. Einige C++-Compiler sehen dies nicht als Fehler an!

Wie obige Möglichkeiten der Adreßrechnung zeigen, muß man selbst darauf achten, ob die Grenzen des Vektors überschritten werden. Wenn man Glück hat, stürzt das Programm bei solchen Operationen ab (core dumped), hat man Pech, wird mit dem entsprechenden Wert, auf den etwa *(pa - i)* verweist, weitergearbeitet.

Ein Vektor kann auch ohne Angabe der Dimension deklariert bzw. definiert werden. Dies ist z.B. dann sinnvoll, wenn der Vektor extern definiert ist und in einer anderen Datei deklariert werden soll. Es müssen dann keine Annahmen über die Dimension getroffen werden.

```
extern int v[ ];
```

Bei der Definition eines Vektors ohne Dimensionsangabe muß dieser initialisiert werden. Die Dimension des Vektors errechnet sich aus der Anzahl der Anfangswerte.

```
char alpha[ ]  = "abcdef";
// Initialisierung mit einem String, vgl. Kap. 4.2.4

int  x[ ]      = {1, 3, 5};
// äquivalent zu int x[3] = {1, 3, 5};
```

Diese Notation ist besonders hilfreich bei der Definition von Character-Vektoren und deren Initialisierung durch Strings (Folge von Character-Zeichen). Bei der Definition eines mehrdimensionalen Vektors darf nur die erste Komponente dimensionslos angegeben werden:

```
int v[ ][dim2] = { ... }
```

Der Grund hierfür liegt in der Form der Adreßrechnung, da v[i][j] dem Ausdruck *(*(v + i) + j) entspricht, was wiederum v[i * dim2 + j] entspräche.

Hinweis:
Zu beachten ist, daß es ein Unterschied ist, einen Vektor mit einer Komma-separierten Liste oder einem String (char*) zu initialisieren:

```
char alpha[ ]   = "abcdef";
char beta[ ]    = ('a', 'b', 'c', 'd', 'e', 'f');
```

alpha bekommt automatisch die Dimension 7 (6 Zeichen plus ein Zeichen für die Endebegrenzung des Strings), *beta* bekommt die Dimension 6! Folgende Definition ist deshalb ein Fehler:

```
char alpha[6]   = "abcdef";      // Fehler, "abcdef" hat 7 (!) Elemente
```

4.1.2.4 Der spezielle Typ "void"

Der Typ **void** wird insbesondere benutzt, um

1) Funktionen zu definieren, die keinen Rückgabewert liefern (in Pascal procedures genannt):

```
void f( );          // f gibt kein Ergebnis zurück
```

2) leere Parameterlisten bei Funktionen zu verdeutlichen:

```
int hilfe(void);  // entspricht int hilfe( );
```

3) Zeiger zu definieren, welche auf Objekte eines zur Compilierungszeit unbekannten Typs verweisen:

4.1 Typen

```
                void *pv;      // Zeiger auf ein Objekt unbekannten Typs
```

Dem Zeiger *pv* kann nun der Zeiger auf ein Objekt beliebigen Typs zugewiesen werden. Zeiger vom Typ *void** können nicht direkt dereferenziert werden, da es keine Objekte vom Typ *void* gibt und der Compiler den Inhalt der entsprechenden Speicherzelle nicht interpretieren kann. Zeiger vom Typ *void** müssen daher erst in einen bestimmten Typ konvertiert werden. Dies ist in C++ aber nur über explizite Typkonvertierung möglich, da es keine implizite Typkonvertierung für Zeiger dieses Typs gibt.

Beispiel:
```
          int     i;
          int     *iz   = &i;
          void    *z;
          float   *fz;
          fz            = z;    /* Fehler, da keine Standard-Konver-
                                    tierung vorhanden
                                */
          z             = iz;   // erlaubt
```

Der Typ *void** wird hauptsächlich dazu verwendet, formale Parameter einer Funktion zu spezifizieren, wenn keine Annahmen über den Parametertyp getroffen werden können. Solche Funktionen existieren typischerweise auf tiefster Systemebene, wo Hardware-Ressourcen manipuliert werden.

Beispiel:
```
          void*   anlegen     (int size);
          void    freigeben   (void*);

          f( )
          {
            int* pi   = (int*) anlegen(10*sizeof(int));
                          // Explizite Typkonvertierung
            char *pc  = (char*) anlegen(10);
            ...
            freigeben(pi);
            freigeben(pc);
          }
```

Die Prozeduren *anlegen* und *freigeben* dienen der dynamischen Belegung bzw. dem dynamischen Freigeben von Speicherplätzen. Die Prozedur *freigeben* kann z.B. keine Annahmen über den Typ des Parameters treffen, da dies erst bei

Aufruf feststeht.

Weitere abgeleitete Typen (neben *, &, [ ] und ( )) sind Klassen, Structures und Unions, auf die wir an späterer Stelle genauer eingehen werden.

4.1.3 Typedef

Um ein Programm lesbarer zu gestalten, ist es sinnvoll, abgeleitete Typen zu benennen. Schreibt man z.B. ein Programm, in dem häufig 5x5-Integermatrizen verwendet werden, so könnte man an jeder Stelle, an der man solche Objekte benötigt, definieren:

```
int matrix_a[5][5];
```

Übersichtlicher wäre es, wenn man einen Typ *5x5-Integermatrix* definieren könnte. Dies geht mit dem speziellen Deklarationswort **typedef**:

```
typedef int Matrix[5][5];
```

Matrix ist nun der Name eines Typs, und Identifier lassen sich jetzt wie üblich definieren

<Typname> <Identifier>;

Also

```
Matrix a, b;      //a und b vom Typ 5x5-Integermatrix
```

Man beachte, daß *typedef* nur einen anderen Namen für einen Typ, aber nicht einen neuen Typ definiert.

Syntaktisch erfolgt die Deklaration eines neuen Namens für einen Typ wie die Deklaration einer Variablen diesen Typs, wobei nur das Schlüsselwort *typedef* vorangestellt wird. Also

```
int     *pi;      // Variable vom Typ Zeiger auf Integer
typedef int *PI;  /* PI ist jetzt ein anderer Name für
                     den Typ Zeiger auf Integer
                  */
```

Ein mittels *typedef* definierter Name kann aber nicht nur als Dokumentationshilfe sinnvoll eingesetzt werden. Ein solcher Name kann z.B. auch dazu verwendet werden, maschinenabhängige Aspekte eines Programms zu verwalten. So ist die Länge von Integer-Variablen ein typisches Portierungsproblem (auf einigen Maschinen wird ein *int* ausreichen, um gewisse Werte darzustellen, auf anderen Maschinen ist ein *long* notwendig). Dadurch, daß man den expliziten Typ *int* bzw. *long* durch ein *typedef* ersetzt, ist bei Portierungen nur eine einzige zentrale Stelle des Programms zu ändern.

4.2 Konstanten

C++ unterscheidet zwischen folgenden Konstanten für elementare Typen

    1) **Integer-Konstanten**
    2) **Character-Konstanten**
    3) **Konstanten für reelle Zahlen**

Weiterhin ist 0 eine Konstante für Zeiger, und Strings sind Konstanten vom Typ *char[ ]*. Außerdem können Namen (Identifier) als Konstanten definiert werden.

4.2.1 Integer-Konstanten

Integer-Konstanten kommen in verschiedenen Repräsentationsformen vor:

    1) **dezimal**
    2) **oktal**
    3) **hexadezimal**

Man erinnere sich: *char* repräsentiert ebenfalls einen bestimmten Bereich der Integer-Zahlen.

Beispiele:

```
dezimal     0,  2,  63,  83

oktal       0,  02,  077,  0123
   Die Oktaldarstellung ist gekennzeichnet durch eine
   vorangestellte Null.
```

```
hexadezimal  0x0, 0x2, 0X3f, 0x53
             Die Hexadezimaldarstellung ist gekennzeichnet durch
             den Anfang Ox oder OX.
```

Solche (als "literal" bezeichneten) Integer-Konstanten können direkt als *long*, *unsigned* und *unsigned long* definiert werden, indem man den Werten Buchstaben anhängt. Für *long* kann L oder l verwendet werden (besser L, weil l sehr leicht mit dem Wert 1 verwechselt werden kann) und für *unsigned* U oder u:

```
long            17l,        23L
unsigned        16u,        128U
unsigned long   1024UL,     22Lu
```

4.2.2 Character-Konstanten

Eine Character-Konstante wird in einfachen Hochkommata angegeben:

```
'a'  'b'  'c'  '1'  '\n'  (Zeilenvorschub, vgl. Kap. 2)
```

Um alle Character als Konstanten angeben zu können (also auch nicht auf dem Bildschirm darstellbare Zeichen), können Character-Konstanten auch durch ihren entsprechenden Integerwert (abhängig vom verwendeten Zeichensatz) angegeben werden. Hierbei wird die angegebene (max. 3-stellige) Integerzahl als Oktalzahl (jetzt ohne vorangestellte Null) oder als Hexadezimalzahl interpretiert.

Die Integerzahl muß dabei zu Beginn den backslash (\) enthalten und in einfachen Hochkommata geschrieben werden:

```
oktal       hexadezimal   ASCII-Zeichen

'\6'        '\x6'         ack
'\60'       '\x30'        0
'\137'      '\x05f'       _
```

4.2.3 Reelle Konstanten

Reelle Konstanten sind normalerweise vom Typ *double*. Sie können sowohl in üblicher Fließkommadarstellung als auch in exponentieller Form angegeben werden. Der Exponent wird durch ein vorangestelltes *e* oder *E* gekennzeichnet.

Beispiele:

```
1.23
.23
1.7
1.2e10
1.23e-15
4.78E+3
4E+5
```

Wie bei Integer-Konstanten ist es auch bei reellen Konstanten möglich, einen Buchstaben *F* oder *f* anzuhängen. Dadurch wird es erreicht, daß die Konstante vom Typ *float* ist:

```
2.7854F
0.4f
```

4.2.4 Strings

Eine Stringkonstante ist vom Typ *Array von Charactern*. Ein String besteht aus einer (möglicherweise leeren) Folge von Charactern, die durch doppelte Hochkommata eingeschlossen wird:

```
"dies ist ein string"
"abcd"
""           // NULL-String
```

Jede Stringkonstante enthält zusätzlich das Zeichen '\0' (mit Wert 0), welches das Ende des Strings kennzeichnet. Somit gilt z.B.

```
sizeof("abcd") = 5
```

Eine Stringkonstante kann mehrere Programmzeilen umfassen, wobei ein '\' (backslash) als letztes Character einer Zeile kennzeichnet, daß die Stringkonstante in der nächsten Zeile weitergeht:

```
"Dies ist ein wirklich sehr, sehr langer String, \
welcher sich über zwei Zeilen erstreckt"
```

Nicht-druckbare Zeichen können durch ihre Escape-Sequenz dargestellt werden:

```
"\nMehrere\tEscape-Sequenzen\nin\neinem\nSatz\n"
```

4.2.5 Const

Mit dem Schlüsselwort **const** lassen sich Objekte definieren, die einen Identifier zu einer Konstanten erklären, dessen Wert nicht verändert werden darf:

```
const int modell = 144;
modell           = 166; /* Fehler, Zuweisung nicht
                           erlaubt, da modell eine
                           Konstante ist. */
```

Um konstante Zeiger zu definieren, wird dagegen das "Schlüsselwort" ***const** verwendet.

```
char *const cp  = "asdf";  // konstanter Zeiger
cp[3]           = 'a';     // OK
cp              = "ghjk";  // Fehler
```

cp ist eine Konstante, d.h. der Zeiger darf nicht verändert werden. Das Objekt, auf das der Zeiger zeigt, ist dagegen keine Konstante und kann daher verändert werden. Definiert man andererseits

```
const char* pc  = "asdf";  // Zeiger auf eine Konstante
pc[3]           = 'a';     // Fehler
pc              = "ghjk";  // OK
```

so verweist *pc* auf eine Konstante, ist selbst aber keine Konstante. Daher kann das Objekt, auf das *pc* verweist, nicht verändert werden, aber *pc* darf verändert werden. Um einen konstanten Zeiger auf ein konstantes Objekt zu definieren, müssen sowohl Zeiger als auch das referenzierte Objekt als Konstanten definiert werden.

```
const char *const cpc = "asdf";
// konstanter Zeiger auf ein konstantes Objekt
cpc[3]          = 'a';     // Fehler
cpc             = "ghjk";  // Fehler
```

Anmerkung:
*const ist kein Schlüsselwort im üblichen Sinne. Es ist z.B. auch erlaubt, die Definition von *cpc* wie folgt anzugeben:

4.2 Konstanten

```
const char* const cpc = "asdf";
```

Es kommt also nur auf die Stellung des Schlüsselwortes const an. Das "Schlüsselwort" *const möge hier als Gedächtnisstütze dienen.

Da eine konstante Variable nicht verändert werden darf, muß sie initialisiert werden, wenn sie definiert wird. Die Definition einer uninitialisierten Variablen führt zu einem Compile-Fehler. Aus dem gleichen Grund ist es auch nur möglich, die Adresse einer solchen (symbolischen) Konstanten einem Zeiger auf eine Konstante zuzuweisen, da der Wert der konstanten Variable sonst indirekt über den Zeiger manipuliert werden könnte. Man bezeichnet Konstanten deshalb auch als nicht frei adressierbar.

4.2.6 Aufzählungen

Eine häufig bequemere und übersichtlichere Methode, Integerkonstanten zu definieren, ist die Verwendung von Aufzählungen (Enumerationen). Eine Aufzählung ist eine Menge von (symbolischen) Integer-Konstanten. Die erste Variable der Menge bekommt automatisch den Wert 0 und jede folgende Variable automatisch einen um 1 größeren Wert als ihr Vorgänger.

Beispiel:

```
enum {Peter, Paul, Mary};
```

definiert 3 Integerkonstanten mit den Werten 0, 1, 2. Äquivalent hierzu ist die Definition

```
const int Peter = 0;
const int Paul  = 1;
const int Mary  = 2;
```

Aufzählungen können mit einem Namen versehen werden:

```
enum namen {Peter, Paul, Mary};
```

Der Name dieser Aufzählung ist dann ein Synonym für den Typ *int*, aber kein neuer Typ. Er dient der Übersichtlichkeit eines Programms:

```
namen schluessel;        // schluessel ist vom Typ int
if (schluessel == Peter) ...
                         // == ist der Vergleichsoperator
```

```
            schluessel = Paul;
                              /* Zuweisung des Wertes 1 an
                                 schluessel */
```

schluessel darf Werte aus dem gesamten Integerbereich annehmen, da *namen* nur ein Synonym für *int* ist.

```
            schluessel = 5;         // OK
```

Durch Angabe konstanter Ausdrücke können auch andere Werte für die Integerkonstanten definiert werden.

```
            enum {Paul, Otto, Peter = 20, Mary};
```

ist äquivalent zu

```
            const int Paul   = 0;
            const int Otto   = 1;
            const int Peter  = 20;
            const int Mary   = 21;
```

Jeder Integerkonstanten wird somit - sofern nicht anders definiert - der um 1 erhöhte Wert des "Vorgängers" zugewiesen.

Anmerkung:
Da es weder in C noch in C++ einen Typ *boolean* (wie etwa in Pascal) gibt, ist folgendes eine für einen Anfänger der beiden Sprachen anfänglich nützliche Anwendung von *enum* :

```
            enum Boolean { FALSE, TRUE };
```

Es ist möglich, direkt bei der Definition von *enum* bereits einen oder mehrere Identifier des Enumerations-Typs zu deklarieren:

```
            enum Boolean { FALSE, TRUE } hilfe1, hilfe2;
```

ist äquivalent zu

```
            enum Boolean { FALSE, TRUE };
            Boolean hilfe1, hilfe2;
```

4.3 Operatoren

In C++ gibt es keine typspezifischen Operatoren, wie z.B. in Pascal der div-Operator (ganzzahlige Division) und / für die Division reeller Zahlen. Soll eine Operation ausgeführt werden und sind die Operanden nicht vom entsprechenden Typ, so wird eine implizite Typkonvertierung (sofern möglich) gemäß den Regeln aus 4.1.1.1 vorgenommen.

Diesen Umstand sollte man nicht außer acht lassen, denn dies bedeutet z.B.:

```
3/5            /* ergibt 0, da die Operanden vom Typ int
                  sind und somit der Operator / als die
                  ganzzahlige Division interpretiert
                  wird, aber                              */

3.0/5          /* ergibt 0.6, da nun eine implizite Typ-
                  konvertierung der 5 nach double vorge-
                  nommen wird. Der Operator / wird als
                  Division reeller Zahlen gewertet        */
```

Ferner kann für die Auswertungsreihenfolge der Operanden eines Ausdruckes **keine** Prioritätsregelung durch explizite Klammerung herbeigeführt werden. D.h. der Ausdruck ((a * b) * c) kann tatsächlich so ausgewertet werden, daß zuerst der Wert von c, dann der von b und abschließend der Wert von a bestimmt wird. Die Auswertungsreihenfolge solcher Ausdrücke ist im allgemeinen unbestimmt und hängt vom Einzelfall ab. Daher sollte man möglichst nie Ausdrücke verwenden, bei denen das Ergebnis von der Auswertungsreihenfolge abhängt. Dies ist sowieso schlechter Programmierstil in allen Sprachen.

Zur Abschreckung diene dem Leser folgendes Programmstück, dessen Bedeutung nach Lesen des Abschnitts 4.3 verständlich sein sollte.

```
int vi[5]     = {1, 2, 3, 4, 5};
double vd[5]  = {1.0, 2.0, 3.0, 4.0, 5.0};
int ai, bi, ci, di, wi,
i             = 0;
double ad, bd, cd, dd, wd;

wi            = (ai = vi[i++]) * (bi = vi[i++]) /
                ((ci = vi[i++]) * (di = vi[i++]));

i             = 0;
wd            = (ad = vd[i++]) * (bd = vd[i++]) /
                ((cd = vd[i++]) * (dd = vd[i++]));
```

Die Ausgabe der Werte von *ai,..., di, ad,..., dd* läßt erkennen, in welcher Reihenfolge die jeweiligen Ausdrücke ausgewertet wurden (Übung für den Leser).

```
cout << ai << " " << bi << " " << ci << " "
     << di << "\n";
cout << ad << " " << bd << " " << cd << " "
     << dd << "\n";
```

Bemerkung:
Die Auswertungsreihenfolge zwischen sog. sequence points ist i.a. unbestimmt. Es ist nur garantiert, daß beim Erreichen eines solchen sequence point alle auszuführenden Anweisungen abgeschlossen sind bzw. werden. Sequence points sind z.B.

    ;   (Semikolon)
    ,   (Kommaoperator)
    || (logisches Oder)
    &&   (logisches Und)

Im folgenden werden die wichtigsten Operatoren der Sprache C++ behandelt.

4.3.1 Arithmetische Operatoren

Arithmetische Operatoren sind

    +   Addition
    -    Subtraktion
    *   Multiplikation
    /   Division
    %   Modulooperator (Divisionsrest)

Beispiele:

```
int k      = 5 % 3;      // k = 2
int j      = 5 * 3;      // j = 15
int i      = -j;         // i = -15, - als unärer
                         // Operator
double r   = 5 / 3;      // r = 1.0
int n      = k + j + i;  // n = 2
```

4.3.2 Vergleichsoperatoren und boolesche Operatoren

Vergleichsoperatoren sind

>   größer
>=   größer oder gleich
<   kleiner
<=   kleiner oder gleich
==   gleich (Beachte: = ist der Zuweisungsoperator !)
!=   ungleich

Beispiele:

```
int x = 1;
int y = 5;
...(x < y)...      // Ausdruck ist wahr
```

Wie bereits bemerkt, existiert in C und C++ kein Typ *boolean*, wie z.B. aus Pascal oder Simula bekannt. Was sind also die Ergebnisse von Vergleichsoperationen?

Vergleichsoperatoren liefern als Ergebnis einen Integerwert. Ist die Bedingung erfüllt (**true**), liefern alle Vergleichsoperatoren den Wert 1; ist die Bedingung nicht erfüllt (**false**), liefern sie den Wert 0. In booleschen Ausdrücken werden aber auch Werte ≠ 1 (sofern sie auch ≠ 0 sind) als true interpretiert.

Setzen wir obiges Beispiel nun fort:

```
int k = (x < y);  // k = 1
int i = (x == y); // i = 0
```

Boolesche Operatoren sind

&&   logisches Und
|| logisches Oder
!   logisches Nicht

Interessant ist hierbei, daß Ausdrücke, in denen ein 'logisches Und' bzw. ein 'logisches Oder' vorkommt, immer von links nach rechts ausgewertet werden und die Auswertung abbricht, sobald ein Operand *false* (beim 'logischen Und') bzw. *true* (beim 'logischen Oder') liefert. Abfragen wie z.B.

```
                int a, b;
                if ((b != 0) && ((a / b) >= 5)) ...
```

führen daher nicht zu einem Fehler, falls *b* den Wert 0 hat.

Die Tatsache, daß es keinen Typ *boolean* gibt, läßt es zu, Bedingungen in für manchen Programmierer ungewohnter Form zu schreiben.

So ist

```
                while (i != 0) ....    // i vom Typ int
```

äquivalent zu

```
                while (i) ...
```

Hinweis:
Die einzelnen Operatoren sind untereinander priorisiert. So haben z.B. Vergleichsoperatoren eine höherer Priorität als der Zuweisungsoperator:

```
                while (zeichen = hol_zeichen( ) != ´?´) ...
```

Der Sinn dieser Programmzeile sollte offensichtlich sein, *zeichen* das nächste Zeichen zuzuweisen (*hol_zeichen* soll dabei eine Funktion sein, die das nächste Zeichen liefert), um dann zu testen, ob dieses Zeichen ein Fragezeichen ist. Da der Vergleichsoperator aber höhere Priorität besitzt als der Zuweisungsoperator, wird zunächst getestet, ob das nächste Zeichen ein Fragezeichen ist. Das Ergebnis (falsch bzw. wahr, repräsentiert durch 0 bzw. einen von 0 verschiedenen Wert) wird dann *zeichen* zugewiesen! Die Tabelle der Reihenfolge von Operatoren (im Anhang) sollte man sich daher gründlich einprägen.

4.3.3 Inkrement- und Dekrement-Operatoren

C++ (wie auch C) besitzt zwei Operatoren, um direkt Inkrementierung und Dekrementierung auszudrücken.

Der Inkrementoperator ++ erhöht den Wert des Operanden um 1, der Dekrementoperator -- erniedrigt ihn um 1.

Beide Operatoren können sowohl als Präfix- als auch als Postfixoperatoren verwendet werden. Wird z.B. der Inkrementoperator ++ als **Präfix**operator benutzt, so bedeutet dies, daß zuerst der Operand um 1 erhöht wird und dann der Operand ausgewertet wird. Wird ++ als **Postfix**operator verwendet, so ist das Ergebnis der Wert des unveränderten Operanden, und erst danach wird der Operand inkrementiert. Der analoge Sachverhalt gilt für den Dekrementoperator --:

4.3 Operatoren

```
int x    = 3;
int y    = x++;          // y = 3, x = 4
int k    = ++y;          // y = 4, k = 4
int i    = --k;          // k = 3, i = 3
int j    = i--;          // j = 3, i = 2

int v[4] = {1,2,3,4};
int *pv  = &v[0];        /* pv zeigt auf den Anfang des
                            Vektors v
                         */
int *p1  = ++pv;         // p1 und pv zeigen auf v[1]
int a    = *p1++;        /* a = v[1], p1 zeigt jetzt auf
                            v[2]
                         */
```

Der Operator ++ bezieht sich hier auf *p1* und nicht auf **p1*, da unäre Operatoren gleicher Priorität rechts-assoziativ sind; somit ist **p1++* äquivalent zu **(p1++)*.

Allgemein gilt, daß unäre Operatoren und Zuweisungsoperatoren rechts-assoziativ, alle anderen Operatoren links-assoziativ sind (vgl. Anhang 12.1).

4.3.4 Bitweise logische Operatoren

Wie bereits angesprochen, bietet C++ diverse Möglichkeiten, um die Objekte der Hardware (also Bits bzw. Bytes) direkt zu manipulieren. Hierzu stehen einige einfach zu handhabende Operatoren zur Verfügung. Dies sind:

    &   bitweises Und
    | bitweises inklusives Oder
    ^   bitweises exklusives Oder
    <<   shiften nach links
    >>   shiften nach rechts
    ~   1-er Komplement (unärer Operator)

Diese Operatoren lassen sich auf Integerobjekte anwenden, nicht aber auf Objekte vom Typ *float* oder *double*:

```
int x = 5;           // Binärdarstellung ist 0...0101
int m = 3;           // Binärdarstellung ist 0...0011
int y = x & m;       // Binärdarstellung ist 0...0001,
                     // y = 1
int i = 4;           // Binärdarstellung ist 0...0100
int j = i << 2;      // Binärdarstellung ist 0...10000,
```

```
                    // j = 16
    int k = 6;      // Binärdarstellung ist 0...0110
    int l = ~k;     // Binärdarstellung ist 1...1001
```

Anmerkung:
Auch wenn die Operanden *signed* bzw. *unsigned* sein können, so ist aus Portabilitätsgründen *unsigned* zu präferieren. Denn die Art und Weise, wie das Vorzeichenbit von den verschiedenen bitweisen Operationen interpretiert wird, ist maschinenabhängig. So wird z.B. bei manchen Implementierungen des Shift-Operators, angewandt auf ein Variable mit Vorzeichen, das Vorzeichen durchgeschoben; auf anderen Maschinen werden stattdessen 0-Bits eingesetzt.

4.3.5 Zuweisungsoperatoren

Den am häufigsten benutzten Operator kennen wir bereits, es ist der Zuweisungsoperator =. Eine Zuweisung wird wie folgt vorgenommen:

<linke Seite> = <rechte Seite>.

Es werden jeweils die rechte und die linke Seite ausgewertet. Durch die Auswertung der linken Seite wird der Speicherbereich bestimmt, den die linke Seite angibt. Das Ergebnis der Auswertung der rechten Seite wird in den so ermittelten Speicherbereich abgelegt (kopiert).

Beispiele:

```
    int v[10];
    int a        = 2;
    v[a+3]       = 8;                              // v[5] = 8

    int (*p)[10] = {1,2,3,4,5,6,7,8,9,10};
                                                   // Zeiger auf Vektor
    int (*q)[10] = {11,12,13,14,15,16,17,18,19,20};

    *p++ = *q++;    // Zuweisung und Inkrementierung
```

Obige Zuweisung wird wie folgt ausgewertet:

1) Auswertung der rechten Seite ergibt 11,
2) danach wird *q* inkrementiert und verweist auf die nächste Vektorkomponente mit Inhalt 12,
3) dann wird die linke Seite ausgewertet, das Ergebnis ist ein Verweis auf die erste Komponente des Vektors, auf die *p*

4.3 Operatoren

verweist (Beachte: Inkrementoperator ++ als Postfixoperator),
4) danach wird *p* inkrementiert und verweist auf die nächste Komponente mit Inhalt 2,
5) dann wird der Wert der rechten Seite (11) in die vormals erste Komponente von *p* kopiert.

Somit ist jetzt *(p-1) = 11.

Leider ist die Auswertungsreihenfolge nicht so strikt sequentiell wie oben angedeutet. Es kann auch sein, daß zuerst die linke Seite ausgewertet wird und dann die rechte Seite. Das einzige, was garantiert ist, ist die erst später stattfindende Inkrementierung von *p* und *q* nach Auswertung des jeweiligen Ausdrucks. Daher ist das Ergebnis einer Zuweisung wie z.B.

```
int i    =    1;
v[i]     =    i++;
```

nicht immer gleich. Das Ergebnis kann sowohl *v[1] = 1* als auch *v[2] = 1* sein. Man beherzige also die Aufforderung vom Anfang des Kapitels 4.3, daß man niemals Ausdrücke verwenden sollte, deren Ergebnis von der Auswertungsreihenfolge abhängt.

Eine Zuweisung ist ein Ausdruck, und man kann daher auch schreiben

```
while (*p++ = *q++) ...
```

Eine Zuweisung hat auch ein Ergebnis, und zwar den Wert, der zugewiesen wurde. Bei der Zuweisung

```
v[a+3]   = 8;
```

ist dies also der Wert 8 und bei der Zuweisung (im obigen Beispiel)

```
*p++     = *q++;
```

der Wert 11.

C++ kennt noch weitere Zuweisungsoperatoren. Sie sind Kombinationen des Zuweisungsoperators mit anderen binären Operatoren. Eine Zuweisung der Form

<linke Seite> <Operator>= <rechte Seite>

ist eine Kurzschreibweise für die Zuweisung

<linke Seite> = <linke Seite> <Operator> <rechte Seite>,

sofern keine Seiteneffekte auftreten, wie z.B. bei *v[i++]* *= *5*;

Diese Zuweisungsoperatoren sind:

    +=   -=   *=   /=   %=   >>=   <<=   &=   ^= |=

Beispiel:

```
            y += x;         // ist äquivalent zu  y = y + x;
```

Der Vorteil der Verwendung solcher Zuweisungsoperatoren liegt in der effizienten Ausführung der Operationen, da die Adresse, die durch die linke Seite spezifiziert wird, nur einmal ermittelt wird.

Beispiel:

```
            v[f(i)] += 3;   // f ist "laufzeitintensive" Funktion
```

4.4 Ausdrücke

Ausdrücke werden ähnlich wie in anderen höheren Programmiersprachen gebildet und sollten dem Leser daher bekannt sein. Im Anhang werden die Regeln zur Bildung eines Ausdrucks angegeben.

An dieser Stelle seien nur der bedingte Ausdruck und der Kommaoperator hervorgehoben.

4.4.1 Bedingter Ausdruck

Man betrachte z.B. die Anweisung

```
        if (a > b)
           z = a;
        else
           z = b;
```

4.4 Ausdrücke

deren Bedeutung intuitiv klar sein sollte. z enthält nach Ausführung der Anweisung das Maximum der Werte von *a* und *b*. Mittels des Operators

$$\ldots\ ?\ \ldots\ :\ \ldots$$

läßt sich obige Anweisung wie folgt als Zuweisung schreiben:

```
z = (a > b) ? a : b;
```

Allgemein ist der Wert des bedingten Ausdrucks

```
e1 ? e2 : e3
```

(wobei *e1*, *e2* und *e3* wiederum Ausdrücke sind), gegeben durch den Wert von *e2*, falls *e1* den Wert *true* besitzt (also einen Wert ungleich 0), andernfalls durch den Wert von *e3*.

Hinweis:
Den bedingten Ausdruck kann man durchaus auch als ternären (dreistelligen) Operator interpretieren, wie es in der Literatur auch an einigen Stellen getan wird. Er ist der einzige ternäre Operator in C und C++.

4.4.2 Kommaoperator

Mehrere Ausdrücke lassen sich mittels des Kommaoperators sequentiell auswerten. Der Ausdruck

Ausdruck_1, Ausdruck_2, ... , Ausdruck_n

wird von links nach rechts ausgewertet, und der Wert des gesamten Ausdrucks entspricht dem Wert von Ausdruck_n. Ein Beispiel:

```
int a = 0, b = 0, c;
c = (a++, b++, b++, b++);   // a = 1, b = 3, c = 2
```

Der Kommaoperator sollte nicht verwechselt werden mit dem Komma in einer Liste von Definitionen, wie z.B. in

```
int x = 0, y = 0;
```

oder dem Komma in der Parameterliste einer Funktion bzw. eines Funktionsaufrufes, wie z.B. in

```
f(x, y, z);
```

In diesen Fällen ist die Auswertungsreihenfolge der einzelnen Ausdrücke nicht festgelegt. Die oben angegebene Auswertungsreihenfolge der Ausdrücke bei Verwendung des Kommaoperators bezieht sich allerdings nur auf die Auswertungsreihenfolge der Ausdrücke untereinander. D.h. es ist beispielsweise nur gesichert, daß Ausdruck_2 nach Ausdruck_1 ausgewertet wird. Es ist aber durchaus möglich, daß zwischen diesen Auswertungen, Auswertungen anderer Ausdrücke vorgenommen werden:

```
int   i, w;
w =   (i = 1, ++i) + (i = 10, ++i);
```

w kann die Werte 5, 13 und 23 annehmen.

5 ANWEISUNGEN

Bisher sind uns nur zwei Anweisungstypen begegnet, und zwar die Deklaration/ Definition und die Zuweisung mittels des Zuweisungsoperators. In diesem Kapitel wollen wir weitere Anweisungen der Sprache C++ behandeln, insbesondere die wichtigsten Kontrollanweisungen, die die Reihenfolge der Abarbeitung des Programms festlegen.

5.1 ElementareAnweisungen, Blockstruktur, Gültigkeitsbereich von Variablen

Ein Ausdruck, wie z.B. die Zuweisung x = 0 oder i++, wird zu einer Anweisung durch Anhängen eines Semikolons

```
x = 0;
i++;
```

Dies gilt auch für einen Ausdruck wie den Funktionsaufruf (vgl. einführendes Beispiel in Kap. 2).

Mehrere Anweisungen, die sequentiell aufeinander folgen, werden nacheinander ausgeführt.

```
x = 3;
y = x;    // y = 3
```

Anweisungen können auch zu einem **Block** zusammengefaßt werden und syntaktisch wie eine einzelne Anweisung behandelt werden. Ein solcher Block wird durch einen Anfang, {, und durch ein Ende, }, gekennzeichnet.

```
{
    x = 2;
    y = x;
    z = 5 * x;
}
```

Anmerkung:
In anderen Programmiersprachen werden häufig bestimmte Schlüsselwörter, etwa *begin* und *end*, zur Kennzeichnung eines Blockes verwendet.

Blöcke lassen sich, da sie syntaktisch wie eine einzelne Anweisung behandelt werden, auch ineinanderschachteln:

```
{
    x = 2;
    y = x;
    {
        z = 5 * x;
        k = z;
    }
}
```

Die Definition ist, wie bereits angesprochen, eine Anweisung und kann daher auch in einer Anweisungssequenz auftreten:

```
{
    x = 2;
    {
        int r = 3;
        z = 5 * r;    // z = 15
    }
    k = 5 * x;        // k = 10, r ist hier undefiniert
}
```

Die Frage ist nun, in welchem Bereich die so definierten Variablen gültig sind. Wie obiges Beispiel andeutet, gilt:

> Ein Identifier ist in dem Block gültig, in dem er definiert ist, und zwar ab der Stelle der Definition. Nach Verlassen des Blockes ist dieser Identifier nicht mehr bekannt.

Eine in einem inneren Block definierte Variable mit demselben Namen wie eine Variable eines äußeren Blockes "überdeckt" deren Definition. Nach Abarbeitung des inneren Blockes ist wieder die Definition des äußeren Blockes gültig.

```
{
    int x = 3;
    int y = x++;         // y = 3, x = 4
    {
        int x = 10;      // lokal definiertes x
        int y = 20;      // lokal definiertes y
        x = y + x * y;   // lokales x = 220
        y++;             // lokales y = 21
    }                    // ab hier sind die Identifier des
                         // inneren Blockes undefiniert
    x++;                 // x = 5
    y++;                 // y = 4
}
```

5.1 Elementare Anweisungen

Da der Name x durch die Definition im inneren Block "überdeckt" wird, kann in diesem Block das zu Beginn definierte x nicht mehr angesprochen werden. Der Name x bezieht sich also hier nur auf das lokal definierte x.

Die einzige Möglichkeit, durch eine Definition überdeckte Variablen anzusprechen, bietet der **Scope**-Operator ::. Ist eine Variable global (also außerhalb der Funktion *main* und anderer Funktionen) definiert, so läßt sie sich durch Davorschreiben des Scope-Operators ansprechen.

```
int x = 3;        // globales x

main( )
{
    int x = 1;    // lokales x
    ::x = 2;      // Zuweisung an globales x
    int y = x;    // y = 1
}
```

Einer global definierten Variablen wird nur einmal ein Speicherbereich zugewiesen. Die Variable bleibt bis zur Terminierung des Programms gültig. Lokal definierte Variablen sind dagegen nur innerhalb des Blockes gültig, in dem sie definiert werden. Ist der Block abgearbeitet, existiert die Variable nicht mehr, d.h. der ihr zur Definitionszeit zugewiesene Speicherbereich wird wieder automatisch freigegeben, so daß er für andere Zwecke verwendet werden kann.

Es gibt allerdings auch die Möglichkeit, eine Variable in einem Block - also lokal - zu definieren, so daß sie bis zur Terminierung des Programms existiert, sich also ähnlich zu global definierten Variablen verhält. Diese als statisch bezeichneten Variablen haben - im Gegensatz zu normalen lokalen Variablen - permanenten Speicherplatz. Hierzu wird das Schlüsselwort **static** verwendet:

```
         main( )
         {
             int a = 1;

             while (a < 4)
             {
                 int b = 1;   /* bei jedem Schleifendurchlauf wird
                                 für b dynamisch Speicherplatz
                                 reserviert und b initialisiert */
                 static int c = 1;
                              /* für c wird nur einmal (statisch)
                                 Speicherplatz angelegt, und c
                                 wird nur einmal initialisiert */
(*)              a++;
                 b++;
                 c++;
             }
         }
```

```
            a = c;           /* Fehler, da c außerhalb der while-
                                Schleife undefiniert ist */
      }
```

Die Werte der Variablen *a,b,c* an der am linken Seitenrand mit (*) gekennzeichneten Stelle sind für die einzelnen Iterationen:

	a	b	c
1. Iteration:	1	1	1
2. Iteration:	2	1	2
3. Iteration:	3	1	3

Außerhalb der while-Schleife ist der Name *c* nicht mehr bekannt. Dies unterscheidet eine mit *static* in einem inneren Block definierte Variable von einer globalen.

Konstantendefinitionen (und die später noch zu erklärenden Inline-Funktionen) sind per Definition immer statisch.

Hinweis:
Ein typisches Anwendungsbeispiel für statische Variablen ist das folgende Scenario: Zwei globale Variablen in verschiedenen Programmdateien verwenden denselben Namen, sollen aber in verschiedenen Funktionen verwendet werden. Jeweils für sich werden die Dateien ohne Probleme kompiliert. Wenn sie allerdings zusammen kompiliert werden, wird die Variable vom Compiler als mehrfach definiert gekennzeichnet. Ohne nun jedes Vorkommen der Variablen in einer Datei durch einen anderen Namen ersetzen zu müssen, reicht die Verwendung von *static* aus. Dadurch wird der Gültigkeitsbereich einer globalen Variablen (bzw. Funktion) auf die jeweilige Datei beschränkt.

Im folgenden werden die Kontrollanweisungen der Sprache C++ erläutert.

5.2 Kontrollanweisungen

5.2.1 if-else

Die *if-else* Anweisung wird zur Verzweigung des Programmablaufs benutzt. Die Syntax ist

> **if** (Ausdruck)
>   Anweisung_1
> **else**
>   Anweisung_2

Ist der Wert des Ausdrucks ungleich Null, so wird Anweisung_1 ausgeführt, andernfalls Anweisung_2. Der *else*-Zweig ist optional und kann daher auch weggelassen werden.

5.2 Kontrollanweisungen

```
            if (x == 0)
                x = 3;

            if (y >= 5)
                y = 3 * y;     /* Beachte: Eine einfache Anweisung
                                  besteht aus einem Ausdruck, gefolgt
                                  von einem Semikolon */
            else
                y = 0;
```

Da der *else*-Zweig optional ist, muß festgelegt werden, auf welches *if* sich ein *else* bezieht. Es gilt, daß sich das *else* immer auf das direkt davor liegende *if* bezieht, welches noch nicht mit einem *else* "in Verbindung steht". Also z.B.

```
            if (n > 0)
                if (a > b)
                    z = a;
                else
                    z = b;
```

Die Einrückung macht deutlich, auf welches *if* sich das *else* bezieht. Um zu erreichen, daß sich der *else*-Zweig auf ein anderes *if* bezieht, müssen Klammern verwendet werden. In diesem Fall ist die Verwendung eines Semikolons nach der *if*- und vor der *else*-Schleife überflüssig:

```
            if (n > 0)
            {
                if (a > b)
                    z = a;
            }
            else z = b;
```

Durch die Konstruktion

        if (Ausdruck_1)
          Anweisung_1
        else if (Ausdruck_2)
          Anweisung_2
        else if (Ausdruck_3)
          Anweisung_3
        ...
        else if (Ausdruck_n)
          Anweisung_n
        else Anweisung_n+1

läßt sich, gemäß obiger Regeln, eine Fallunterscheidung ausdrücken. Es wird dabei die Anweisung_i ausgeführt, deren zugehöriger Ausdruck_i als erster einen Wert ungleich Null liefert (d.h. für alle $k < i$ gilt: Ausdruck_k ist gleich Null). Sind alle Ausdrücke gleich Null, so wird Anweisung_n+1 ausgeführt. Nach Abarbeitung der entsprechenden Anweisung ist auch obiges Konstrukt abgearbeitet.

5.2.2 switch

Tief geschachtelte *if-else*-Anweisungen sind normalerweise sehr unlesbar, und Modifikationen an ihnen sind häufig nur schwer durchführbar. Die *switch*-Anweisung stellt daher in vielen Fällen eine übersichtlichere Möglichkeit zur Beschreibung von Fallunterscheidungen dar. *switch* testet, ob der Wert eines Ausdrucks mit einem Wert aus einer konstanten Menge von Werten übereinstimmt und verzweigt dann dementsprechend. Im allgemeinen wird die *switch*-Anweisung wie folgt verwendet:

```
switch (Ausdruck)
{
    case        Konstante_1:    Anweisung_1     break;
    ...
    case        Konstante_n:    Anweisung_n     break;
    default:                    Anweisung_n+1   break;
}
```

Bei obiger *switch*-Anweisung wird der Ausdruck ausgewertet und mit den Konstanten hinter den Schlüsselwörtern *case* bzw. *default* verglichen (die Werte dieser Konstanten bezeichnet man auch als *case-label*). Wird eine Konstante_i gefunden, die mit dem Wert des Ausdrucks übereinstimmt, so wird die entsprechende Anweisung_i ausgeführt. Wird keine solche Konstante gefunden, wird die *default*-Anweisung_n+1 ausgeführt. Die darauf folgende optionale **break**-Anweisung bewirkt das Verlassen der *switch*-Anweisung. Wird **break** jedoch nicht angegeben, wird die direkt folgende Anweisung ausgeführt, welche im Normalfall eine weitere *case*-Anweisung ist!

Hinter jedem *case-label* muß ein Doppelpunkt stehen. Die Angabe von höchstens einem *default:* ist optional. Die *case*-Fälle können in beliebiger Reihenfolge auftreten, alle Konstanten müssen unterschiedlich sein. Anstelle einer Konstanten darf auch ein konstanter Ausdruck angegeben werden.

5.2 Kontrollanweisungen

Beispiel:

```
char ch = '0';

switch (ch)
{
   case '0':   cout << "Null \n"; break;
   case '1':   cout << "Eins \n"; break;
   default:    cout << "ch ungleich Null oder Eins \n";
               break;
}
```

Man erhält die Ausgabe:

```
Null
```

Werden die *break*-Anweisungen nicht angegeben, also

```
char ch = '0';

switch (ch)
{
   case '0':   cout << "Null \n";
   case '1':   cout << "Eins \n";
   default:    cout << "ch ungleich Null oder Eins \n";
}
```

so erhält man die Ausgaben:

```
Null
Eins
ch ungleich Null oder Eins
```

Dies liegt daran, daß *switch* ähnlich einer *goto*-Anweisung operiert und das Schlüsselwort *case* mit einem Label vergleichbar ist. In obigem Fall stimmt der Wert von *ch* mit dem Wert der Konstanten '0' überein, also wird zum Label *case '0':* verzweigt. Danach wird die Anweisung *cout << "Null \n";* ausgeführt. Da jetzt die Anweisung *break;* fehlt, wird die nächste Anweisung *cout << "Eins \n";* ausgeführt etc.

5.2.3 while und for

While-Anweisungen sind bereits in einigen Beispielen verwendet worden. Ihre Syntax ist

> **while** (Ausdruck)
>   Anweisung

Der Ausdruck wird ausgewertet. Ist sein Wert ungleich Null, so wird die

Anweisung ausgeführt. Anschließend wird der Ausdruck erneut ausgewertet, und dieser Zyklus wiederholt sich solange, bis die Auswertung des Ausdruck einen Wert gleich Null (false) liefert.

Die Syntax der *for*-Anweisung ist

> **for** (Anweisung_1 Ausdruck_1 ; Ausdruck_2)
> Anweisung_2

Diese Anweisung ist äquivalent zur Anweisungsfolge

```
Anweisung_1
while (Ausdruck_1)
{
    Anweisung_2
    Ausdruck_2 ;
}
```

bis auf die Tatsache, daß bei einer *continue*-Anweisung (s.u.) in Anweisung_2 noch Ausdruck_2 ausgeführt wird, bevor Ausdruck_1 erneut ausgewertet wird. Die Ausdrücke 1 und 2 sind optional und können daher auch weggelassen werden. Das Semikolon darf dagegen nicht ausgelassen werden. Wird Ausdruck_1 weggelassen, so wird die Schleifenbedingung als permanent wahr festgelegt.

Beispiele:

```
int   i, v[10];
for (i = 0; i < 10; i++)
   v[i] = 10 * i;

for (i = 9; i >= 0; i--)
   cout << v[i] << "\n";
```

Die Anweisung

```
for (;;)      // Endlosschleife
```

ist äquivalent zu

```
;            // leere Anweisung
while (1)
{
   Anweisung
   ;         // leere Anweisung
}
```

Der Vorteil der *for*-Anweisung gegenüber der *while*-Anweisung ist, daß sich hier

5.2 Kontrollanweisungen

die gesamte Information zur Schleifensteuerung an einer Stelle befindet.

Bemerkung:
Wie bereits erwähnt sind Definitionen Anweisungen, daher ist folgendes in C++ möglich (in C jedoch nicht!):

>   for (int i = 0; i < 10; i++) ...

In C++ ist es also z.B. möglich, Laufvariablen für for-Schleifen direkt in der for-Schleife selbst zu definieren. Jedoch Vorsicht: Enthält Anweisung_1 eine solche Definition, so ist der entsprechende Identifier in dem Block gültig, in dem sich die *for*-Schleife befindet, und nicht nur für Anweisung_2.

5.2.4 do-while

Die *do-while*-Anweisung garantiert die mindestens einmalige Ausführung der Anweisung.

>   **do**
>   Anweisung
>   **while** (Ausdruck);

ist äquivalent zu

>   Anweisung
>   **while** (Ausdruck)
>   Anweisung

5.2.5 break

Die *break*-Anweisung veranlaßt ein sofortiges Beenden der Anweisungen *while*, *for*, *do-while* und *switch*. Es wird hierbei die innerste einschließende Schleife oder *switch*-Anweisung sofort verlassen.

Beispiel:

```
        for (i = 0; i < N; i++)
        {
          if (a[i] < 0)
          {
            cout << "Fehler \n";
            break;
          }
          .....           // weitere Anweisungen
        }
```

Ist ein Element des Vektors *a* negativ, so wird die *for*-Schleife verlassen.

Die Verwendung von *break* erleichtert es oft, komplexe Schleifen zu beenden. Dadurch erhöht sich die Übersichtlichkeit des Programms.

Bemerkung:
Andere Möglichkeiten zur Unterbrechung, insbesondere zur Behandlung von Fehlern, bieten die Befehle *exit* und *abort*. Beide Befehle bewirken das Beenden des Programms, allerdings mit gewissen Unterschieden:

>   void exit(int);
>   /* exit bewirkt das Verlassen des gesamten Programms mit dem angegebenen
>   Integerwert als Ergebnis. Üblicherweise kennzeichnet der Wert 0 das
>   normale Terminieren des Programms und ein Wert ungleich 0 ein nicht
>   normales Ende. Vor dem tatsächlichen Beenden des Programms wird noch
>   der Ausgabestrom gelöscht und geöffnete Dateien geschlossen. Ferner
>   werden für alle Klassenobjekte die Destruktoren (vgl. später), soweit
>   vorhanden, aufgerufen. Das Aufrufen von *exit* in einem Destruktor kann
>   somit zu einer Endlosschleife führen. */

>   int abort(...);
>   /* *abort* bewirkt ebenfalls das Beenden des gesamten Programms, wobei das
>   Ergebnis von *abort*, analog zu *exit*, zur Kennzeichnung der normalen
>   Terminierung bzw. einer nicht normalen Beendigung verwendet wird. Im
>   Gegensatz zu *exit* wird das Programm sofort, d.h. ohne Schließen noch
>   geöffneter Files und Aufrufen von Klassendestruktoren etc., beendet.
>   */

5.2.6 continue

Die *continue*-Anweisung wird nur selten verwendet. Sie veranlaßt den sofortigen Beginn der nächsten Schleifeniteration der innersten einschließenden *for*-, *while*- oder *do-while*-Schleife.

Beispiel:

```
for (i = 0; i < N; i++)
{
   if (a[i] < 0)
      continue;      /* überspringe negative Elemente
                        und bearbeite positive
                        Elemente */
   ...
}
```

Die *continue*-Anweisung wird z.B. dann verwendet, wenn der restliche Teil der Schleife so kompliziert werden würde, daß ein zusätzlicher Test und Einrücken der Zeilen das Programm noch unübersichtlicher machen würden.

5.2.7 gotos und labels

Wie die meisten Programmiersprachen bietet auch C++ die Anweisung *goto* an. Diese Anweisung ist für höhere Programmiersprachen in der Regel unnötig und sollte nur in Ausnahmefällen benutzt werden. Die Verwendung von *gotos* erschwert bekanntlich das Verständnis für den Programmablauf und verschlechtert häufig die Lesbarkeit eines Programmes. Die Syntax der *goto*-Anweisung lautet

> **goto** Identifier;

Dieser Befehl veranlaßt, daß das Programm an der durch *Identifier* gekennzeichneten Stelle (Label) fortgesetzt wird.

> Identifier: Anweisung

Also z.B.:

```
if (a > 0)
   goto ende;
...
ende: cout << "Ende \n";
```

Ein Ausnahmefall, wo die Verwendung von *goto*-Anweisungen sinnvoll sein kann, ist z.B. das Herausspringen aus einer tief verschachtelten Struktur, da hier die *break*-Anweisung nicht mehr ausreicht und zu viele Abfragen das Programm unübersichtlich machen würden.

```
for (...)
   for (...)
      for (...)
         ...
         if (katastrophe)
            goto fehler;

fehler: ...      // Fehler-Behandlung
```

Hinweis:
Die Syntax aller in Kapitel 5 angesprochenen Anweisungen ist nochmals in tabellarischer Form im Anhang verzeichnet.

6 FUNKTIONEN

Funktionen werden eingesetzt, um Programme in leichter verständliche Teile zu zergliedern. Sie stellen ein wesentliches Instrumentarium dar, um große Probleme in den Griff zu bekommen.

Für die Verwendung von Funktionen ist deren konkrete Implementation im allgemeinen unwichtig. So lassen sich z.B. Ein- und Ausgabefunktionen aus der Standardbibliothek nutzen, ohne daß deren Implementation bekannt sein muß. Es muß nur bekannt sein:

> 1) der Name der Funktion,
> 2) die formalen Parameter (Anzahl, Reihenfolge, Typen), auch als *Signatur* einer Funktion bezeichnet,
> 3) der Ergebnistyp
> 4) eine evtl. informelle Beschreibung über das, was die Funktion leistet.

Wie Funktionen in C++ definiert werden, welche Parameterübergabemechanismen unterstützt und wie Ergebnisse zurückgegeben werden, zeigen die nächsten Unterkapitel.

6.1 Definition einer Funktion

Eine Funktion wird wie folgt definiert

```
<Ergebnistyp>    <Name der Funktion>
                ( <Typ_1>  <Parameter_1>, ...,
                  <Typ_n>  <Parameter_n> )
{
    Anweisungsfolge
}
```

d.h. ohne Angabe eines Semikolons nach der schließenden geschweiften Klammer. Die Parameter *1* bis *n* sind innerhalb des Funktionsrumpfes gültig.

6.1 Definition einer Funktion

Beispiele:
```
int fakultaet (int n)
{
  if (n > 1)
    return n * fakultaet (n - 1);
  else
    return 1;
}

void tausche (int* p, int* q)
/* vertauscht die Werte der Integerzahlen, auf die p
   und q verweisen.
*/
{
  int t  = *p;
  *p     = *q;
  *q     = t;
}
```

Wird kein Ergebnistyp angegeben, so wird *int* als Ergebnistyp angenommen. Die - von der Definition von einfachen Variablen - gewohnte Kurzschreibweise ist bei der Angabe der Parameter in Funktionen nicht erlaubt:

```
int f(int a, b, c);                    // Fehler
```

Die Liste der Parameter darf allerdings leer sein:

```
dummy( )
{
  ...
}
```

In C++ ist es auch möglich, das Schlüsselwort *void* in der Parameterliste zu verwenden, um das Fehlen von Parametern explizit zu verdeutlichen (es könnte ja durchaus sein, daß die Angabe von Parametern vergessen wurde). Deshalb ist folgende Funktion semantisch äquivalent zu obiger Funktion:

```
dummy (void)
{
  ...
}
```

Auch die Anweisungsfolge im Funktionsrumpf darf ausgelassen werden. Eine minimale Funktion ist daher z.B.

```
dummy( ) { }
```

die nichts leistet.

Anmerkung:
In C++ bedeutet obige Definition, daß *dummy* ohne Parameter aufgerufen werden muß. In C dürfte *dummy* mit einer beliebigen Anzahl von Argumenten beliebigen Typs aufgerufen werden.

Da bei der Deklaration von Funktionsprototypen (z.B. Vorwärtsdeklarationen) die Namen der Parameter weggelassen werden dürfen und somit nur eine Dokumentationshilfe sind, ist es sprachlich durchaus erlaubt, bei der Deklaration und dann späterer Definition unterschiedliche Parameternamen zu verwenden; sinnvoll ist dies jedoch nicht:

```
int f(int a, int b);      // Funktionsprototyp
...
int f(int x, int y)       /* Definition mit anderen
                             Parameternamen nicht
                             sinnvoll, aber erlaubt */
{ ... }
```

In einer Funktionsdefinition darf keine Funktion definiert werden. Somit besteht jedes C++-Programm aus einer Ansammlung von Funktionen. Ein Ineinanderschachteln von Definitionen von Funktionen ist nicht zulässig.

Bemerkung:
Die Art der Angabe der Parametertypen in C++ unterscheidet sich von der in C. In C erfolgt die Angabe des Namens eines Parameters in den Klammern nach dem Funktionsnamen, die Angabe des Parametertyps aber erst nach der schließenden Klammer der Parameter und vor der öffnenden geschweiften Klammer des Funktionsrumpfes (ähnlich wie z.B. in der Programmiersprache Simula).

6.2 Parameterübergabe

Wenn eine Funktion aufgerufen wird, wird für jeden formalen Parameter Speicherplatz reserviert und mit dem entsprechenden Wert des aktuellen Parameter belegt. Die Reihenfolge der Auswertungen der Parameter ist nicht festgelegt. Beim Aufruf wird der Typ des formalen Parameters mit dem Typ des Werts des aktuellen Parameters verglichen und ggf. eine Typkonvertierung vorgenommen.

Beispiel:

```
void f(int i)
{
   cout << "i: " << i;
}
...
double r = 4.5;
f(r * 0.4);
```

6.2 Parameterübergabe

erzeugt die Ausgabe

```
i: 1
```

6.2.1 Strong Type Checking

Solche gegebenenfalls durchzuführenden Typkonvertierungen bei Funktionsaufrufen sind allerdings nicht immer sinnvoll. Nehmen wir an, wir haben eine Funktion, die das Minimum zweier Integerzahlen bestimmt:

```
int min (int a, int b)
{
   return (a < b) ? a : b;
}

int par1 = 10;
int par2 = 20;

min(par1, par2);
```

Obiger Aufruf von *min* ist der gewünschte Normalfall. Was aber passiert in folgenden Fällen?

```
1) min(17.7, 22.92);

2) min("klein", "groß");

3) min(1020);
```

In den letzen beiden Fällen würde die Ausführung von *min* mit großer Wahrscheinlichkeit zu einem Laufzeitfehler führen, deshalb kann die einzig wünschenswerte Alternative nur sein, solche Fehler bereits zur Kompilierzeit aufzuspüren. Letzteres ist in C++ der Fall, denn C++ **ist** eine streng typisierte (besser ist hier der englische Ausdruck "**strongly typed**") Sprache.

Sowohl die Argumentliste als auch der Returntyp eines jeden Funktionsaufrufs werden bei der Kompilation streng typüberprüft ("strong type checked"). Wenn eine Unstimmigkeit zwischen den aktuellen Typen des Aufrufs und den Typen der Funktionsdeklaration entdeckt wird, wird versucht, eine sinnvolle implizite Typkonvertierung anzubringen. Wenn eine solche Typkonvertierung nicht möglich ist oder die Anzahl der Parameter falsch ist, erfolgt eine Fehlermeldung des Compilers.

Der Compiler greift hierbei auf die Informationen der Funktionsdeklaration (auf den sogenannten Funktionsprototyp) zurück. Deshalb kann eine Funktion nicht aufgerufen werden, bevor sie deklariert worden ist.

Im Fall 1) kann eine sinnvolle implizite Typkonvertierung nach *int* durchgeführt werden. Diesen Aufruf von *min* als Fehler beim Kompilieren auszuweisen wäre vielleicht korrekt, aber wohl doch zu streng. Da es sich hier aber um eine Konvertierung handelt, bei der Information verloren gehen kann (die Nachkommastellen werden abgeschnitten), wird bei einigen Compilern zur Kompilierzeit eine Warnung generiert, um den Programmierer auf eine mögliche Inkonsistenz hinzuweisen.

Aber nicht nur Funktionsaufrufe werden in C++ streng typüberprüft. Jede Initialisierung und jede Zuweisung von Werten wird zur Kompilierzeit überprüft, um sicherzugehen, daß die Typen dieser Werte auch wirklich kompatibel sind. Wenn dies nicht der Fall ist und wenn eine sinnvolle Regel angewendet werden kann, um die Typen aufeinander abzubilden, so wird der Compiler diese Regel anwenden (implizite Typkonvertierung). Wenn keine solche Regel existiert, wird die Anweisung als Kompilierfehler gekennzeichnet, um so unvorhergesehenen Programmabbrüchen zur Laufzeit vorzubeugen. Will ein Programmierer dennoch eine Regel anwenden, so muß er dies explizit tun (explizite Typkonvertierung). Auf diese Art und Weise wird er darauf aufmerksam gemacht, daß er etwas tut, was potentiell unsicher ist; die Verantwortung dafür liegt bei ihm selbst.

6.2.2 call by value

Wie bereits angesprochen, sind die formalen Parameter der Funktion innerhalb des Funktionsrumpfes gültig. Die Werte der aktuellen Parameter werden bei Aufruf der Funktion in den entsprechenden Speicherbereich abgelegt, die mit den Namen der formalen Parameter assoziiert sind. Die Werte der aktuellen Parameter ändern sich bei Abarbeitung der Funktion nicht:

```
void f(int i)
{
   i++;
   cout << "i in der Funktion f: " << i << "\n";
}

...
int i = 1;
f(i);
cout << "i: " << i << "\n";
```

erzeugt die Ausgaben

```
i in der Funktion f: 2
i: 1
```

Man kann Lesern eines Programms (und natürlich auch dem Compiler) durch Verwendung des Schlüsselwortes **const** verdeutlichen, daß die Funktion das Objekt selbst nicht verändert, welches durch den Parameter adressiert wird:

```
void zeige (const char*);
```

Dies ist z.B. dann sinnvoll, wenn ein Zeiger übergeben wird, um den Aufwand des Kopierens (etwa bei sehr großen Objekten) zu vermeiden. Wird der Zeiger - wie im obigem Funktionskopf - als Zeiger auf eine Konstante deklariert, so ist eine Modifikation des referenzierten Objekts nicht möglich und würde vom Compiler als Fehler ausgewiesen werden.

6.2.3 call by reference

Übergibt man eine Referenz auf ein Objekt, so kann die Funktion die Werte der aktuellen Parameter verändern und so einen Seiteneffekt erzeugen. Bei Übergabe einer Referenz wird also mit dem durch die Referenz bestimmten Objekt gearbeitet. Dies erklärt auch die Funktionsweise der Funktion *tausche* aus Kapitel 6.1.

Ferner kann ein formaler Parameter der Funktion als Referenz definiert werden. Der Name des formalen Parameters ist dann ein anderer Name für das Objekt, das durch den aktuellen Parameter bestimmt wird:

```
void f (int wert, int& referenz)
                // call by value, call by reference
{
    wert++;       // Übergeben mittels call by value
    referenz++;   // Übergeben mittels call by reference
}
```

Die Anweisung *wert++;* inkrementiert die lokale Kopie des ersten aktuellen Parameters, wohingegen durch die Anweisung *referenz++;* der zweite aktuelle Parameter inkrementiert wird.

```
int i = 1;
int j = 1;
f (i,j);                                    // i = 1, j = 2
cout << "i: " << i << " , j: " << j;
```

erzeugt die Ausgabe

```
i: 1 , j: 2
```

Der generelle Unterschied zwischen *call-by-reference* und *call-by-value* liegt darin, daß im ersten Fall der sogenannte *lvalue* des aktuellen Parameters der Funktion übergeben wird, während sonst der *rvalue* weitergereicht wird. Um dies zu erklären, rufen wir uns noch einmal den generellen Unterschied von symbolischen Variablen und Konstanten ins Gedächtnis. Beide benötigen Speicherplatz und besitzen einen assoziierten Typ. Aber nur symbolische Variablen sind adressierbar, d.h. es gibt bei ihnen zwei assoziierte Werte:

1) Ihren Datenwert, der irgendwo in einer Speicheradresse abgelegt ist. Dieser Wert wird auch als rvalue (**r**ead value) bezeichnet. rvalues kommen grundsätzlich auf der **r**echten Seite von Zuweisungen vor, denn sie können nur gelesen werden.

2) die Adresse im Speicher, in dem der Datenwert abgelegt ist (**l**ocation value). Dieser Wert wird als lvalue bezeichnet. lvalues kommen auf der **l**inken Seite von Zuweisungen vor, denn die linke Seite spezifiziert die Speicheradresse, in welche der Wert der rechten Seite abgelegt werden soll.

Bei *call-by-reference* wird also die Speicheradresse übergeben, wodurch das Verändern (das Schreiben) möglich wird, während bei *call-by-value* nur der Wert weitergereicht (kopiert) wird.

6.2.4 Vektoren als Parameter

Vektoren stellen eine Ausnahme bei der Parameterübergabe dar. Wie bereits in Kapitel 4.1.2.3 angesprochen, ist ein Vektor nichts anderes als ein konstanter Zeiger auf den Anfang des Vektors. Wird nun ein Vektor als Parameter einer Funktion verwendet (oder als Ergebnis vgl. Kap. 6.3), wird nur die Adresse auf den Anfang des Vektors (d.h. die erste einer ganzen Folge von Speicheradressen) übergeben. Mit anderen Worten, ein Parameter vom Typ T[ ] wird in den Typ T* konvertiert, falls er Parameter eines Funktionsaufrufs ist. Dies hat zur Folge, daß die Funktion auf dem aktuellen Parameter arbeitet und diesen somit verändern kann. Für die Parameterübergabe von Vektoren sollte man sich daher folgendes merken:

Vektoren (Arrays) werden in C++ immer mit call by reference übergeben!

Beispiel:
```
void init3 (int* m)
{
   for (int i = 0 ; i < 3 ; i++)
      m[i] = 1;     // äquivalent zu *(m + i) = 1;
}
```

6.2 Parameterübergabe

Jede der drei Vektorkomponenten wird jeweils mit 1 initialisiert.

```
int      v[3] = {2, 5, 7};
init3    (v);
```

Nach Abarbeitung der Funktion *init3* gilt:

```
v[0] = v[1] = v[2] = 1
```

Weiteres Beispiel:

```
void print_m34 (int m[3][4])
{
   for (int i = 0 ; i < 3 ; i++)
   {
      for (int j = 0 ; j < 4 ; j++)
         cout << " " << m[i][j];
      cout << "\n";
   }
}
```

Da nur ein Zeiger übergeben wird, ist es auch möglich, Funktionen zu schreiben, die mit Vektoren beliebiger Dimension arbeiten können.

Beispiele:

```
void print_m (int m[ ], int dim)
{
   for (int i = 0; i < dim; i++)
      cout << " " << m[i];
   cout << "\n";
}


void print_mijk ( int*** m, int dim1, int dim2, int
                  dim3)
{
   for (int i = 0; i < dim1; i++)
      for (int j = 0; j < dim2; j++)
      {
         for (int k = 0; k < dim3; k++)
            cout << " "
                 << ((int*) m) [i * dim2 * dim3 + j *
                    dim3 + k];
            // Explizite Typkonvertierung nach int*

         cout << "\n";
      }
}
```

Diese Philosophie der Parameterübergabe von Vektoren hat zwei wichtige

Konsequenzen für den Programmierer:

1) Falls das globale Vektorobjekt nicht verändert werden darf, muß der Programmierer call-by-value selbst simulieren.

2) Die Größe des Vektors (seine Grenzen) ist nicht Bestandteil seines Typs und damit der Funktion und insbesondere auch dem Compiler nicht bekannt. Die Überprüfung von Array-Grenzen kann somit nicht automatisch stattfinden und muß vom Programmierer selbst implementiert werden.

Für den zweiten Fall ist es deshalb angebracht, der Funktion einen weiteren Parameter zu übergeben, der die Größe des Vektors spezifiziert, um dann das Überschreiten von Vektorgrenzen in der Funktion selbst zu verhindern.

Werden mehrdimensionale Vektoren als formale Argumente übergeben, so müssen alle Dimensionen - mit Ausnahme der ersten - spezifiziert werden. Nehmen wir an, wir hätten folgendes zweidimensionale Array:

```
int v[ ] [5];    // Array mit 5 Spalten pro Zeile
```

so ist dies äquivalent zu

```
int (*v) [5];    // Zeiger auf ein Array mit 5 Elementen
```

Die Anweisung

```
v = v + 1;       // oder v += 1;
```

läßt v auf die nächste Zeile der Matrix zeigen, d.h. die erste Dimension wird erhöht. Der Compiler hat hierbei die Information, wieviel Spaltenelemente er zu überspringen hat; in diesem Fall 5. Ohne Angabe der zweiten Dimension wäre dies aber nicht möglich.

6.3 Ergebnisrückgabe

Funktionen können, wenn sie nicht mit Ergebnistyp *void* definiert sind, einen Wert vom angegebenen Typ als Ergebnis liefern. So lieferte unsere Fakultätsfunktion *fakultaet* (s. Kap. 6.1) als Ergebnis einen Integerwert. Der Ergebniswert einer Funktion wird durch die **return**-Anweisung bestimmt. *return* veranlaßt das Beenden der Funktion mit dem angegebenen Wert als Ergebnis. In einer Funktion kann die *return*-Anweisung an mehreren Stellen stehen, wie z.B.

6.3 Ergebnisrückgabe

in der Funktion *fakultaet*.

Die Syntax für die Ergebnisrückgabe sieht wie folgt aus:

return Ausdruck ;

Ist der Wert des zurückzugebenden Ausdrucks von einem anderen Typ als der Ergebnistyp der Funktion, so wird, falls möglich, eine Typkonvertierung vorgenommen.

```
double f( )
{
    ...
    return 1;   // wird implizit zu 1.0 konvertiert
}
```

Der Ausdruck der *return*-Anweisung kann auch leer sein. Diese Art findet üblicherweise Anwendung bei *void*-Funktionen, also Funktionen, die keinen Wert zurückliefern. Hier hat *return* die gleiche Wirkungsweise wie das *break* innerhalb von Schleifen.

Da bei jedem Aufruf einer Funktion dynamisch neuer Speicherplatz für die formalen Parameter und die lokalen Variablen der Funktion belegt wird und dieser nach ihrer Abarbeitung wieder freigegeben wird, sollte man nicht Adressen lokaler Variablen als Ergebnis zurückgeben:

```
int* f()
{
   int lokal = 1;
   return &lokal;

   // Gefährlich!
}
```

Wenn lokale Objekte der Funktion nach ihrer Abarbeitung nicht mehr verwendet werden dürfen, stellt sich die Frage, wie man z.B. Vektoren als Ergebnis erhalten kann, da bei der Ergebnisrückgabe nur ein Zeiger übergeben werden darf.

Bemerkung:
Es ist nicht erlaubt, Funktionen mit Ergebnistyp T[ ] zu deklarieren bzw. zu definieren.

```
int* addiere_vektoren (int v1[4], int v2[4])
{
   int ergebnisvektor[4];
   for (int i = 0; i < 4; i++)
      ergebnisvektor[i] = v1[i] + v2[i];
   return ergebnisvektor;
   // Gefährlich!
}
```

Die Verwendung von *addiere_vektoren* ist so nicht möglich. Denken wir an folgenden Aufruf:

```
int* pv;
pv = addiere_vektoren(vektor_1,vektor_2);
```

pv bekommt die Adresse des lokalen Speicherbereiches von *ergebnisvektor* zugewiesen. Bei weiterer dynamischer Vergabe des Speicherplatzes kann aber der Speicherbereich, auf den *pv* verweist, überschrieben werden. Dies bedeutet letztendlich, daß es Glückssache ist, ob der Speicherbereich für *pv* und damit das Ergebnis des Funktionsaufrufes lange genug zur Verfügung steht.

6.3.1 Der Freispeicher

Um obige Probleme zu vermeiden, benötigt man Operatoren, mit denen der sogenannte Freispeicher explizit manipuliert werden kann. Der Freispeicher bezeichnet hierbei die Menge an nicht zugewiesenen Speicheradressen, die ein Programm zur Laufzeit verwenden kann. Um diesen Freispeicher zu manipulieren, bietet C++ die Operatoren **new** und **delete** an. Durch

> new <Typname>

wird ein Objekt vom angegebenen Typ kreiert. Das Ergebnis von *new* ist ein Zeiger auf das kreierte Objekt. Ein durch *new* kreiertes Objekt existiert solange, bis es explizit durch *delete* gelöscht wird. Damit wird verhindert, daß der bei einer Definition reservierte Speicherplatz nach Verlassen des entsprechenden Blockes freigegeben wird.

Bemerkung:
Die Deklaration von *new* und *delete* sieht folgendermaßen aus:

> void*   operator new(long);
> void   operator delete(void*);

Mittels *new* lassen sich Objekte sogar auf spezifische Adressen des Freispeichers plazieren. Dies funktioniert, indem man eine andere Form der Anwendung von *new* verwendet (Voraussetzung hierfür ist, daß die Datei *new.h* eingebunden wird):

> new (Speicheradresse) <Typspezifikation>

wobei *Speicheradresse* ein Zeiger sein muß. Hierdurch ist es möglich, Speicherplatz vorzureservieren, der dann zu einer späteren Zeit Objekte der so definierten Art enthalten wird: Erst wird Speicherplatz mittels der einen Form von *new* reserviert und erst später werden Objekte auf diesem Bereich mittels der

6.3 Ergebnisrückgabe

anderen Form von *new* plaziert.

Wird *new* aufgerufen und steht nicht mehr genügend Speicherplatz zur Verfügung, so wird üblicherweise NULL (also der Wert 0) zurückgegeben. Dies läßt sich abändern, da bei jedem Fehler in *new* implizit ein sogenannter **new-handler** aufgerufen wird, der die Behandlung dieses Fehlerfalles übernimmt.

_new_handler ist ein Zeiger auf eine Funktion, die keine Argumente enthält und als Returntyp *void* besitzt. (*_new_handler* ist in der Standardbibliothek des AT&T C++-Sprachsystems enthalten). Seine Deklaration sieht wie folgt aus:

```
void (*_new_handler) ( );
```

Falls *new* einen Fehler liefert, wird getestet, ob *_new_handler* auf eine Funktion verweist. Falls dies nicht der Fall ist (standardmäßig voreingestellt), liefert *new* den Wert 0 zurück.

Mittels der Funktion *set_new_handler* (ebenfalls in der Standardbibliothek von AT&T C++ enthalten) kann eine Funktion angegeben werden, die aufgerufen wird, wenn der Aufruf von *new* zu einem Fehler führt, also z.B. nicht mehr genügend Speicherplatz zur Verfügung steht. Die Funktion *set_new_handler* erhält als Argument einen Zeiger auf die entsprechende Funktion (bzgl. Zeiger auf Funktionen vgl. Kap. 6.4.2). Dazu folgendes Beispiel:

```
void speicherplatzmangel( )
{
    cerr << "Kein Speicherplatz mehr zur Verfügung!\n";
    cerr << "Operation new konnte nicht durchgeführt ";
         << "werden. \n";
    exit(1);
}

#include <new.h>
/* new.h beinhaltet die Deklaration von
   set_new_handler */

main( )
{
    set_new_handler(speicherplatzmangel);

    /* Übergabe der Adresse der Funktion
       speicherplatzmangel. Diese wird immer dann
       aufgerufen, wenn der Aufruf von new zu einem
       Fehler führt. Alternativ möglich ist auch:

        _new_handler = speicherplatzmangel;
    */
    ...
}
```

Bemerkung:
Der Strom *cerr* dient speziell zur Ausgabe von Fehlermeldungen. Zwar lassen sich Fehlermeldungen auch mittels *cout* ausgeben, dies ist allerdings oft nicht zweckmäßig. Unter UNIX besteht nämlich die Möglichkeit, alle Ausgaben eines Programms (durch eine spezielle Art des Aufrufs) z.B. direkt in einer Datei abzulegen. Alle Ausgaben mittels *cout* erscheinen dann nicht mehr wie gewohnt auf dem Bildschirm, sondern werden in die angegebene Datei geschrieben. Fehlermeldungen würden dann ebenfalls nicht mehr auf dem Bildschirm angezeigt und somit evtl. vom Benutzer nicht mehr registriert werden. Daher ist es sinnvoll, zwei Ausgabeströme (vgl. Kapitel 11.1) bereitzustellen, einen für standardmäßige Ausgaben und einen für Fehlermeldungen, wobei eine Umlenkung der Ströme jeweils separat vorgenommen werden kann.

Die im vorherigen Kapitel definierte Funktion *addiere_vektoren* kann nun wie gewünscht benutzt werden, wenn wir sie wie folgt definieren.

```
int* addiere_vektoren(int v1[4], int v2[4])
{
    int* ergebnisvektor = new int[4];
    /* ergebnisvektor verweist auf den festgelegten
       Speicherbereich. Der Speicherbereich bleibt
       solange reserviert, bis er explizit mittels
       delete freigegeben wird. int[4] ist ein
       abstrakter Typname. Solche abstrakten Typnamen
       werden z.B. als Parameter für new oder sizeof
       verwendet. */

    for (int i = 0; i < 4; i++)
        ergebnisvektor[i] = v1[i] + v2[i];

    return ergebnisvektor;
    // jetzt OK!
}

int* pv;
pv = addiere_vektoren(vektor_1,vektor_2);
// OK
...
delete pv;
// Freigabe des Speicherplatzes
```

Der durch *new* reservierte Speicherbereich wird auch dann nicht freigegeben, wenn er nicht mehr zugreifbar ist, da kein Zeiger mehr auf ihn zeigt. Es wird also kein sog. **garbage collection** durchgeführt.

```
int* pv;
pv = addiere_vektoren(vektor_1,vektor_2);
pv = addiere_vektoren(vektor_3,vektor_4);
/* Der Speicherbereich, der beim Aufruf von
   addiere_vektoren(vektor_1,vektor_2) reserviert
   wurde, wird nicht freigegeben, obwohl kein Zeiger
   mehr auf ihn zeigt. Der Freispeicher enthält
   irgendwo "Müll".
*/
```

Man sollte daher Objekte, die nicht mehr benötigt werden, immer durch *delete* löschen, um so unnötige Speicherbelegungen zu vermeiden.

Zwei Aspekte des Freispeichers sind zu beachten:

1) Er ist immer namenlos und wird generell über Zeiger manipuliert.

2) Der Freispeicher ist immer uninitialisert und muß daher immer vor Benutzung entsprechend initialisiert werden.

6.4 Weitere Parameterübergabemöglichkeiten

6.4.1 Default Argumente

Eine Funktion benötigt manchmal zur Behandlung allgemeiner Fälle mehr Parameter, als für den üblichen Gebrauch. Betrachten wir z.B. die Funktion *hex*, welche in *iostream.h* deklariert ist. *hex* übergibt einen String, der die hexadezimale Darstellung der angegebenen Integerzahl enthält. *hex* besitzt zwei formale Parameter:

1) die umzuwandelnde Integerzahl,

2) die maximal erlaubte Länge des Strings.

Ist die erlaubte Länge zu klein, so wird der Anfang abgeschnitten. Ist die Länge zu groß, wird der Anfang mit Leerzeichen (blanks) aufgefüllt. Übergibt man als Länge Null, so wird die passende Länge zur Darstellung des Strings gewählt. In den meisten Fällen wird man also *hex(i, 0)* aufrufen. Die Angabe der Null läßt sich jedoch vermeiden, wenn man als voreingestellten Wert (Default-Wert) für die Länge die Null vereinbart. Dies sieht folgendermaßen aus:

```
extern char* hex(long, int = 0);
```

Man beachte, daß dies eine Funktionsdeklaration ist, daher ist es auch nicht nötig, die Namen der formalen Parameter anzugeben. *Extern* kennzeichnet, daß die Funktion extern, d.h. in einer anderen Datei definiert ist. Damit entspricht der Aufruf *hex(31)* dem Aufruf *hex(31, 0)*.

Default Argumente dürfen nur am Ende der Parameterliste auftreten. Also

```
int f(int, int = 0, char* = 0);     // OK
int f(int = 0, int = 0, char*);     // Fehler
```

Hinweis:
Man beachte das Leerzeichen zwischen *char** und *= 0*. Bei der Schreibweise *char*= 0* würde **=* als Zuweisungsoperator (mit Multiplikation) angesehen werden.

Auf die Redeklaration von Funktionen mit Default-Parametern sei im folgenden etwas genauer eingegangen. Nehmen wir an, wir hätten folgende Deklaration der Funktion *f* (z.B. in einer eingebundenen Headerdatei) :

```
int f(int a, int b, int c = 0);
```

Diese Funktion möchten wir nun aktuell mit anderen Defaults redeklarieren (zur Erinnerung: Funktionen können durchaus mehrfach deklariert werden, wobei die letzte Deklaration gültig wird):

```
int f(int a, int b = 0, int c = 0);  // Fehler
```

Der Compiler wird diese Funktionsdeklaration allerdings als fehlerhaft markieren. Dies liegt daran, daß wir die Default-Initialisierung von *c* respezifiziert haben. Tatsächlich korrekt, wenn auch vielleicht ungewohnt, ist folgende Redeklaration:

```
int f(int a, int b = 0, int c);      // OK
```

6.4.2 Funktionen als Parameter

Mit einer Funktion hat man in C++ grundsätzlich zwei Möglichkeiten:

    1) Aufruf der Funktion,

    2) Ermittlung der Adresse der Funktion.

Eine Funktion kann auch aktueller Parameter einer Funktion sein. Hierzu übergibt man einen Zeiger auf die Adresse der zu übergebenden Funktion.

Die Adresse einer Funktion erhält man durch den Adressoperator &.

```
void fehler(char* p)
{
    ...
                        // Fehler-Behandlung
}
```

6.4 Weitere Parameterübergabemöglichkeiten

```
void (*pe) (char*);    /* Zeiger auf eine Funktion mit
                          Parametertyp char* und
                          Ergebnistyp void
                        */

main( )
{
  pe = &fehler;
       // pe zeigt auf die Funktion fehler
  (*pe) ("Fehler ist aufgetreten");
       // Aufruf der Funktion
}
```

Da der "Funktionsaufrufoperator" ( ) höhere Priorität als der Dereferenzierungsoperator * hat, muß *pe* in Klammern stehen. *pe("Fehler...");* wird dagegen interpretiert als *(pe("Fehler..."));* was zu einem Fehler führt.

Die Übergabe einer Funktion als Parameter kann dann beispielsweise so erfolgen:

```
typedef int (*int_fkt) (int);

int  sum_f(int_fkt fkt, int untere, int obere)
// berechnet Σᵢ fkt(i)
{
  int ergebnis = 0;
  for (int i = untere; i <= obere; i++)
     ergebnis = ergebnis + (*fkt) (i);

  return ergebnis;
}
```

Die Berechnung z.B. der Summe der Fakultäten von 1 bis 20 erfolgt dann durch den Aufruf:

```
sum_f(&fakultaet, 1, 20)
// Funktion fakultaet aus Kapitel 6.1
```

Initialisierungen von und Zuweisungen an Zeiger auf Funktionen sind nur dann korrekt, wenn die Parameterliste und der Ergebnistyp exakt übereinstimmen. Folgendes führt daher zu einem Fehler in C++:

```
void test ( int, int, int* );
void ( *fkt_zeiger ) ( int, int*, int ) = test;
// Fehler
```

Mittels

```
double ( *testfunktionen[ 5 ] ) ( int );
```

wird ein Array von Zeigern auf Funktionen deklariert. *testfunktionen* ist dabei zunächst ein Array mit 5 Elementen. Jedes Element ist ein Zeiger auf eine Funktion mit einem Parameter vom Typ *int* und mit Ergebnistyp *double*. Eine Initialisierung solcher Arrays kann wie folgt erfolgen:

```
double test1( int );
double test2( int );
double test3( int );

double ( *testarray[ ] ) ( int ) =
{
   test1, test2, test3
};
```

6.4.3 Ellipsen

Eine weitere Möglichkeit der Parameterübergabe soll hier nur am Rande erwähnt werden, da C++ durch Default-Argumente und Overloading (s.u.) diese Möglichkeit weitestgehend überflüssig macht; sie sind jedoch insbesondere auch aus Kompatibilitätsgründen zu C wichtig. In einer Funktionsdefinition/deklaration läßt sich durch Angabe einer **Ellipse** ... eine unspezifizierte Anzahl von Parametern angeben.

Beispiele:

```
int printf(char*, ...);    // Deklaration von printf

printf("Reine Stringausgabe\n");
printf("Ausgabe der Integerzahl %d \n", 4711);

void test(...);
```

Die Funktion *printf* (eine Standard-Bibliotheksfunktion, die tatsächlich mittels einer Ellipse implementiert ist) kann mit einer beliebigen Anzahl von Argumenten aufgerufen werden, wobei das erste Argument vom Typ *char** sein muß (das Komma hinter dem letzten festen Parameter ist dabei optional). Wie der Aufruf abgearbeitet wird, liegt in der Verantwortung der Funktion. Bei *test* ist nur bekannt, daß eine unbekannte Anzahl von Parametern möglich ist; eine Einschränkung bezüglich des ersten Parameters ist hier nicht gegeben.

Da der Typ und die Anzahl der Parameter unbekannt ist, wird durch Ellipsen das "type checking" automatisch ausgeschaltet. Bei solchen Funktionen ist der Compiler also nicht mehr in der Lage, eine Typüberprüfung von aktuellen und formalen Parametern durchzuführen, so daß die korrekte Behandlung eines Aufrufs auch in dieser Hinsicht in den Verantwortungsbereich des Programmierers fällt. Es ist also zu beachten, daß folgende zwei Funktionsdeklarationen **nicht** äquivalent sind:

6.5 Overloading von Funktionen

```
1) void test ( );
2) void test (...);
```

Im ersten Fall wird *test* als eine Funktion deklariert, die keine Parameter besitzt; im zweiten Fall ist *test* eine Funktion, die keine Parameter besitzen könnte, aber durchaus mehr haben darf. Die Aufrufe von

```
test (a, b, c);
test (a);
```

sind also in C++ nur erlaubt, wenn *test* wie im zweiten Fall deklariert worden ist. Der Aufruf von

```
test ( );
```

ist jedoch in beiden Fällen gültig.

Hinweis:
Der Zugriff auf die nicht spezifizierten Parameter der Ellipse erfolgt mittels der Makros *va_start*, *va_arg* und *va_end*, welche in der Datei *stdarg.h* definiert sind.

6.5 Overloading von Funktionen

In der Regel gibt man verschiedenen Funktionen verschiedene Namen. Wenn aber Funktionen die gleichen Aufgaben auf Objekten unterschiedlichen Typs verrichten, kann es sinnvoll sein, diese Funktionen mit gleichen Namen zu versehen. Hierdurch wird insbesondere der objektorientierte Programmierstil unterstützt.

Das Verwenden gleicher Namen für Operationen auf verschiedenen Typen wird *overloading* genannt. Diese Technik ist uns bereits implizit bekannt. So ist der Operator + sowohl für Integer-Werte und Double-Werte wie auch für Zeiger definiert. Das Überladen von Funktionen kann in C++ Version 2.0 ohne Angabe eines Schlüsselwortes geschehen.

Hinweis:
In früheren Versionen von C++ existiert das Schlüsselwort **overload**, welches zwingend genau einmal zu verwenden war. Durch Angabe von

> **overload** name ;

wurde dem Compiler die Information gegeben, welcher Name mehrfach zur Benennung von Funktionen verwendet wird. Ohne Verwendung des Schlüsselwortes werden ältere Compiler eine Fehlermeldung ausgeben, da im Normalfall nicht ein Name für mehrere Funktionen verwendet werden darf.

Beispiel:

```
void drucke (int i)
{
   cout << i << "\n";
}

void drucke (char* ch)
{
   for (int i = 0; ch[i] != '\0'; i++)
      cout << ch[i] << " ";
   cout << "\n";
}
```

Bei Aufruf der Funktion *drucke* wird durch Typvergleich des aktuellen Parameters mit dem formalen Parameter die entsprechende Funktion ausgewählt. Sind alle Typen der formalen Parameter ungleich dem Typ des aktuellen Parameters, so wird versucht, durch Typkonvertierung die zugehörige Funktion zu bestimmen. Der Aufruf

```
drucke(2.1);
```

ergibt z.B. die Ausgabe 2, da *double* - wenn nur diese beiden *drucke*-Funktionen existieren - eindeutig nach *int* konvertiert wird.

Folgende Besonderheiten sind zu beachten:

1) Zu überladende Funktionen müssen alle im selben Scope deklariert werden. Lokal deklarierte Funktionen verstecken (überdecken) andere evtl. vorhandene Deklarationen und überladen sie nicht.

2) Sind sowohl der Returntyp als auch die Signatur (Anzahl und Typ der Argumente) gleich, so wird die zweite Deklaration als Redeklaration der ersten gewertet:

```
extern void drucke (int hilfe1, char* hilfe2);

void drucke (int hilfe3, char* hilfe4);
/* Redeklaration der ersten Funktion, da Parameter-
   namen für einen Vergleich
   der Signaturen irrelevant sind   */
```

3) Ist die Signatur zweier Funktionen exakt gleich, unterscheiden sie sich aber im Returntyp, so wird die zweite Deklaration zur Kompilierzeit als fehlerhafte Redeklaration der ersten ausgewiesen. D.h. das Überladen zweier gleicher Funktionen mit unterschiedlichen Returntypen ist in C++ nicht möglich (der

6.5 Overloading von Funktionen

Returntyp wird zur Unterscheidung nicht betrachtet).

4) Wenn die Signaturen zweier gleichnamiger Funktionen unterschiedlich sind, so werden sie überladen.

5) Zur Erinnerung: Die Verwendung von *typedef* bietet einen neuen Namen für einen existierenden Datentyp, jedoch keinen neuen Typ selbst. Folgendes ist also eine Redeklaration wie unter 2):

```
typedef mein_int int;

void drucke (mein_int);

void drucke (int);
/* Die Angabe von Namen ist bei Funktionsprotoypen
   nicht notwendig, nur die Typen werden verlangt */
```

6) Das Heraussuchen der richtigen (der passenden) Funktion bei einem gegebenen Funktionsaufruf geschieht in einer feststehenden Reihenfolge:

a) Wird eine einzige exakte Übereinstimmung gefunden, wird die entsprechende Funktion angewendet.

b) Wird keine exakte Übereinstimmung gefunden, wird versucht, eine sinnvolle Typkonvertierung der aktuellen Parameter vorzunehmen. Sind jedoch durch die Anwendung von Standard-Konvertierungen immer noch mehrere Möglichkeiten gegeben und ist Fall c) nicht gegeben, wird ein Fehler angezeigt. Manche Konvertierungen benötigen intern temporäre Variablen. Sind mehrere Konvertierungen möglich, wird die genommen, die keine solche temporären Variablen benötigt (falls überhaupt vorhanden).

```
void drucke (long);
void drucke (int);
drucke (2.45);
/* Fehler; 2.45 ist vom Typ double. Beide
   Funktionen wären möglich, da jeweils
   Standard-Konvertierungen existieren */
```

c) Ist auch keine implizite Typkonvertierung möglich, so kann durch eine explizite Typkonvertierung (falls definiert) die gewünschte Funktion ausgewählt werden. Eine einfache Version wäre z.B.:

```
drucke ((long(2.45))
// Jetzt wird drucke (long) ausgewählt
```

d) Ist keine der drei genannten Möglichkeiten gegeben, liegt ein Fehler vor. Dies ist z.B. in folgenden Fällen möglich, falls keine explizite

Konvertierung angegeben wird und eine selbstdefinierte Typkonvertierung (vgl. Kap. 10.2) nicht definiert ist:

```
extern void drucke (unsigned int);
extern void drucke (int);
extern void drucke (char);

unsigned long hilf;
int *zeiger;

drucke (hilf);      // Fehler: Keine exakte Überein-
                    // stimmung, keine Typkonversion
drucke (zeiger);    // möglich, keine explizite
                    // Typkonversion vorhanden
```

e) Handelt es sich um Funktionsaufrufe mit mehreren Argumenten, werden die Regeln auf jeden Parameter angewendet. Es wird die Funktion ausgewählt, für die die Auflösung "gleich oder besser" ist, als für andere Funktionen:

```
extern drucke (char*, int);
extern drucke (int, int);

drucke (0, ´a´);  /* Es wird print(int, int)
                     genommen, da das erste
                     Argument besser mit dem Typ des
                     ersten formalen Parameters int
                     übereinstimmt. Der zweite
                     Parameter stimmt für beide
                     Funktionen überein.
                  */
```

6.6 Inline-Funktionen

Bei sehr kleinen Funktionen kann der Fall eintreten, daß der Funktionsoverhead, also die notwendigen Operationen zur Verwaltung eines Funktionsaufrufes (z.B. Kopieren von Argumenten, Sichern von Maschinenregistern, Programmsprung, Stackverwaltung), unverhältnismäßig hoch ist verglichen mit den relevanten Anweisungen der Funktion. Eine solche Situation könnte z.B. im folgenden Fall vorliegen.

```
double  quadrat (double x)
{
   return (x * x);
}
```

Wird *quadrat* häufig aufgerufen, so ist die Laufzeit des Programms evtl. wesentlich höher als bei einem semantisch äquivalenten Programm, welches an jeder Stelle den Aufruf

```
quadrat(a)
```

durch

```
(a * a)
```

ersetzen würde.

Eine solche Ersetzung des Funktionsaufrufs durch einen semantisch äquivalenten Funktionsrumpf läßt sich erreichen, indem die Funktion mittels des Schlüsselwortes **inline** als Inline-Funktion definiert wird.

```
inline double quadrat (double x)
{
    return (x * x);
}
```

An jeder Stelle des Programms an, dem *quadrat* vom Compiler vorgefunden wird, ersetzt dieser den Funktionsaufruf durch den entsprechenden Anweisungsteil des Funktionsrumpfes; man sagt, der Compiler expandiert die Funktion zur Kompilierzeit. Da nun kein Funktionsaufruf mehr vorliegt, entfallen die Funktionsaufrufe zur Laufzeit mit ihren evtl. vorhandenen Geschwindigkeitsnachteilen.

Es sei betont, daß die Definition einer Funktion als Inline-Funktion nur bei sehr kleinen, häufig benutzten Funktionen angebracht ist. Ferner ist *inline* nur eine Angabe für den Compiler, jeden Funktionsaufruf durch einen semantisch äquivalenten Funktionsrumpf zu ersetzen, diese kann aber auch vom Compiler ignoriert werden. So wird ein guter Compiler es ignorieren, rekursive - als *inline* definierte - Funktionen zu expandieren.

6.7 Die Funktion main und Hinweise zur Programmstruktur

Ein C++ Programm besteht typischerweise aus einer Ansammlung von Funktionen. Zur korrekten Ausführung ist es notwendig, daß eine dieser Funktionen **main** heißt, denn der Aufruf des Programms bewirkt nur den Aufruf der Funktion *main*. Durch Abarbeiten der Funktion *main* kann es dann zum Aufruf anderer Funktionen des Programms kommen.

Beachte:
Funktionsdefinitionen dürfen nicht ineinandergeschachtelt werden.

Die Tatsache, daß *main* eine Funktion ist, erklärt auch, warum C++- bzw. C-Programme mit Parametern aufgerufen werden können, z.B. *cat* zur Konkatenation zweier Files (vgl. hierzu auch Kap. 11).

6.7.1 Programmstruktur

Ein großes C++-Programm besteht im allgemeinen aus mehreren Quellcode-Dateien. In diesen Dateien sind jeweils eine Ansammlung von Funktionen enthalten. In einer Datei befindet sich die Funktion *main*. Das Auftrennen des Programms in mehrere Einzelteile bietet den Vorteil, daß diese Teile separat übersetzt werden können. Die übersetzten Programmteile werden beim Linken zu einem lauffähigen Programm zusammengesetzt. So läßt sich häufig viel Rechenzeit einsparen, da für kleine Programmänderungen nicht mehr das gesamte Programm neu übersetzt werden muß. Wie dies bewerkstelligt wird, soll an einem kleinen Beispiel erläutert werden:

Unser Beispielprogramm soll einen String ausgeben. Die Funktion zur Stringausgabe soll dabei in einer anderen Datei stehen als das Hauptprogramm. Die Funktion *string_ausgabe* sieht wie folgt aus:

stringausgabe.c:

```
#include <iostream.h>

void string_ausgabe( )
{
   cout << text << "\n";
}
```

wobei *text* eine globale Variable vom Typ char* sei. Obige Funktion sei in der Datei *stringausgabe.c* abgespeichert. Unser Hauptprogramm ist:

hallo.c:

```
char* text = "Hallo";

main( )
{
   string_ausgabe( );
}
```

und befindet sich in der Datei *hallo.c*.

Um die Dateien getrennt übersetzen zu können, fehlen dem Compiler allerdings

6.7 Die Funktion main und Hinweise zur Programmstruktur

noch einige Angaben. Zur Übersetzung von *hallo.c*, also dem Hauptprogramm, müßte dem Compiler die Information gegeben werden, daß die Funktion *string_ausgabe* irgendwo anders definiert ist und deren Definition nicht aus Versehen vergessen wurde. Dies geschieht durch die Angabe des Schlüsselwortes **extern**. Somit ließe sich

hallo.c:

```
extern void string_ausgabe( );

/* Deklaration, keine Definition! Hinweis für den
   Compiler, daß extern eine Funktion string_ausgabe
   definiert ist. Hierbei müssen der Ergebnistyp
   und die Typen der Parameter angegeben werden.
*/

char* text = "Hallo";

main( )
{
    string_ausgabe( );
}
```

bereits übersetzen. Analog muß in *stringausgabe.c* angegeben werden, daß die globale Variable *text* an anderer Stelle definiert ist.

stringausgabe.c:

```
#include <iostream.h>

extern char* text;

void string_ausgabe( )
{
    cout << text << "\n";
}
```

Um eine übersichtlichere Struktur zu erhalten und Fehler zu vermeiden, sollte man alle externen Deklarationen an einer Stelle, d.h. z.B. in einer Datei ablegen. Diese Datei kann in alle anderen Dateien eingefügt werden. Also werden wir in unserem Beispiel die externen Deklarationen in einer Datei namens *header.h* eingetragen.

header.h:

```
extern char* text;

extern void string_ausgabe( );
```

Die anderen Dateien sehen dann aus wie folgt:

hallo.c:

```
#include "header.h"

/* die Hochkommata geben an, daß die Datei (hier:
   header.h) nicht unter dem üblichen Directory
   /usr/include/CC steht, sondern unter dem Directory,
   unter dem das Programm aufgerufen wird bzw. das
   durch den angegebenen Namen spezifiziert wird (z.B.
   voller Pfadname).
*/

char* text = "Hallo";

main( )
{
    string_ausgabe( );
}
```

stringausgabe.c:

```
#include <iostream.h>
#include "header.h"

void string_ausgabe( )
{
    cout << text << "\n";
}
```

Externe Deklarationen dürfen auch in den Dateien auftreten, in denen die entsprechenden Objekte definiert werden, wie z.B. *text* in *hallo.c*. Hierdurch wird dem Compiler eine Typüberprüfung ermöglicht, so daß Fehler erkannt werden können. Daher genügt es bei kleinen Programmen, ein einziges "Header"-File anzulegen, in dem alle externen Deklarationen aufgeführt sind. Als extern lassen sich alle Funktionen und globalen Variablen eines Files deklarieren, sofern sie nicht als *static* definiert sind. Header-Files bieten eine einfache Möglichkeit, Fehler zu vermeiden, da hierdurch die Typangaben in allen Deklarationen für ein Objekt identisch bleiben (meist gibt es nur eine Deklaration).

Das Übersetzen der oben angelegten Files wird im allgemeinen so durchgeführt (vgl. Anhang):

```
CC -c hallo.c stringausgabe.c
```

Dies bewirkt das Anlegen der Dateien *hallo.o* und *stringausgabe.o*. Eine Änderung z.B. in der Datei *hallo.c* erfordert dann nicht mehr das Übersetzen der Datei *stringausgabe.c*, sondern nur noch ein erneutes Übersetzen von *hallo.c*

6.7 Die Funktion main und Hinweise zur Programmstruktur

mittels

```
CC hallo.c stringausgabe.o
```

Bei der ersten Methode (ohne Header-Files) hätte man z.B. *text* in *hallo.c* als *int* und in *stringausgabe.c* als *char** deklarieren können. Solche verschiedenen Deklarationen und vor allen Dingen die Vorgehensweise bei externen Funktionsdeklarationen sind in C beliebte Fehlerquellen, die zu unvorhersehbaren Programmabstürzen führen können. In C gibt es kein "strong type checking", so daß Typangaben nicht auf Konsistenz überprüft werden. Hierdurch treten Fehler erst zur Laufzeit des Programms auf, welche dann oft nur schwer zu lokalisieren sind und vor allen Dingen bereits zur Kompilierzeit hätten vermieden können, wie dies in C++ der Fall ist:

Datei x.c:

```
void drucke (a, b);
int   a;
int   b;
```

Datei y.c:

```
extern void drucke ( );
char hilf1;
char *hilf2;
...
drucke (hilf1, hilf2);  // sehr gefährlich
```

Bemerkung:
In C++ wird bei der *extern* -Deklaration von *drucke* die Angabe der Typen der formalen Parameter verlangt, so daß der Compiler eine Typüberprüfung vornehmen kann und das obige C-Problem somit vermieden wird (entweder kann eine Warnung oder eine Fehlermeldung ausgegeben werden):

```
extern void drucke(int, int);
```

7 STRUCTURES

Es ist bereits bekannt, daß ein Vektor eine Zusammenfassung von Elementen desselben Typs ist; eine **Structure** ist nun ein Aggregat von Elementen beliebigen Typs. Eine Structure beschreibt somit eine Kollektion von (einer oder mehreren) Variablen möglicherweise verschiedenen Typs, die zusammengruppiert sind unter einem einzigen Namen (Structures sind in anderen Programmiersprachen, etwa Pascal, besser bekannt als Records). Zum Beispiel definiert

```
struct adresse
{
   char   *name;
   char   *strasse;
   int    nummer;
   int    plz;
   char   *stadt;       // Postadresse
};
```

einen neuen Typ, genannt *adresse*, der aus Komponenten besteht, die man benötigt, wenn man Post innerhalb der Bundesrepublik Deutschland verschicken will.

Das Schlüsselwort **struct** zeigt den Beginn einer Structure-Deklaration an, gefolgt von einer Liste von Deklarationen in geschweiften Klammern. Wichtig ist das Semikolon am Ende; es ist eine der wenigen Stellen in C++, an der ein Semikolon nach einer geschweiften Klammer notwendig ist.

Die Elemente einer Structure bezeichnet man als **Member**. Jedes Member kann selbst wieder eine Structure sein; so könnte statt *char *name* im obigen Beispiel auch *name ganzer_name* stehen mit:

```
struct ganzer_name
{
   char   *vorname;
   char   *nachname;
};
```

Structures erlauben also eine Organisation komplexer Daten in der Art und Weise, daß eine Gruppe zusammengehöriger Variablen als eine Einheit behandelt werden kann.

Variablen des Typs *adresse* können nun genauso deklariert werden wie andere Variablen, und auf die individuellen Member kann mittels des **Punktoperators .** zugegriffen werden:

```
            adresse adresse1;                    // Definition
    adresse1.name   = "Werner Schulz";
                                    // Zugriff auf Member
     /* Man beachte, daß hier nur der Zeiger name auf
        den Anfang des Strings"Werner Schulz" gesetzt
        wird. Ein Kopieren des Inhaltes der String-
        konstanten findet hier nicht statt. Wird dies
        gewünscht, was im allgemeinen der Fall ist, so
        kann die Funktion strcpy benutzt werden. */
    adresse1.nummer = 177;
```

oder im erweiterten Beispiel:

```
        adresse adresse2;
        adresse2.ganzer_name.vorname = "Werner";
```

Initialisierung von Structures ist nicht nur möglich über einzelne Zuweisungen, sondern auch explizit über:

```
        adresse adresse3 =
        {"Werner Schulz","C++-Straße",177,4600,"Dortmund"};
```

Man kann nun Zeiger auf Structure-Objekte definieren, Structure-Elementen Werte zuweisen, sie als Funktionsargumente verwenden oder als Ergebnis einer Funktion zurückgeben. Andere plausible Operationen aber, wie etwa der Test auf Gleichheit (== und !=) zweier solcher Objekte, sind nicht vordefiniert und führen zu Fehlern. Solche Operationen müssen selbst implementiert werden, wobei man mit Hilfe des Prinzips des Operator-Overloading (auf welches wir später noch eingehen werden) sogar die üblichen Operatorzeichen (also == und !=) verwenden kann.

Da der Name des Typs bereits nach der Benennung verfügbar ist (und nicht erst nach der kompletten Definition), können mit Hilfe von Structures verkettete Listen aufgebaut werden:

```
        struct verbindung
        {
            verbindung  *vorgaenger;
            verbindung  *nachfolger;
        };
```

Es ist allerdings nicht möglich, neue Objekte einer Structure zu deklarieren, bevor die komplette Definition beendet ist:

```
        struct schlecht
        {
            schlecht inhalt; // Fehler
        };
```

wäre also ein Fehler, da der Compiler die Größe von *schlecht* nicht bestimmen kann.

Verwendet man Zeiger auf Structures wie etwa *adresse *p*, so erfolgt der Zugriff auf Member über den **Pfeiloperator ->** .

Beispiele:
```
adresse *p;
char* ort = "Hamburg";
if ( ! strcmp (p->stadt, ort) )
   cout << "Falsche Adresse";
      // strcmp überprüft zwei Strings auf Gleichheit

void drucke_adresse (adresse    *p);
{
    cout       << p->name     << "\n"
               << p->strasse  << " "
               << p->nummer   << "\n"
               << p->plz      << " "
               << p->stadt    << "\n";
}
```

Hier noch einmal folgendes zur Erinnerung: benannte Objekte sind entweder statisch oder dynamisch. Ein statisches Objekt wird beim Programmstart angelegt und existiert während der gesamten Laufzeit des Programms; ein dynamisches Objekt wird angelegt, sobald es definiert wird, und wird beim Verlassen des Blocks, in welchem es definiert wurde, automatisch wieder gelöscht. Häufig ist es jedoch notwendig, neue Objekte zu kreieren, die so lange existieren, bis sie explizit wieder gelöscht werden, d.h. Objekte, die nicht unbedingt das ganze Programm über existieren, aber auch beispielsweise über Funktionsaufrufe, etc. hinaus vorhanden sein sollen. Solche Objekte werden mit Hilfe der Schlüsselworte **new** erzeugt und mittels **delete** gelöscht, und man sagt, das von *new* erzeugte Objekt liegt auf dem Freispeicher. Typischerweise handelt es sich bei solchen Objekten um Knoten in einem Baum oder um Elemente in verketteten Listen. "**Garbage collection**" wird nicht vollzogen, d.h. noch existierende, aber nicht mehr referenzierte Objekte werden nicht automatisch erkannt und gelöscht, um ihren Speicherplatz für neue Aufrufe von *new* zur Verfügung zu stellen; sie müssen explizit gelöscht werden. Aus diesem Grund sollte man in größeren Programmen behutsam mit *new* umgehen, um nicht in die Gefahr eines Speicherengpasses zu gelangen. *Delete* darf aber nur auf Zeiger angewendet werden, die auf Objekte zeigen, welche durch *new* erzeugt wurden. Als Beispiel würde mittels

```
verbindung    *kette = new verbindung;
```

ein Objekt vom Typ *verbindung* erzeugt, welches mit

```
delete kette;
```

explizit wieder gelöscht werden kann (vgl. Kap. 6.3.1).

Structures sind im Vergleich zu C nichts Neues. Wie jedoch im folgenden noch zu sehen sein wird, sind sie im Prinzip degenerierte Spezialfälle des im Vergleich zu C völlig neuen Konzepts der Klassen.

8 KLASSEN

Das Klassenkonzept ist eines der Konzepte, das über den Sprachumfang von C hinausgeht und daher eigentlich das Besondere an C++ darstellt. Um die Einführung dieses bzgl. C neuen Konzepts besser zu verstehen, zunächst ein paar Worte zur Motivation.

8.1 Motivation für das Klassenkonzept

Mit der Definition einer Structure hat man sich einen neuen Typ geschaffen. Warum ist es überhaupt notwendig, neue Typen zu definieren? Reichen die fundamentalen Typen nicht aus?

Der Grund ist, daß man eine Idee bzw. ein Konzept möglichst direkt in der Sprache wiederfinden möchte. Betrachten wir hierzu die Idee bzw. das Konzept einer "Menge". Unter einer Menge stellen wir uns üblicherweise eine Ansammlung von Objekten vor, die unter einer gemeinsamen Bezeichnung zusammengefaßt sind, was die nachfolgende Abbildung andeutet.

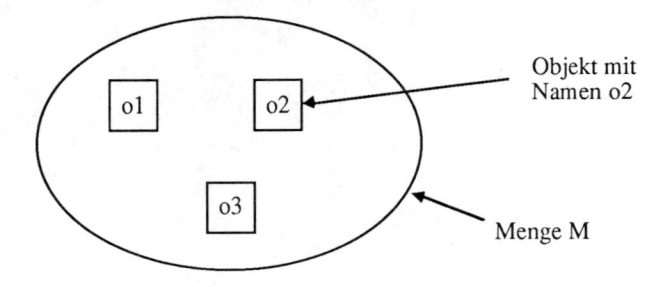

Eine solche Menge M (also eine konkrete Realisierung der Idee der "Menge") soll für viele Anwendungen natürlich nicht statischer Natur sein, sondern es sollen gewisse Operationen auf dieser Menge ausführbar sein.

Man kann jetzt den Standpunkt vertreten, die Menge so zu realisieren, daß eine gewisse Datenstruktur festgelegt wird, z.B. eine einfach verkettete lineare Liste. Dabei wird beispielsweise vereinbart, wie die Liste aufgebaut ist (Namen des Zeigers auf das erste Element, Namen des Zeigers auf das nächste Element, Zugriff auf die in der Menge enthaltenen Objekte etc.). Vgl. dazu die folgende Abbildung:

8.1 Motivation für das Klassenkonzept

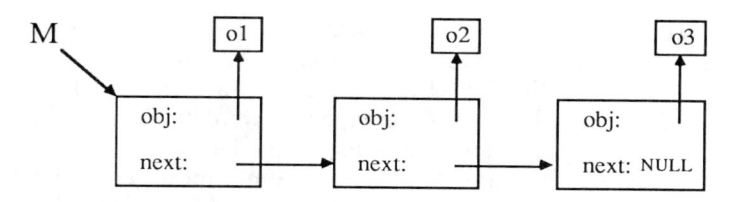

```
M ──┐    ┌──┐ o1        ┌──┐ o2        ┌──┐ o3
    │    └──┘           └──┘           └──┘
    │   ┌─────┐  ↑   ┌─────┐  ↑    ┌─────┐  ↑
    └──▶│ obj:│──┘   │ obj:│──┘    │ obj:│──┘
        │ next│──────▶│ next│──────▶│ next: NULL│
        └─────┘      └─────┘       └─────┘
```

Damit haben wir ansatzweise die Möglichkeit geschaffen, eine Menge behandeln zu können. Erstellen mehrere Programmierer arbeitsteilig ein Programm, so können sie sich auf obige Datenstruktur einigen und die von ihnen benötigten Operationen (unter Beachtung einiger Konventionen, wie etwa: der *next*-Zeiger des letzten Elementes verweist auf *NULL*) direkt hierauf durchführen.

Der oben beschriebene Ansatz ist natürlich nicht gerade zufriedenstellend, denn eine Fehlersuche kann z.B. sehr aufwendig werden. Verändert ein Programmteil die Liste nicht korrekt, so kann der Fehler evtl. erst wesentlich später bei Ausführung anderer Programmteile auftreten und entdeckt werden, so daß eine Lokalisation der Fehlerursache sehr schwer ist. Vorteilhafter ist es offensichtlich, sich auf gewisse Operationen zu einigen und den Zugriff auf die Menge nur noch über diese Operationen durchzuführen. Hierzu muß man einen Satz von Operationen festlegen, der z.B. in Form von Funktionen zur Verfügung gestellt wird. Typische Operationen, die man auf Mengen ausführen kann, sind z.B.:

- das Hinzufügen eines Elementes zu einer Menge (M = M + {x})
- das Löschen eines Elementes aus einer Menge (M = M - {x})
- der Test, ob ein Objekt in der Menge enthalten ist (x ∈ M ?)

Ferner werden oft auch Operationen auf mehreren Mengen benötigt, so z.B.

- die Vereinigung zweier Mengen (M ∪ M')
- der Durchschnitt zweier Mengen (M ∩ M')
- der Test auf Gleichheit zweier Mengen (M = M' ?)

Einigen sich nun unsere Programmierer, die diese Implementation des Konzepts der Menge verwenden wollen, darauf, nur über die beschriebenen Funktionen (Schnittstelle) die Menge zu manipulieren, so wird die Fehlersuche wesentlich erleichtert. Stellt man beispielsweise fest, daß der Test, ob ein Objekt x Element der Menge M ist, negativ ausfällt, obwohl das Objekt zuvor in die Menge eingefügt wurde, so ist der Fehler in den obengenannten Funktionen zu suchen und somit einigermaßen lokal begrenzt. Ferner kann sich der Programmentwickler jetzt anderen Aufgaben widmen, da er sich von nun an keine Gedanken mehr um die Funktionsweise der Realisierung seines Konzeptes machen muß (Abstraktion)!

Ein weiterer Vorteil ist, daß auch Änderungen der internen Repräsentation (Datenstruktur) der "Menge" jetzt ohne größere Probleme möglich sind. Im wesentlichen muß nur die Funktionsweise der angebotenen Operationen (Schnittstelle) auf die neue Datenstruktur angepaßt werden. Eine solche Änderung kann z.B. notwendig sein, wenn wir feststellen, daß die Größe der Mengen umfangreicher ausfällt als ursprünglich angenommen. Hier kann es zur Verbesserung der Laufzeit der Testfunktion ($x \in M$?) sinnvoll sein, einen Binärbaum als Datenstruktur auszuwählen.

Dieses "Verstecken" der internen Repräsentation der Daten (Information) und deren ausschließliche Manipulation über eine vorher festgelegte Schnittstelle wird häufig mit dem Schlagwort **Information Hiding** bezeichnet. Durch Beschreibung der Operationen, die auf den Daten ausführbar sind, und deren Auswirkungen wird ein **abstrakter Datentyp** geschaffen.

Die bisher besprochene Vorgehensweise kann natürlich auch in Programmiersprachen wie C oder Pascal durchgeführt werden. Dazu ist ein neues Konstrukt wie die Klasse noch nicht zwingend notwendig. Doch betrachten wir den Fall, daß einer der Programmierer einen Test benötigt, der ihm mitteilt, ob eine Menge M' Teilmenge einer anderen Menge M ist (M' $\subseteq$ M ?). Da er keine der angebotenen Operationen als passend empfindet (und er nicht auf die Idee kommt, daß A $\cap$ B = A <=> A $\subseteq$ B), umgeht er vielleicht völlig unbeabsichtigt die Konvention, auf die Menge nur über diese Operationen zuzugreifen, und entwickelt in Kenntnis der zugrundeliegenden Datenstruktur seine eigene Testfunktion. Diese Verletzung der Konvention mag auf den ersten Blick nicht allzu gravierend erscheinen. Sie birgt aber Fehlermöglichkeiten in sich, die man durch die zuvor getroffene Konvention vermeiden wollte. Was ist, wenn der Test die interne Repräsentation verändert? Wie kann ein möglicher Fehler lokalisiert werden? An welchen Programmstellen müssen Änderungen vorgenommen werden, wenn die Datenstruktur geändert wird?

Eine solche Umgehung der Konvention kann natürlich durch aufwendige Kontrollesungen des programmierten Codes (Code Review) durch den Projektleiter oder andere Programmierer entdeckt werden. Wünschenswert ist jedoch, daß eine solche Verletzung des Information Hidings automatisch erkannt wird. Die Programmiersprache sollte also das Information-Hiding-Prinzip in irgendeiner Form unterstützen. C und Pascal tun dies standardmäßig nicht.

C++ bietet hierzu das Konzept der Klasse an. Hierbei wird das Datum (z.B. die Menge) geschützt vor nicht erlaubten Zugriffen. Welche Funktionen auf das Datum zugreifen dürfen, muß explizit definiert werden. Man kann sich dies etwa wie folgt vorstellen.

8.1 Motivation für das Klassenkonzept

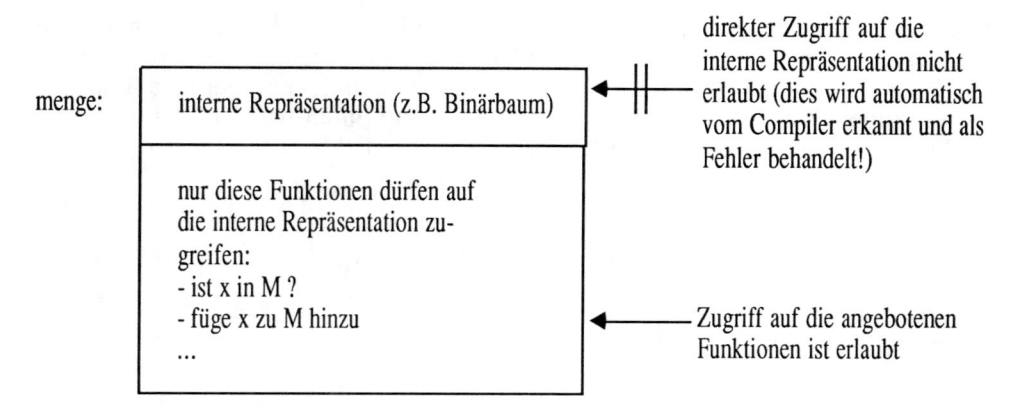

menge:
```
┌─────────────────────────────────────┐
│  interne Repräsentation (z.B. Binärbaum)  │ ◄──┤├── direkter Zugriff auf die
├─────────────────────────────────────┤          interne Repräsentation nicht
│  nur diese Funktionen dürfen auf    │          erlaubt (dies wird automatisch
│  die interne Repräsentation zu-     │          vom Compiler erkannt und als
│  greifen:                           │          Fehler behandelt!)
│  - ist x in M ?                     │
│  - füge x zu M hinzu                │ ◄──────── Zugriff auf die angebotenen
│  ...                                │          Funktionen ist erlaubt
└─────────────────────────────────────┘
```

Der direkte Zugriff auf die interne Repräsentation der Daten wird jetzt vom C++-Compiler erkannt und als Fehler behandelt.

Die Idee, das Prinzip des Information Hidings durch entsprechende Sprachkonstrukte zu unterstützen, war allerdings nicht die alleinige Motivation zur Erweiterung der Programmiersprache C. Ein weiterer Punkt war die Unterstützung des Prinzips des sog. **objektorientierten Programmierens**. Was das bedeutet und wie dies in C++ unterstützt wird, wollen wir im folgenden versuchen zu erläutern.

Stellen wir uns hierzu vor, wir wollen das Konzept / die Idee eines "Landfahrzeugs" implementieren. Wir überlegen uns also wesentliche Charakteristika, die ein Landfahrzeug beschreiben, z.B.:

- Anzahl der Reifen
- max. Anzahl der Insassen
- Leergewicht (in kg)
- Zuladung (in kg)

Natürlich muß man diese Auswahl an Charakteristika auf ihre Eignung zur Beschreibung von Landfahrzeugen überprüfen. So ist die Angabe der Anzahl der Reifen bei einem Schlitten nicht nötig (bzw. gleich Null). Damit unsere Klasse möglichst universell einsetzbar, d.h. auf alle Landfahrzeuge zutrifft, andererseits nicht mit überflüssigen Informationen überladen wird, treffen wir folgende (im Endeffekt rein subjektive) Entscheidung über die wesentlichen Charakteristika eines Landfahrzeuges:

- max. Anzahl der Insassen
- Leergewicht (in kg)
- Zuladung (in kg)

Zur Implementation dieses Konzepts/Idee definieren wir in C++ eine Klasse *landfahrzeug*, die die obigen Charakteristika intern in irgendeiner Form ablegt und Funktionen anbietet, diese Information lesen und verändern zu können. Ferner können wir dem Benutzer dieser Klasse eine Funktion *print* anbieten, die die Daten in einer ansprechenden Form auf dem Bildschirm ausgibt. Unsere Klasse könnte also grob so aussehen.

landfahrzeug:
```
int       anz_insassen;            // interne Repräsentation
double    leergewicht;
double    zuladung;

int       lies_anz_insassen( );
void      setze_anz_insassen(int i);
double    lies_leergewicht( );
void      setze_leergewicht(double r);
double    lies_zuladung( );
void      setze_zuladung(double r);

void      print( );
```

Funktionen, die den Zugriff auf die interne Repräsentation ermöglichen.

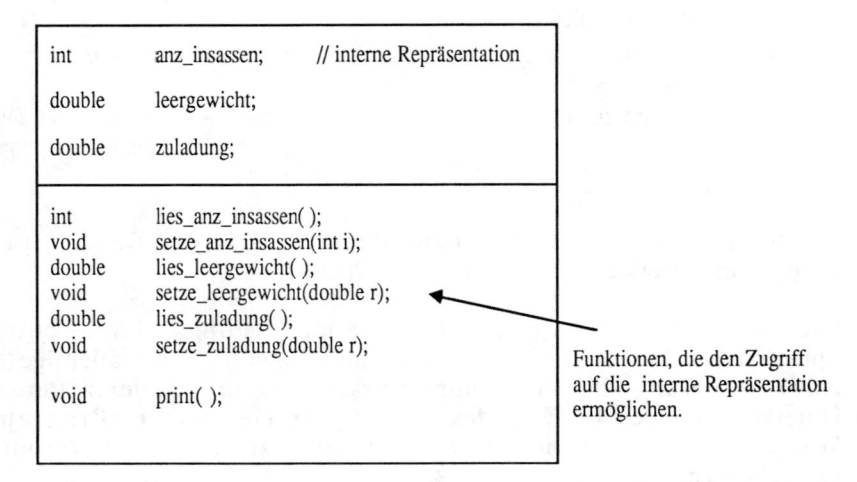

Wenn wir jetzt an ein spezielles Landfahrzeug denken, z.B. an einen PKW, so fehlen uns sicherlich einige Angaben, die noch zusätzlich zur Beschreibung eines PKWs benötigt werden. Wir interessieren uns vielleicht für die Stärke des Motors, das Baujahr oder die bisherige Kilometerleistung. Diese Daten sind in unserer Klassendefinition eines Landfahrzeuges noch nicht enthalten. Dies ist verständlich, da solche Informationen nicht unbedingt jedem Landfahrzeug zugeordnet werden. Wir könnten jetzt eine Klasse *pkw* definieren und auch hierfür die entsprechenden Funktionen implementieren. Da uns auch Daten, wie Leergewicht und Zuladung interessieren, würden wir diese Daten und entsprechende Zugriffsfunktionen in unsere Klassenbeschreibung mitaufnehmen. Diese Vorgehensweise hat allerdings den Nachteil, daß die Funktionen der Klasse *landfahrzeug* nochmals implementiert werden müßten. Besitzen wir den Quellcode dieser Information, so genügt evtl. ein einfaches textuelles Kopieren, um dies zu bewerkstelligen. Ist dies nicht der Fall (man denke hier an Programmbibliotheken, in denen die Funktionen in Objektcode abgelegt sind), so sind wir gezwungen, diese Funktionen selbst zu implementieren. Wir sind somit nicht in der Lage, die bereits vorhandenen Funktionen der Klasse *landfahrzeug* für unsere neue Klasse *pkw* zu nutzen. Es wäre daher wünschenswert, ein sprachliches Konstrukt der Programmiersprache zur Verfügung zu haben, das es erlaubt, einen PKW als ein Landfahrzeug plus zuzüglicher Information zu betrachten und wir nur noch gezwungen sind, die Implementierung dieser "zuzüglichen Information" vorzunehmen. In diesem Zusammmenhang spricht

8.1 Motivation für das Klassenkonzept

man von **Vererbung** (Inheritance), da die Klasse *landfahrzeug* ihre Daten und Funktionen an die Klasse *pkw* vererbt. Dieser Aspekt ist ein wesentliches Charakteristikum des objektorientierten Programmierens.

Vererbung wird in C++ durch das sog. **Ableiten von Klassen** (Class Derivation) unterstützt. Die von *landfahrzeug* abgeleitete Klasse *pkw* könnte dann etwa so aussehen.

pkw:				
	double	ps;		
	double	km_stand;	landfahrzeug:	
	int	baujahr;	int	anz_insassen;
			...	
	int	lies_baujahr( );	int	lies_anz_insassen( );
	void	setze_baujahr(int i);	void	setze_anz_insassen(int i);
	...		...	
			void	print( );
	void	print_pkwdaten( );		

Wie das Information Hiding beim Ableiten von Klassen gehandhabt wird, werden wir erst später betrachten.

Die Klasse *pkw* bietet ebenfalls eine Print-Funktion, nämlich *print_pkwdaten*, an. Diese Funktion wird sich sinnvollerweise auf die Print-Funktion für Landfahrzeuge stützen. Zur besseren Unterstützung des objektorientierten Programmierens wäre es vorteilhaft, wenn die Print-Funktion für PKW-Daten auch *print* heißen dürfte. Ein Aufruf sollte dann so erfolgen, daß **orientiert am Typ des Objekts** die richtige Funktion ausgewählt wird. Ist z.B. das Objekt vom Typ *landfahrzeug*, so sollte die Funktion *print* aus der Klassendefinition von *landfahrzeug* ausgewählt werden. Diese Vorgehensweise, daß Funktionen in abgeleiteten Klassen umdefiniert werden können, erlaubt C++ durch die Definition sog. **virtueller Funktionen**, auf die wir in Kap. 9 eingehen werden.

Noch komfortabler wären unsere Klassen *landfahrzeug* und *pkw* zu handhaben, wenn z.B. die Ausgabe ähnlich formuliert werden könnte wie bei elementaren Typen:

```
          pkw   mein_neues_auto;
          ...   // Initialisierung der Variablen mein_neues_auto
```

```
    cout << mein_neues_auto;
         // Ausgabe durch die Print-Funktion
```

Auch dieses wird in C++ durch das sog. **Operator Overloading** unterstützt, wobei hier der Operator << (vgl. Kap. 11) overloaded wird.

In den nächsten Kapiteln werden wir uns genauer mit der Umsetzung der oben vorgestellten Konzepte in C++ beschäftigen.

Eine Klasse in C++ wird im wesentlichen durch 4 Attribute gekennzeichnet:

1. Eine Ansammlung von **(Member-)Daten**. In unserer Klasse *pkw* sind dies z.B. *km_stand* und *baujahr*.
2. Eine Ansammlung von **Member-Funktionen**, die die Operationen spezifizieren, die auf den Objekten einer Klasse durchführbar sind.
3. Mehrere Angaben, wie die jeweiligen (Member-)Daten und Member-Funktionen (bzgl. des Prinzips des Information Hidings) geschützt sind. C++ Version 2.0 kennt hierbei die Angaben *private, protected* und *public*.
4. Einen **Klassennamen**, wie z.B. *landfahrzeug*. Durch eine Klasse definiert man einen neuen Typ. *landfahrzeug* ist also der Name eines Typs.

Hinweis:
In der Version 1.2 ist das Schlüsselwort *protected* nicht vorhanden.

8.2 Definition von Klassen und Member-Funktionen

Eine Definition der in Kapitel 8.1 angesprochenen Klasse *landfahrzeug* sieht in C++ so aus.

```
class landfahrzeug   // Klassenkopf (Class Head)
{                    // Klassenrumpf (Class Body)
  public:            // Member-Funktionen
    int   lies_anz_insassen( )
          {
             return anz_insassen;
          }
    void  setze_anz_insassen(int i)
          {
             if (i < 0)  ...    // Fehlerbehandlung
             else anz_insassen = i;
          }
    double lies_leergewicht( )
          {
             return leergewicht;
          }
```

8.2 Definition von Klassen und Member-Funktionen

```
            void  setze_leergewicht(double r)
                  {
                      if (r < 0)   ...    // Fehlerbehandlung
                      else leergewicht = r;
                  }
            double  lies_zuladung( )
                  {
                      return zuladung;
                  }
            void  setze_zuladung(double r)
                  {
                      if (r < 0)   ...    // Fehlerbehandlung
                      else zuladung = r;
                  }
            void  print( );
            private:              //  Member-Daten
                int     anz_insassen;
                double  leergewicht;
                double  zuladung;
};  // Semikolon an dieser Stelle notwendig!
```

Die Definition besteht aus einem Kopf, zu dem das Schlüsselwort *class* und der Name der Klasse gehören, und einem Rumpf, der durch geschweifte Klammern eingeschlossen und mit einem Semikolon beendet wird.

Durch diese Definition wird ein neuer Typ definiert, wobei der Typname dem Klassennamen entspricht. Bei der Klassendefinition ist es nicht erlaubt, die Member-Daten mit der Angabe von Initialwerten zu deklarieren. Dies ist nicht möglich, da eine Klassendefinition nur einen neuen Typ definiert, aber noch keinen Speicherplatz für Objekte dieses Typs belegt. Eine entsprechende Speicherbelegung wird erst bei der Definition von Klassenobjekten vorgenommen. Ferner ist es nicht erlaubt, innerhalb der Klasse ein Objekt der Klasse selbst zu definieren, da der Compiler in diesem Fall nicht in der Lage ist, die Größe der Klasse zu ermitteln. Erlaubt ist dagegen die Angabe von Zeigern auf Objekte der Klasse, da deren Größe vom Compiler ermittelbar ist (vgl. Kapitel 7). Objekte der Klasse, welche nichts anderes als ein selbstdefinierter Typ ist, lassen sich wie gewohnt definieren, so z.B.

```
            landfahrzeug fahrrad;
```

Ist ein solches Objekt Argument eines Funktionsaufrufes, so wird es standardmäßig per *call by value* (vgl. Kapitel 6) übergeben. Dies gilt auch für die Ergebnisrückgabe.

Ein Zugriff auf öffentliche Member der Klasse ist jetzt analog zum Zugriff bei Structures mittels des Punktoperators möglich. So läßt sich die Funktion *print* aufrufen durch

```
            fahrrad.print( );
```

Ein direkter Zugriff auf private Member dagegen ist nicht erlaubt. Durch die Schlüsselwörter **private** und **public** können die Daten und Funktionen angegeben werden, die nicht zugreifbar bzw. (öffentlich) zugreifbar sein sollen. Es ist eine gebräuchliche Konvention - aber nicht zwingend notwendig - erst die öffentlichen Member und danach die privaten Member einer Klasse zu deklarieren.

Eine Klassendefinition kann mehrere öffentliche und private Abschnitte enthalten. Jeder Abschnitt der Klasse bleibt öffentlich bzw. privat, bis erneut eines dieser Schlüsselworte auftritt oder das Ende des Klassenrumpfes erreicht wird. Wird am Anfang des Klassenrumpfes kein Schlüsselwort angegeben, so enthält der folgende Abschnitt per Definition nur private Member. Ein drittes Schlüsselwort ist **protected**, das bei "normalen" Klassen die gleiche Semantik wie das Schlüsselwort *private* besitzt. Erst bei der Definition abgeleiteter Klassen (vgl. Kapitel 9) werden Unterschiede deutlich. Protected Member sind für abgeleitete Klassen öffentlich, wohingegen sie für den Rest des Programms privat, also nicht zugreifbar sind.

Eine Structure ist ein Spezialfall der Klassendefinition, in der alle Member *public* (öffentlich) sind.

Somit ist

```
        struct name {...};
```

äquivalent zu

```
        class name {public: ...};
```

8.2.1 Zeiger auf Klassenmember

Auf die Member einer Klasse kann man auch mittels eines Zeigers verweisen. Der Typ solcher Zeiger steht mit der Klasse in Beziehung. Ein Zeiger auf das Member *anz_insassen* der Klasse *landfahrzeug* hat den Typ

```
        int    landfahrzeug::*
```

und ein Objekt dieses Typs, also ein Zeiger, der auf *anz_insassen* zeigen könnte, läßt sich nun so definieren

```
        int    landfahrzeug:: *p_insassen;
```

8.2 Definition von Klassen und Member-Funktionen

Durch den Scope-Operator *::* und die vorherige Angabe des Klassennamens wird festgelegt, welchen Gültigkeitsbereich *p_insassen* hat. So darf diese Variable z.B. nicht als Zeiger auf Integer-Variablen des Programms verwendet werden.

```
int i;       // globale Variable
int landfahrzeug:: *p_insassen = &i;
             // Fehler, da  i File-Scope besitzt
```

Eine Zuweisung

```
p_insassen = &landfahrzeug::anz_insassen;
```

ist prinzipiell möglich, führt aber in diesem konkreten Fall zu einer Verletzung der Zugriffsrechte, da *anz_insassen* ein privates Member ist. Der Compiler würde diese Verletzung erkennen und als Fehler behandeln. Erlaubt wäre dagegen die Definition eines Verweises auf die *print*-Funktion, da diese *public* ist.

```
void (landfahrzeug:: *print_zeiger) ( ) =
                   landfahrzeug::print;
```

Anmerkung:
Der Adreß-Operator & ist hier nicht nötig, da der Ausdruck *landfahrzeug::print* direkt die Adresse liefert.

Die oben gezeigte Initialisierung von *p_insassen* sieht auf den ersten Blick nicht korrekt aus, da der Zeiger nicht auf ein konkretes Objekt verweist. Der Leser würde hier eher die Zuweisung *p_insassen = &fahrrad. anz_insassen;* erwarten, da *fahrrad* ein Objekt vom Typ *landfahrzeug* ist, welches konkret Speicherzellen belegt und dessen Adresse somit ermittelbar ist. Durch die angegebene Zuweisung *p_insassen = &landfahrzeug::anz_insassen;* wird dagegen nur festgelegt, daß *p_insassen*, falls es auf ein Member eines Objekts der Klasse *landfahrzeug* zeigen würde, auf *anz_insassen* zeigt (und nicht evtl. auf ein anderes Member der Klasse).

Die obige Zuweisung wird allerdings verständlich, wenn man sich vor Augen führt, daß das Dereferenzieren von *p_insassen*, also **p_insassen*, an die Existenz eines Klassenobjektes gebunden ist. Wird beispielsweise das Objekt *fahrrad* gelöscht (z.B. mittels *delete*, sofern es mittels *new* erzeugt wurde), so würde *p_insassen* weiterhin die Adresse einer Speicherzelle enthalten, und das Dereferenzieren würde nun zu einem Fehler führen. Daher ist auch syntaktisch das Dereferenzieren eines Zeigers auf ein Klassenmember nur im Kontext eines Klassenobjektes erlaubt, wie z.B.

```
int i = fahrrad.*p_insassen;
(fahrrad.*print_zeiger) ( );
       // Klammersetzung wegen Priorität des Funktions-
       // aufrufsoperators ( ). Vgl. Anhang.
```

Bei einem Zeiger auf die Klasse *landfahrzeug*

```
landfahrzeug *pl = &fahrrad;
```

sieht der Zugriff dann wie folgt aus:

```
int i = pl->*p_insassen;
(pl->*print_zeiger) ( );
```

Dem aufmerksamen Leser wird natürlich nicht entgangen sein, daß alle Zugriffe auf *p_insassen* und somit auf das Member *anz_insassen* nicht erlaubt sind, da *anz_insassen* ein privates Member ist. Wir haben hier aber der Einfachheit wegen angenommen, daß *anz_insassen* zugreifbar (also *public*) ist.

8.2.2 Statische Klassenmember

Stellen wir uns nun vor, unsere Klasse *landfahrzeug* wäre eine universelle Klasse zur Erfassung aller wichtigen Daten eines Transportunternehmens. Ein wichtiges Datum könnte z.B. das Gesamtgewicht aller zur Zeit zu transportierenden Waren sein, um eine Bestimmung eines Auslastungsfaktors vornehmen zu können. Eine mögliche Implementierung könnte für die Klasse ein Member *alle_ladungen* beinhalten, von dem jedes Objekt dann eine eigene Kopie besitzt. Sind *LKW1*, *LKW2*, ..., *LKWn* Objekte vom Typ unserer jetzt modifizierten Klasse *landfahrzeug*, so läßt sich diese Implementierung so veranschaulichen:

LKW1 alle_ladungen: 100

LKW2 alle_ladungen: 100

....

LKWn alle_ladungen: 100

Wenn sich der Wert von *alle_ladungen* ändert, muß dieser Wert aus Konsistenzgründen in allen Klassenobjekten geändert werden. Besser wäre eine

8.2 Definition von Klassen und Member-Funktionen

Implementierung, in der nur eine Realisierung dieser Variablen existiert. Allerdings sollte dies auch keine globale Variable des Programms sein, da man unerlaubte Zugriffe auf sie unterbinden will. D.h. es sollte möglich sein, daß *alle_ladungen* der gewünschten Zugriffsebene (*private/protected/public*) angehört. Anschaulich sollte also etwa folgender Fall vorliegen:

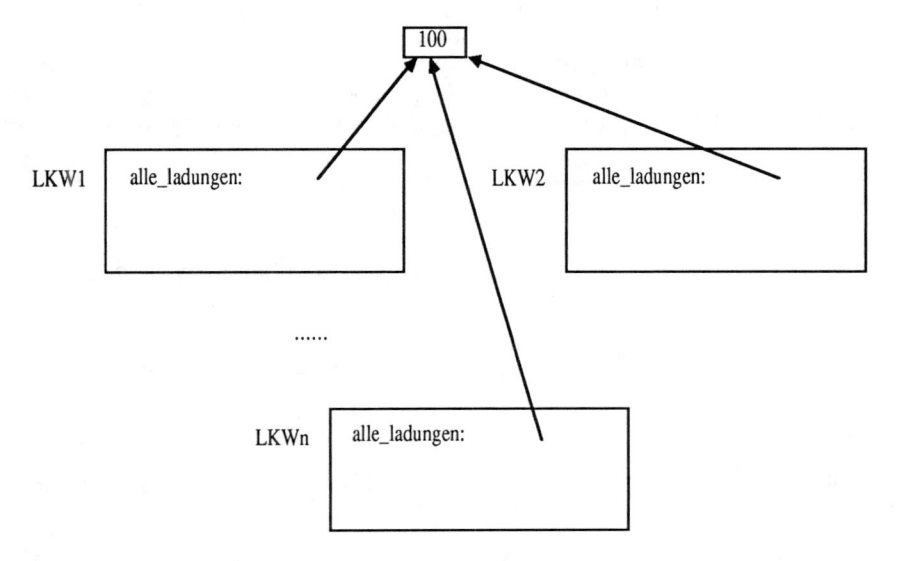

```
                    ┌─────┐
                    │ 100 │
                    └─────┘
                    ↑  ↑  ↖
   ┌──────┬───────────────┐    ┌──────┬───────────────┐
   │ LKW1 │ alle_ladungen:│    │ LKW2 │ alle_ladungen:│
   │      │               │    │      │               │
   └──────┴───────────────┘    └──────┴───────────────┘

       ......

               ┌──────┬───────────────┐
               │ LKWn │ alle_ladungen:│
               │      │               │
               └──────┴───────────────┘
```

Diese Möglichkeit bietet C++ durch Definition statischer Klassenmember an, für unser Beispiel:

```
class landfahrzeug
{
  public:
    ...
  private:
    static alle_ladungen;
    ...
};
```

alle_ladungen ist hier als privates Member definiert worden und damit nur für Member-Funktionen (und Friend-Funktionen, vgl. Kapitel 8.6) zugreifbar. Diese Zugriffsregelung gilt allerdings nur für Schreib- und Lesezugriffe, nicht aber für die Initialisierung der Variablen. Diese darf wie jede andere statische Variable nur einmal initialisiert werden, und dies darf sogar ohne Existenz eines entsprechenden Klassenobjektes erfolgen

```
double landfahrzeug::alle_ladungen = 0;
                              // Initialisierung
```

Der Gültigkeitsbereich (Scope) von *alle_ladungen* muß allerdings durch Angabe von *landfahrzeug::* spezifiziert werden.

Anmerkung:
Die Initialisierung von *alle_ladungen* ohne Existenz eines Klassenobjektes ist möglich, da der Compiler durch die static-Angabe weiß, daß nur eine Realisierung von *alle_ladungen* benötigt wird und er daher den Speicherplatz statisch festlegen kann.

Andere Zugriffe (außer Initialisierung) erfolgen so wie bei anderen Klassenmembern und gehorchen der angegebenen Zugriffsregelung. Wäre *alle_ladungen* public, so wäre es auch möglich, ohne Klassenobjekt zuzugreifen, z.B.:

```
landfahrzeug::alle_ladungen += 50;
```

Ist *alle_ladungen*, wie oben angegeben, private, so können wir nur über eine Member-Funktion auf diese Member zugreifen, z.B.

```
double lies_alle_ladungen( )
{
   return alle_ladungen;
}
```

Diese Funktion können wir allerdings nur im Kontext eines Klassenobjektes aufrufen.

```
double ladung = LKW2.lies_alle_ladungen( );
```

Andererseits ist es unwichtig, welches Klassenobjekt wir hierzu verwenden. Daher ist es erlaubt, auch Funktionen als statische Klassenmember zu definieren, sofern diese ihrerseits nur auf statische Klassenmember zugreifen.

```
class landfahrzeug
{
  public:
    static double lies_alle_ladungen( )
    {
      return alle_ladungen;
    }
    ...
  private:
    static double alle_ladungen;
    ...
};
```

Anmerkung:
Eine statische Member-Funktion besitzt keinen this-Zeiger (vgl. unten). Jeder Zugriff auf diesen, ob explizit oder implizit, ist nicht erlaubt. Ein Zugriff auf nicht statische Klassenmember ist ein impliziter Zugriff auf den this-Zeiger.

8.2 Definition von Klassen und Member-Funktionen

Mittels der so definierten Funktion ist der Zugriff auch ohne die Angabe (und sogar ohne die Existenz) eines Klassenobjektes möglich.

```
double ladung = landfahrzeug::lies_alle_ladungen( );
```

Der Zugriff auf statische Member einer Klasse mittels Zeiger unterscheidet sich vom Zugriff auf übliche Member. So ist der Typ eines Zeigers, der auf *alle_ladungen* zeigt, *double**, und die Dereferenzierung eines solchen Zeigers erfordert nicht die Existenz und den Kontext zu einem Klassenobjekt. Z.B.

```
double *pal = &landfahrzeug::alle_ladungen;
```

was natürlich nur erlaubt wäre, wenn *alle_ladungen* public wäre.

8.2.3 Der this-Zeiger

Jede Member-Funktion besitzt einen Zeiger vom Typ der Klasse, der bei Aufruf der Funktion die Adresse des Klassenobjektes enthält, deren Member-Funktion aufgerufen wurde. Dieser Zeiger heißt **this**. Eine typische Anwendung von *this* ist die Manipulation von Listen, in denen das Klassenobjekt enthalten ist. Z.B.:

```
class liste
{
  public:
     void einfuegen ( liste* );
     ...
  private:
     liste *suc, *pre;
};

void liste :: einfuegen( liste *p)
{
  p->suc  = suc;
  p->pre  = this;
          // Zugriff auf das Klassenobjekt selbst
          // mittels this
  suc->pre = p;
  suc      = p;
}
```

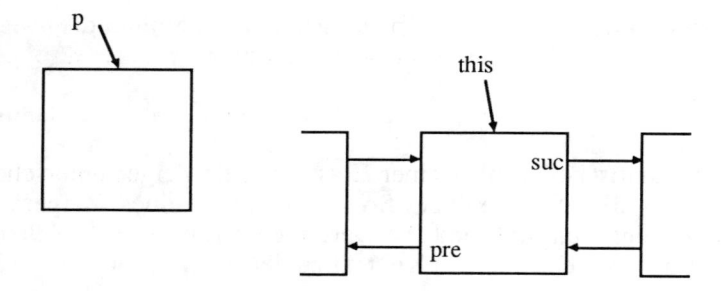

8.2.4 Member-Funktionen

Member-Funktionen haben wir bereits häufiger angesprochen. Mit dem Begriff Member-Funktionen bezeichnet man allgemein Funktionen, die in einer Klasse deklariert oder definiert werden. So ist in der ursprünglichen Definition der Klasse *landfahrzeug* die Member-Funktion *print* deklariert worden, wohingegen die Member-Funktion *lies_anz_insassen* definiert wurde, da wir den Funktionsrumpf ebenfalls mit angegeben haben.

Wird eine Funktion in einer Klasse definiert, so ist sie eine Inline-Funktion! Dies bietet sich insbesondere für Funktionen mit kleinem Funktionsrumpf an (vgl. Kapitel 6). Die Funktion *print* dagegen muß noch definiert werden. Hierzu muß ihr Gültigkeitsbereich angegeben werden.

```
void landfahrzeug::print( )
{
   cout << "\n Ausgabe ...";
   ...
}
```

Ohne die Angabe von *landfahrzeug::* ist die Funktion *print* global definiert, und es würde kein Zusammenhang mit der im Klassenrumpf deklarierten Funktion existieren. Member-Funktionen besitzen dagegen nur Gültigkeit im Gültigkeitsbereich der Klasse.

Ein weiterer Unterschied zu anderen Funktionen ist der, daß Member-Funktionen Zugriff auf alle(!) Member einer Klasse besitzen. Sie können sowohl *public*, *protected* als auch *private* Member der Klasse verändern.

Es ist üblich, Member-Funktionen in 4 Kategorien einzuteilen.

1) Verwaltungsfunktionen.
   Hierunter fallen alle Funktionen, die beispielsweise die Initialisierung des Klassenobjektes, die Speicherverwaltung oder Konvertierungen betreffen.

8.2 Definition von Klassen und Member-Funktionen

Solche Funktionen werden i.a. implizit aufgerufen. Typische Vertreter dieser Kategorie sind z.B. Konstruktoren und Destruktoren (vgl. Kapitel 8.4 und 8.5).

2) Ausführungsfunktionen.
Diese Funktionen stellen den eigentlichen Dienst zur Verfügung, für den die Klasse entworfen wurde. Bei unserer Klasse *menge* sind dies beispielsweise die Funktionen Durchschnitt und Vereinigung.

3) Hilfsfunktionen.
Diese Funktionen sind i.a. als private Member-Funktionen deklariert und nicht direkt für den Benutzer zugreifbar. Sie dienen, wie ihr Name bereits andeutet, vielmehr der Unterstützung anderer Member-Funktionen.

4) Zugriffsfunktionen.
Dies sind Funktionen, die den lesenden und schreibenden Zugriff auf private Member-Daten einer Klasse ermöglichen. In der Klasse *landfahrzeug* sind dies z.B. *lies_anz_insassen* und *setze_anz_insassen*.

Eine Besonderheit der Deklaration/Definition von Member-Funktionen tritt bei konstanten Klassenobjekten auf, z.B.

```
const landfahrzeug fahrrad;
```

Da das Objekt *fahrrad* als Konstante definiert ist, sollte sein Wert nicht änderbar sein; genauso, wie man es von einer Konstanten erwartet. Der Aufruf von

```
double gewicht = fahrrad.lies_leergewicht( );
```

wäre somit prinzipiell erlaubt, da hier nur ein Wert der Konstanten *fahrrad* gelesen wird. Dagegen wäre der Aufruf

```
fahrrad.setze_leergewicht(15.4);
```

selbstverständlich nicht erlaubt, da der Wert verändert werden soll. Solche unterschiedlichen Zugriffe kann der Designer der Klasse mittels konstanter Member-Funktionen andeuten.

```
class landfahrzeug
{
  public:
    int lies_anz_insassen( ) const
                            // konstante Member-Funktion
    {
      return anz_insassen;
    }
```

```
            void setze_anz_insassen( int i )
            {
              if (i < 0) ...        // Fehlerbehandlung
              else anz_insassen = i;
            }
            ...
        };
```

Das const-Schlüsselwort wird zwischen Parameterliste und Funktionsrumpf plaziert. Ein konstantes Klassenobjekt kann nur konstante Member-Funktionen aufrufen!

Allerdings können nicht alle Funktionen als konstante Member-Funktionen deklariert werden. Würde man z.B. auch *setze_anz_insassen* als konstante Member-Funktion definieren, so erkennt der Compiler, daß ein Member-Datum verändert wird, und würde somit diese Definition als Fehler behandeln.

Anmerkung:
Der Compiler erkennt diese potentielle Veränderung eines konstanten Klassenobjektes daran, daß *anz_insassen* als lvalue innerhalb der Funktion auftritt. Ob der Wert tatsächlich geändert wird, kann er natürlich nicht feststellen.

Konstruktoren und Destruktoren (vgl. Kapitel 8.4 und 8.5) bilden hier eine Ausnahme. Sie werden auch für konstante Klassenobjekte implizit aufgerufen, ohne als konstante Member-Funktion definiert zu sein. Dies ist i.a. auch nicht möglich, da diese Funktionen meistens die Member-Daten verändern.

Soll eine konstante Member-Funktion in der Klasse nur deklariert werden, um eine inline-Ersetzung zu vermeiden, ist es erforderlich, das Schlüsselwort *const* sowohl bei der Deklaration als auch bei der Definition anzugeben.

```
        class landfahrzeug
        {
          public:
            int lies_anz_insassen( ) const;
            ...
        };

        int landfahrzeug :: lies_anz_insassen( ) const
        {
          return anz_insassen;
        }
```

Eine konstante Member-Funktion darf auch mit einer nicht-konstanten Member-Funktion, die die gleiche Signatur (!) besitzt, overloaded werden.

Anmerkung:
Konstante Member-Funktionen dürfen auch für nicht-konstante Objekte aufgerufen werden. Das Schlüsselwort *const* hat also nur für konstante Klassenobjekte eine Bedeutung.

```
class landfahrzeug
{
  public:
    int lies_anz_insassen( ) const;
    int lies_anz_insassen( );
    ...
};

int landfahrzeug :: lies_anz_insassen( ) const
{
  return anz_insassen;
}

int landfahrzeug :: lies_anz_insassen( )
{
  return anz_insassen;
}
```

8.3 Gültigkeitsbereiche bei Verwendung von Klassen

Member einer Klasse sind nur innerhalb der Klasse gültig. Besitzt ein Member denselben Namen wie eine globale Variable, so wird diese Variable überdeckt (vgl. Kap. 5). Klassenmember sind im ganzen Klassenrumpf definiert, im Gegensatz z.B. zu Funktionen, wo Variablen erst ab der Stelle der Definition bekannt sind.

```
int anz_insassen = 0;

class landfahrzeug
{
  public:
    int lies_anz_insassen( )
    {
      return anz_insassen;
            // bezieht sich auf das untenstehende
            // Memberdatum dieser Klasse
    }
  private:
    int  anz_insassen;
            // überdeckt die globale Variable
            // ::anz_insassen
};
```

aber

```
int i = 10;
```

```
f( )
{
  int     j  = i;     // j = 10
  int     i  = 20;    // überdeckt die Definition der
                      // globalen Variablen i
          j  = i;     // j = 20
}
```

Eine Überdeckung hängt nur vom Namen ab und nicht vom Typ:

```
extern zuladung(int);       // externe Funktion mit
                            // Namen zuladung

class landfahrzeug
{ ...
   int    zuladung;         // überdeckt die Funktion
};
```

Durch den Scope-Operator kann der Zugriff auf die entsprechende Variable/Funktion spezifiziert werden.

```
class landfahrzeug
{ ...
   int f( );
};

landfahrzeug :: f( )
{
  int i = :: zuladung(150);
                      // Aufruf der externen Funktion
  int j = landfahrzeug :: zuladung;   // bzw.
  int k = zuladung;
                      // Zugriffe auf das Member-Datum
}
```

Eine Ineinanderschachtelung von Klassendefinitionen ist erlaubt, führt allerdings dazu, daß die Definitionen alle den gleichen Gültigkeitsbereich besitzen. So ist beispielsweise

```
class aussen
{
  class innen
  {
    ...            // Rumpf der Klasse innen
  };
  ...
};
```

äquivalent zu

```
class innen
{ ...    // Rumpf der Klasse innen
};
```

8.3 Gültigkeitsbereiche bei Verwendung von Klassen

```
class aussen
{ ... };
```

Klassen lassen sich auch lokal innerhalb von Funktionen definieren. In solchen Fällen müssen die Member-Funktionen innerhalb des Klassenrumpfes definiert werden (sind also automatisch Inline-Funktionen), da ein Ineinanderschachteln von Funktionsdefinitionen (vgl. Kap. 6.1) nicht erlaubt ist.

```
int f( )
{
  class classic { ... };
                      // lokale Klasse
  classic c;          // Definition eines Klassenobjektes
}
  /* Definition so erlaubt. Ferner ist classic auch
     nur innerhalb der Funktion bekannt und eine
     Verwendung außerhalb der Funktion ist ein
     Fehler. */
int f( )
{
  class classic    // lokale Klasse
  {
     public:
     int g( );
     ...
  };

  int classic :: g( ) { ... }
    /* Nicht erlaubt, da hierdurch ein Ineinander-
       schachteln von Funktionen (hier f und
       classic::g) erfolgt. */
}
```

Ferner kann eine Member-Funktion auch nicht ausserhalb des Gültigkeitsbereichs der Klasse definiert werden, da sie dort nicht bekannt ist.

```
int f( )
{
  class classic    // lokale Klasse
  {
     public:
     int g( );
     ...
  };
  ...
}

int classic :: g( ) { ... }
     // Klasse classic hier nicht bekannt, da
     // nur lokal in f definiert
```

8.4 Initialisierung von Klassen

8.4.1 Konstruktoren

Eine Initialisierung von Membern einer Klasse kann z.B. über übliche Member-Funktionen durchgeführt werden. So kann ein Objekt der Klasse *landfahrzeug* dadurch initialisiert werden, daß alle "setze"-Funktionen mit entsprechenden Werten aufgerufen werden. Dies ist natürlich nicht sehr komfortabel und auch fehleranfällig, wenn die Initialisierung vergessen wird. C++ bietet eine Möglichkeit, die Initialisierung eines Klassenobjektes automatisch sicherzustellen. Und zwar kann festgelegt werden, daß bei jeder Inkarnation eines Klassenobjektes implizit eine Funktion aufgerufen wird, die dann entsprechende Initialisierungsanweisungen ausführt. Eine solche Funktion wird **Konstruktor** genannt.

Ein Konstruktor in C++ ist dadurch gekennzeichnet, daß er denselben Namen wie die Klasse trägt. Ferner kann er auch overloaded werden, indem verschiedene Parameterlisten angegeben werden. Allerdings darf ein Konstruktor keinen Returntyp spezifizieren und auch kein Ergebnis mittels *return*-Anweisung zurückgeben. Konstruktoren für unsere Klasse *landfahrzeug* könnten beispielsweise wie folgt aussehen.

```
class landfahrzeug
{
  public:
    landfahrzeug( );
            // Konstruktor besitzt den gleichen
            // Namen wie die Klasse
    landfahrzeug(int, double, double);
            // zweiter Konstruktor
};

landfahrzeug :: landfahrzeug( )
{
  anz_insassen   =      0;
  leergewicht    =      0;
  zuladung       =      0;
}

landfahrzeug :: landfahrzeug(int a,double l,double z)
{
  anz_insassen   =      a;
  leergewicht    =      l;
  zuladung       =      z;
}
```

Eine Definition von Klassenobjekten kann jetzt folgendermaßen beschrieben werden.

8.4 Initialisierung von Klassen

```
landfahrzeug LKW1;
  // Aufruf des Konstruktors
  // landfahrzeug :: landfahrzeug( ).
  // In LKW1 sind alle Member-Daten mit dem Wert Null
  // initialisiert.
landfahrzeug LKW2(2, 3000.0, 4500.0);
  // Aufruf des Konstruktors
  // landfahrzeug::landfahrzeug(int,double,double)
```

Konstruktoren unterliegen, wie jede andere Member-Funktion, den Zugriffsregelungen, d.h. falls unsere Klasse *landfahrzeug* so definiert wird:

```
class landfahrzeug
{
  public:
    landfahrzeug(int, double, double);
    ...
  private:
    landfahrzeug( );
    ...
};
```

so ist die Definition

```
landfahrzeug LKW1;
```

nicht mehr zulässig, da der Konstruktor *landfahrzeug::landfahrzeug( )* ein privates Member der Klasse ist. Andererseits wird bei dieser Definition von LKW1 auch nicht der öffentlich zugreifbare Konstruktor *landfahrzeug::landfahrzeug(int a, double l, double z)* aufgerufen, da ein Konstruktor, wie jede andere Funktion, mit den entsprechenden Argumenten aufgerufen werden muß, die im Funktionskopf spezifiziert sind.

8.4.2 Weitere Möglichkeiten zur Initialisierung

a) <u>Voreingestellte Werte/Defaults:</u>

Man kann den Konstruktor *landfahrzeug :: landfahrzeug( )* durch Angabe von Defaultwerten für den Konstruktor *landfahrzeug :: landfahrzeug(int a, double l, double z)* überflüssig werden lassen.

```
class landfahrzeug
{
  public:
    landfahrzeug(int = 0, double = 0, double = 0);
    ...
};
```

```
            landfahrzeug :: landfahrzeug(int a,double l,double z)
            {
               anz_insassen    =         a;
               leergewicht     =         l;
               zuladung        =         z;
            }
```

Dann bewirkt die Definition

```
            landfahrzeug LKW1;
```

einen Aufruf des Konstruktors mit den Defaultwerten.

b) <u>mittels new:</u>

```
            landfahrzeug *pLKW =
                  new landfahrzeug(2, 3000.0, 7500.0);
```

c) <u>als statisches Objekt:</u>

```
            static landfahrzeug LKW(2, 3000.0, 7500.0);
```

d) <u>Initialisierung durch Zuweisung:</u>

```
            landfahrzeug fahrrad;
            landfahrzeug fhd = fahrrad;
```

Eine solche Initialisierung durch Zuweisung entspricht der Initialisierung durch Kopieren der jeweiligen Member. Also hat diese Zuweisung die gleiche Wirkung wie

```
            fhd.anz_insassen    =   fahrrad.anz_insassen;
            fhd.leergewicht     =   fahrrad.leergewicht;
            fhd.zuladung        =   fahrrad.zuladung;
```

Dieses **memberweise Kopieren/Initialisieren** wird in 3 verschiedenen Situationen vorgenommen:

1. Initialisierung eines Klassenobjektes durch ein anderes

2. Aufruf einer Funktion und Übergabe eines Klassenobjektes als aktuellem Parameter, z.B.

```
            Deklaration: f(landfahrzeug lf);
            Aufruf:      f(fahrrad); // call by value
```

8.4 Initialisierung von Klassen

3. Bei Ergebnisrückgabe einer Funktion, z.B.

```
landfahrzeug f( )
{
    landfahrzeug ld;
    ...
    return ld;
}
```

Anmerkung:
Die memberweise Initialisierung wird in der Version 1.2 nicht vorgenommen; hier erfolgt ein **bitweises Kopieren** der Klasseninhalte. Das memberweise Initialisieren wird für jedes Klassenmember durchgeführt und, falls das Member wiederum eine Klasse ist (vgl. Kapitel 8.7), wird diese Form der Initialisierung rekursiv auf die Memberklasse angewandt.

Allerdings ist das **memberweise Initialisieren** nicht immer wünschenswert. Sieht unsere Definition der Klasse *landfahrzeug* beispielsweise so aus

```
class landfahrzeug
{
    ...
    private:
        int *p_insassen;        // Integerzeiger
    ...
};
```

wird bei der Definition

```
landfahrzeug fhd = fahrrad;
```

nur die Adresse, die *p_insassen* enthält, dem entsprechenden Member von *fhd* zugewiesen. Es liegt anschaulich folgende Situation vor.

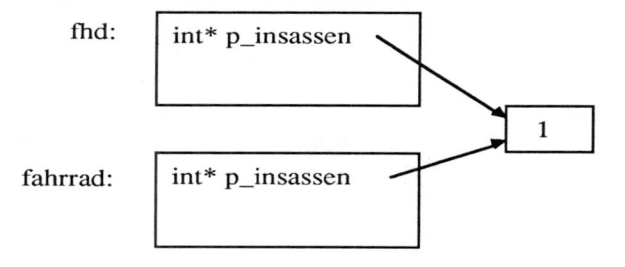

Anmerkung:
Die dargestellte Situation tritt z.B. auch auf, wenn Strings Member der Klasse sind, da diese i.a. nur durch einen Character-Zeiger zugreifbar sind.

Dies bewirkt, daß ein Zugriff auf *fhd.*p_insassen* und Änderung des Inhalts auch das Objekt *fahrrad.*p_insassen* ändert, da hierdurch dasselbe Objekt bezeichnet wird. Das ist natürlich in vielen Anwendungsfällen unerwünscht. Diese Form der

Initialisierung kann aber abgeändert werden.

Der Compiler bewerkstelligt die memberweise Initialisierung von Klassenobjekten durch implizite Definition eines speziellen Konstruktors der Form

   X :: X(const X&); // X Klassenname

Wird für eine Klasse ein solcher Konstruktor explizit angegeben, so wird in allen 3 oben angegebenen Fällen dieser Konstruktor aufgerufen. Eine memberweise Initialisierung findet nicht mehr statt. In unserer leicht modifizierten Klasse *landfahrzeug* könnte der Konstruktor etwa wie folgt aussehen.

```
landfahrzeug :: landfahrzeug(const landfahrzeug& ld)
{
    p_insassen  = new int;
    *p_insassen = ld.*p_insassen;
    ...
}
```

Diese Umgehung der memberweisen Initialisierung durch explizite Definition eines speziellen Konstruktors bezieht sich ausschließlich auf die Initialisierung von Klassenobjekten und nicht auf die Zuweisung, da bei einer Zuweisung der linke Operand (lvalue) bereits existiert und somit der Aufruf eines Konstruktors nicht mehr möglich ist. Damit würde

```
landfahrzeug fhd;
fhd = fahrrad;
```

wieder die gleichen Probleme ergeben, wie die memberweise Initialisierung durch

```
landfahrzeug fhd = fahrrad;
```

wenn kein Konstruktor der Form *X :: X(const X&)* definiert worden ist. Um bei der Zuweisung ein memberweises Kopieren abzuändern, ist es erforderlich, den Operator = zu overloaden (vgl. Kapitel 10).

8.5 Löschen von Klassenobjekten

8.5.1 Destruktoren

Wir haben gesehen, daß es verschiedene Möglichkeiten gibt, Klassenobjekte zu erzeugen: per Zuweisung, per Konstruktor, per *new* und als statisches Objekt. Unabhängig davon, wie solche Objekte kreiert worden sind, belegen sie natürlich Speicherplatz. Wie können Klassenobjekte nun wieder gelöscht werden?

Wurde ein Objekt mittels *new* erzeugt, muß der belegte Speicherplatz explizit mit Hilfe von *delete* wieder freigegeben werden. Wurde ein Konstruktor verwendet, benutzt man für das Freigeben des Speicherplatzes die inverse Operation, einen **Destruktor**, um ein sauberes Löschen solcher Objekte zu gewährleisten. Der Name für den Destruktor einer Klasse *classic* ist **~classic** (das Komplement des Konstruktors). Ein Destruktor wird ebenso wie ein Konstruktor als Member der Klasse deklariert und automatisch aufgerufen.

Dazu als Beispiel eine Klasse, die das Konzept eines Stacks von Charactern realisiert:

```
class c_stack
{
  public :
    c_stack(int g)         // Konstruktor
    {
      top = stack = new char [ groesse=g ];
    }

    ~c_stack( )            // Destruktor
    {
      delete stack;
    }

    void push(char c)      // push
    {
      *top++ = c;
    }

    char pop( )            // pop
    {
      return *--top;
    }

  private:
    int   groesse;
    char  *top;
    char  *stack;
};
```

Hier sind der Konstruktor und der Destruktor mittels *new* und *delete* realisiert worden. Verliert ein Objekt vom Typ *c_stack* seine Gültigkeit, so wird der Destruktor automatisch aufgerufen, d.h. ohne expliziten Aufruf.

```
void f( )
{
   c_stack char_stack1(100);
   c_stack char_stack2(200);
   char_stack1.push('a');
   char_stack2.push(char_stack1.pop( ));
   char ch = char_stack2.pop( );
   cout << chr(ch) << "\n";
}
```

Bei der Benutzung von *f* wird der Konstruktor *c_stack* zweimal aufgerufen: einmal für *char_stack1*, um einen Vektor von 100 Zeichen zu erzeugen, und einmal für *char_stack2*, um einen Vektor von 200 Zeichen zu erzeugen. Wird *f* verlassen, werden beide Vektoren automatisch wieder gelöscht. Allgemein kann man sagen, daß der Destruktor aufgerufen wird (sofern er implementiert ist), wenn ein Klassenobjekt durch Verlassen eines Blocks seine Gültigkeit verliert.

Man muß bei der Verwendung von Konstruktoren und Destruktoren jedoch vorsichtig sein:

```
void g( )
{
   c_stack char_stack1(100);
   c_stack char_stack2 = char_stack1;
                          // Vorsicht!
   c_stack char_stack3(100);
   ...
}
```

bewirkt folgendes: Der Konstruktor wird zweimal aufgerufen (für *char_stack1* und *char_stack3*), *char_stack2* wird per Zuweisung (also durch memberweises Kopieren) initialisiert (wodurch hier beide *stack*-Zeiger auf den gleichen Speicherbereich zeigen). Der Destruktor wird jedoch für *char_stack1*, *char_stack2* und *char_stack3* aufgerufen. In diesem Fall bedeutet dies, daß dreimal *delete* aufgerufen wird, jedoch nur zweimal *new*. Der Effekt der Anwendung von *delete* auf ein Objekt, welches nicht mittels *new* erzeugt wurde, ist jedoch undefiniert (**"dangling reference"-Problem**), d.h. unvorhersehbare Fehler sind nicht ausgeschlossen. Dies ist nur ein kleines Beispiel für versteckte Probleme bei der Verwendung von Konstruktoren und Destruktoren. Es sind durchaus fatale Fehler möglich.

Ein Overloaden von Destruktoren ist nicht möglich, da ein Destruktor keine Parameter besitzen darf. Ferner wird ein Destruktor nur dann implizit aufgerufen, wenn das entsprechende Objekt seine Gültigkeit verliert. Verliert

8.5 Löschen von Klassenobjekten

etwa ein Zeiger, der auf ein solches Objekt verweist, seine Gültigkeit, so wird der Destruktor nicht aufgerufen. Dies ist verständlich, denn andernfalls würde z.B. die Parameterübergabe von Zeigern per *call by value* unerwartete Seiteneffekte auslösen.

```
f(c_stack *p)
{...}    // p verliert nach Abarbeitung seine Gültig-
         // keit, aber der Destruktor des Objektes, auf
         // das p zeigt, wird nicht aufgerufen.
```

Will man für das Objekt, auf welches der Zeiger zeigt, den Destruktor aufrufen, so ist ein explizites Löschen des Objektes durch

```
delete p;
```

notwendig.

Der Destruktor wird allerdings nicht aufgerufen, wenn p auf *NULL*, also auf kein Klassenobjekt zeigt. Eine zusätzliche Abfrage, wie etwa

```
if (p) delete p;
```

ist also unnötig.

Der explizite Aufruf des Destruktors ist sehr selten notwendig. Ein Beispiel ist der Fall, daß der Programmierer ein Klassenobjekt zwar löschen, den dafür reservierten Speicherplatz aber wieder mittels *new* belegen will.

```
int laenge = 100;
char *pc_stack = new char[sizeof(c_stack)];

c_stack *pc = new (pc_stack) c_stack(laenge);
pc->c_stack :: ~c_stack( );
   // expliziter Destruktoraufruf

pc = new (pc_stack) c_stack(laenge);
   // Kreieren eines neuen Objektes, welches dieselbe
   // Größe besitzt wie das vorhergehende Objekt.
   // Ferner wird das Objekt am gleichen Speicherplatz
   // (offset (pc_stack)) abgelegt.
```

Der explizite Destruktoraufruf erfordert syntaktisch zusätzlich die Angabe des Gültigkeitsbereichs (also *c_stack::~c_stack*). Dadurch unterscheidet sich der Aufruf eines Destruktors vom Aufruf anderer Member-Funktionen. Der folgende Aufruf wäre also falsch

```
pc->~c_stack( );              // Fehler
```

8.6 Friends

Wir haben zuvor zu motivieren versucht, wie wichtig und nützlich es ist, daß auf die Interna einer Klasse nur über Member-Funktionen der Klasse zugegriffen werden kann. Dazu folgendes Beispiel.

Nehmen wir an, wir haben zwei Klassen *vektor* und *matrix*. Jede von ihnen versteckt ihre interne Repräsentation und bietet einen kompletten Satz von Funktionen zur Manipulation von Objekten des entsprechenden Typs an. Jetzt wollen wir eine Funktion definieren, die eine Matrix mit einem Vektor multipliziert. Der Einfachheit halber nehmen wir an, daß der Vektor aus 4 Elementen (Index 0..3) besteht und die Matrix ihrerseits aus 4 Vektoren (jeweils Index 0..3). Auf Elemente vom Typ Vektor werde mit der Funktion *pruefe* zugegriffen, die den Index überprüft. Liegt der Index *i* im vorgesehenen Bereich, liefert *pruefe* die Adresse der entsprechenden Vektorkomponente *vek[i]*, andernfalls erfolgt ein Sprung aus dem Programm mit einer entsprechenden Fehlermeldung, die Klasse Matrix habe die gleiche Funktion. Gegeben sei folgende Implementation:

```
class vektor
{
  public :
    float& pruefe (int i);
  private:
    float vek[4];
};

class matrix
{
  public :
    float& pruefe (int i, int j);
  private:
    float mat[4][4];
};

float& vektor :: pruefe (int i)
{
  if ((0 <= i) && (i <= 3)) return (float&) vek[i];
  else
  {
    cerr << "Index ist nicht im vorgesehenen ";
    cerr << "Bereich\n";
    exit(1);
  }
}

float& matrix :: pruefe (int i, int j)
{ ... }
```

8.6 Friends

Ein natürlicher Ansatz zur Lösung der Aufgabe ist die Definition einer globalen Funktion *mult* wie folgt:

```
vektor mult(matrix& m, vektor& v)
{
  vektor result;
  for (int i = 0; i < 4; i++)
  {
    result.pruefe(i) = 0;
    /* Man beachte: Zuweisung an einen
       Funktionsaufruf!! Möglich, da pruefe als
       Ergebnis die Adresse von vek[i] liefert,
       falls kein Fehler vorliegt! */
    for (int j = 0; j < 4; j++)
      result.pruefe(i) +=   m.pruefe(i,j) *
                            v.pruefe(j);
  }
  return result;
}
```

Dies ist zwar ein natürlicher Ansatz, aber ein sehr ineffizienter, denn man bedenke, daß die Funktion *pruefe* für jeden Aufruf von *mult* genau 4*(1+4*3) mal aufgerufen wird. Wäre *mult* aber ein Member von Klasse *vektor*, könnte man das Überprüfen der Indizes entbehren, wenn man auf ein Vektor-Element zugreift (weil man dann direkt auf die Interna zugreifen kann); wäre *mult* ein Member der Klasse *matrix*, könnte man auch hier das Überprüfen der Indizes entbehren. Aber eine Funktion kann nicht gleichzeitig Member zweier Klassen sein. Was also tun?

Was man benötigt, ist ein Sprachkonstrukt, das einer Nicht-Member-Funktion Zugriff auf den privaten Teil einer Klasse gewährt; man nennt dies **Friend** einer Klasse:

```
class matrix;
    /* Vorwärtsdeklaration notwendig, da sonst matrix
       als Parameter für die in der Klasse vektor
       deklarierte Funktion mult unbekannt ist. Eine
       vollständige Definition ist auch nicht
       möglich, da dann die Klasse vektor innerhalb
       von matrix unbekannt wäre. */

class vektor
{
  friend vektor mult(matrix&, vektor&);
  public:
    ...
  private:
    float vek[4];
};
```

```
class matrix
{
   friend vektor mult(matrix&, vektor&);
   public:
      ...
   private:
      float mat[4][4];
};
```

Die Deklaration einer Friend-Funktion kann beliebig im privaten oder öffentlichen Teil einer Klasse plaziert werden. Es ist üblich, die Deklaration von Friend-Funktionen an die Definition des Klassenkopfes anzuschließen, wie oben gezeigt. Die *mult*-Funktion hat nun Zugriff auf die Interna der Klassen *matrix* und *vektor* und kann ihre Elemente direkt verwenden.

Friend-Deklarationen machen die Funktion im äußersten Scope des Programms bekannt. Die Funktion kann dann wie jede andere Funktion im Deklarationsteil des Hauptprogramms definiert werden. Man formuliere nun *mult* (als Übung).

Eine Member-Funktion einer Klasse kann ein Friend einer anderen Klasse sein:

```
class x
{
   void f( );
};

class y
{
   friend void x :: f( );
};
```

Eine Kurznotation für den Fall, daß alle Funktionen einer Klasse Friends einer anderen sind, existiert auch:

```
class y
{
   friend class x;
};
```

Will man also zulassen, daß eine Funktion zwei verschiedene Klassen manipulieren und auf die privaten Bereiche zugreifen darf, ist es notwendig, diese Funktion entweder als Friend beider Klassen zu deklarieren oder sie als Member einer Klasse und als Friend der anderen Klasse anzugeben.

Sollen mehrere overloaded-Funktionen Friend einer Klasse sein, so muß man jede Funktion explizit als Friend der Klasse deklarieren. Dies bedeutet, daß nur Funktionen (bestehend aus Namen und Signatur) als Friend einer Klasse deklariert werden können.

8.7 Klassen als Member von Klassen

Innerhalb von Klassendeklarationen ist es jederzeit möglich, andere Structures oder Klassen als Member zu deklarieren. Der Zugriff auf das Klassen-Member erfolgt dann je nach Fall mittels des Punkt- bzw. Pfeiloperators. Probleme bereitet in diesem Fall jedoch die korrekte Anwendung von Konstruktoren.

8.7.1 Konstruktoren/Destruktoren für Member-Klassen

Dazu folgendes Beispiel:

```
class innen
{
  public :
    innen(char *ch, short sh);
    ~innen( ) { };

  private:
    char *v;
    short y;
};

innen :: innen(char *ch, short sh)
{
  v = ch;
  // Vorsicht: v verweist auf den gleichen
  // Speicherbereich wie ch!!
  // Besser bei Verwendung von Strings:
  // strcpy(v,ch);
  y = sh;
}

class aussen
{
  public :
    innen inclass1;
    aussen(char *cha);
    ~aussen( ) { };
  private:
    char *x;
};
```

Hier sind also zwei Klassen *innen* und *aussen* definiert worden, wobei ein Objekt der Klasse *innen* (*inclass1*) als Member von *aussen* deklariert wurde (Objekte der Art von *innen* seien im weiteren immer als **Member-Klassen**, Objekte der Art von *aussen* als **umfassende Klasse** bezeichnet). Beide Klassen besitzen jeweils einen Konstruktor und einen Destruktor. Der Konstruktor von *innen* ist schon genau angegeben worden, der von *aussen* fehlt noch. Der Grund für dieses Fehlen ist, daß die derzeitigen Sprachmittel nicht ausreichen, um diesen Konstruktor zu spezifizieren. Man bedenke: beim Kreieren eines Objekts der Klasse *aussen* wird automatisch auch ein Objekt der Klasse *innen* erzeugt, da *innen* ein Member von *aussen* ist. *innen* aber besitzt auch einen Konstruktor mit Parametern. Die Frage ist nun, wie macht man diese, für den Konstruktor von *innen* notwendigen Parameter dem Konstruktor von *aussen* bekannt? Dies kann offensichtlich nicht ohne weitere Sprachmittel durchgeführt werden.

Die Parameter für den Konstruktor der Member-Klasse (kurz **Member-Konstruktor** genannt) werden in der Definition (nicht in der Deklaration!) des Konstruktors der Klasse spezifiziert, die dieses Member enthält. Der Member-Konstruktor wird dann aufgerufen, bevor der Konstruktor der umfassenden Klasse (der die Parameter für die Member-Klasse spezifiziert) aufgerufen wird. Syntaktisch erfolgt die Angabe der Parameter für den Member-Konstruktor im Kopf der Konstruktor-Definition der umfassenden Klasse. Hierbei wird nach Angabe des Konstruktor-Namens der umfassenden Klasse (samt Parameterliste) ein Doppelpunkt gesetzt, gefolgt vom Namen der Member-Klasse mit Parameterliste. Da sich dies sehr kompliziert anhört, hier der noch fehlende Konstruktor zu obigem Beispiel:

```
aussen :: aussen(char *cha) : inclass1("Member",1)
{
    x = cha;
}
```

In diesem Fall wird bei jedem Aufruf des Konstruktors für *aussen* der Konstruktor für *innen* mit den festen Werten *"Member"* und *"1"* aufgerufen.

Will man für die Member-Klasse keine festen Werte, sondern Variablen benutzen, so gibt es die Möglichkeit, diese im Konstruktor für die umfassende Klasse anzugeben, die dann an den Konstruktor der Member-Klasse weitergeleitet werden können:

```
class innen
{ ...    // wie oben
};

class aussen
{
    public :
        innen inclass1;
        aussen(char *cha, char *ch, short sh);
        ~aussen( ) { };
    private:
        char *x;
};

aussen :: aussen(char *cha, char *ch, short sh)
    : inclass1(ch, sh)
{
    x = cha;
}
```

8.7 Klassen als Member von Klassen

Hat eine Klasse zwei oder mehr andere Klassen als Member, so muß die Parameterliste für die Konstruktoren der Member-Klassen durch Kommata getrennt werden:

```
class aussen
{
   innen inclass1;
   innen inclass2;
   ...
};
aussen :: aussen(char *cha, char *ch, short sh)
    : inclass1(ch, sh), inclass2(ch, sh)
{
   x = cha;
}
```

Benötigt ein Konstruktor einer Member-Klasse keine Parameter, kann die Angabe nach dem Doppelpunkt für diese Member-Klasse entfallen. Die Reihenfolge, in der die Member-Konstruktoren aufgerufen werden, richtet sich im Gegensatz zur Version 1.2, wo die Reihenfolge undefiniert ist, nach der <u>Reihenfolge der Deklarationen</u> in der umfassenden Klasse:

```
aussen :: aussen(char *cha, char *ch, short sh)
    : inclass1(ch, sh), inclass2(ch, sh = sh*2)
/*  Aufruf des Konstruktors für inclass1 und
    nachfolgend der Aufruf des Konstruktors für
    inclass2; allerdings sollte ein solcher Aufruf
    vermieden werden, da zwar die Reihenfolge der
    Konstruktoraufrufe festgelegt ist, nicht aber
    die Reihenfolge, in der die Funktionargumente
    ausgewertet werden. Die Argumente für den
    Konstruktoraufruf dürfen nämlich auch Ausdrücke
    enthalten, wie z.B. der von inclass2. In dem
    Aufruf des Konstruktors für das Member inclass2
    tritt ein Seiteneffekt durch die Zuweisung
    "sh = sh*2" auf, denn sh ist auch Parameter für
    den Konstruktoraufruf von inclass1. Somit ist,
    wegen der fehlenden Festlegung der Reihenfolge
    der Auswertungen der Funktionsargumente, nicht
    festgelegt, welcher Wert von sh übergeben wird.
*/
{
   x = cha;
}
```

Bei den oben angegebenen Deklarationen eines Konstruktors ist es wichtig, zwischen Initialisierung und Zuweisung zu unterscheiden. So wird die Initialisierung von Membern der Klasse nur im Konstruktorkopf spezifiziert, wohingegen im Rumpf des Konstruktors die jeweiligen Member per Zuweisung Werte erhalten.

```
                aussen :: aussen(char *cha, char *ch, short sh)
                         : inclass1(ch, sh)
                           // Initialisierung des Members inclass1
                           // ursprüngliche Definition von aussen!
        {
                x = cha;// Zuweisung des Wertes von cha an x
        }
```

Die Ausführung eines Konstruktors setzt sich also hier aus zwei Phasen zusammen, einer Initialisierungsphase und einer Zuweisungsphase.

Eine Initialisierung des Members *x* ist auch möglich.

```
                aussen :: aussen(char *cha, char *ch, short sh)
                         : inclass1(ch, sh), x(cha)
                           // Initialisierung der Member inclass1 und x
                { } // leerer Funktionsrumpf
```

Für vordefinierte Typen kann man die Initialisierung, wie hier am Beispiel des Members *x* beschrieben, angeben. Zwar unterscheidet sich die Wirkung der oben beschriebenen Zuweisung nicht von der hier spezifizierten Initialisierung des Members *x*, allerdings ist diese Form der Initialisierung vordefinierter Typen notwendig, um auch konstante Member initialisieren zu können. Wäre *x* z.B. ein konstantes Member, so wäre die Zuweisung *x = cha;* im Konstruktor nicht erlaubt, sondern nur die Initialisierung durch *x(cha)*.

Diese Unterscheidung von Initialisierungs- und Zuweisungsphase bei Aufruf eines Konstruktors ist zusätzlich dann von Bedeutung, wenn wir die memberweise Initialisierung, wie in Kapitel 8.4.2 angesprochen, durch Definition eines speziellen Konstruktors vom Typ *X::X(const X&)* umgehen wollen. Dies ist hier z.B. für Member vom Typ *char** angebracht. Da Konstruktoren nur bei Initialisierung eines Objektes aufgerufen werden, würde eine Zuweisung im Rumpf des Konstruktors von *aussen* wieder durch memberweises Kopieren erfolgen, sofern der Zuweisungsoperator nicht overloaded ist.

Anmerkung:
Dies ist allerdings nur für Klassen möglich. Um also das memberweise Kopieren durch *x = cha;* vermeiden zu können, müßte die Varibale *x* in einer entsprechenden Klasse mit einem Konstruktor vom Typ *X::X(const X&)* eingebettet sein.

Während bei Konstruktoren zuerst die Member-Konstruktoren aufgerufen werden und dann der Konstruktor der umfassenden Klasse, verhält sich dies bei Destruktoren genau umgekehrt. Wird ein Klassenobjekt der umfassenden Klasse zerstört (gelöscht), wird zuerst der Destruktor dieser Klasse ausgeführt und erst danach die Destruktoren der Member-Klassen, und zwar in der umgekehrten Reihenfolge der Deklarationen der Member in der umfassenden Klasse. D.h. die Aufrufe der Destruktoren erfolgen in umgekehrter Reihenfolge zu den Aufrufen der Konstruktoren.

8.8 Vektoren von Klassen

Ebenso wie es möglich ist, Vektoren von Integer- oder Float-Zahlen zu erzeugen, ist es auch möglich, Vektoren von Klassen zu definieren.

```
class datum
{
  public :
    int lies_tag( )
    {
      return tag;
    }

    int lies_monat( )
    {
      return monat;
    }

    int lies_jahr( )
    {
      return jahr;
    }

    datum(int, int, int);

  private:
    int tag, monat, jahr;
};
datum :: datum(int t, int m, int j)
{
  tag   = t ? 0 : heute.lies_tag( );
  monat = m ? 0 : heute.lies_monat( );
  jahr  = j ? 0 : heute.lies_jahr( );
            // Gegebenenfalls Initialisierung mit
            // heutigem Datum
}
datum vek1[3];
            // allerdings so nicht korrekt, s.unten
```

vek1 ist somit ein Vektor von Klassen des Typs *datum*. Ebenso ist ein Vektor von Zeigern auf Klassenobjekte vom Typ *datum* kein Problem:

```
datum *vek2[3];
```

Allerdings ist die obige Definition von *vek1* nicht ganz korrekt, denn der Konstruktor der Klasse *datum* verlangt Parameter, die bei der Definition nicht angegeben worden sind. Die obige Definition hätte nur Gültigkeit, wenn es einen Konstruktor für die Klasse *datum* geben würde, der keine Argumente verlangt (leere Parameterliste). In unserem Beispiel können wir *vek1* also nur mit Angabe von Parametern definieren, z.B. so

```
datum vek1[3] = {datum(0, 0, 0), datum(24, 12, 1990),
                 datum(1, 1, 2000) };
```

bzw. äquivalent dazu

```
datum vek1[ ] = {datum(0, 0, 0), datum(24, 12, 1990),
                 datum(1, 1, 2000) };
```

Besitzt *datum* einen zusätzlichen Konstruktor vom Typ *datum::datum( )*, so ist auch eine partielle Initialisierung möglich, z.B.

```
datum vek1[3] = { datum(0,0,0), datum(24,12,1990) };
       // Komponente vek1[2], also die letzte Komponente
       // wird durch den Konstruktor datum::datum( )
       // initialisiert.
```

Ist für die Klasse *datum* ein Destruktor angegeben und will man dessen Aufruf für alle Komponenten des Vektors *vek1* erreichen, so genügt es nicht, das Objekt *vek1* durch

```
delete vek1;
```

zu löschen, da in diesem Fall nur der Destruktor der ersten Komponente aufgerufen wird (man bedenke, daß ein Vektor nur ein konstanter Zeiger auf das erste Element ist). Ein Aufruf des Destruktors für alle Vektorelemente wird dadurch erzielt, daß zusätzlich zur *delete*-Angabe auch die Dimension des Vektors angegeben wird.

```
delete [3] vek1;
       // Der Destruktor wird für alle Komponenten des
       // Vektors aufgerufen.
```

8.9 Structures und Unions

Wir haben gesehen, daß Structures einen Spezialfall von Klassen darstellen. Structures werden gebraucht, wenn das *Information Hiding* nicht notwendig ist.

Unions sind nun wiederum Spezialfälle von Structures (also auch hier sind alle Member automatisch *public*) und werden eingesetzt, um Speicherplatz zu sparen. Eine Union ist definiert als eine Structure, in der jedes Member dieselbe Adresse besitzt. Wenn man weiß, daß zu jedem Zeitpunkt nur genau ein Member einer Structure einen Wert besitzt, kann eine Union viel Platz sparen (Unions sind

8.9 Structures und Onions

vergleichbar mit varianten Records in Pascal):

```
union elemente
{
    char    *p;             // String
    char    v[8][8];
                            // Character-Matrix mit 8x8 Zeichen
    int     i;              // Integer
    double  d;              // Reelle Zahl
    float   f;              // Reelle Zahl
};
```

Objekte vom Typ *elemente* können nun wieder beliebig weiterverwendet werden, so u.a. in Structures und Klassen.

Wenn Unions in Spezialfällen auch nützlich sein können, so sind sie auch mit Vorsicht zu genießen. So ist etwa eine Typüberprüfung zur Kompilier-Zeit nicht möglich, da der Compiler nicht wissen kann, welches Member zu einer bestimmten Zeit benutzt wird.

Eine Union darf keine statischen Member enthalten und auch keine Klassenobjekte, deren Klassendefinition einen Konstruktor oder Destruktor besitzt.

Es ist möglich, eine Union als Member einer Klasse zu definieren, ohne der Union einen (Typ-)Namen zu geben, wie *elemente* in obigem Beispiel. Solche Unions bezeichnet man dann als **anonyme Union**. Der Zugriff auf die Elemente der Union erfolgt dann direkt, wie bei anderen Klassenmembern auch:

```
class elem_class
{
  public:
    union                   // anonyme Union
    {
        char    *p;         // String
        char    v[8][8];    // Character-Matrix mit
                            // 8x8 Zeichen
        int     i;          // Integer
        double  d;          // Reelle Zahl
        float   f;          // Reelle Zahl
    };
};

elem_class e;
double r = e.d;             // Zugriff auf das Member d
                            // in der anonymen Union.
```

8.10 Bitfelder

Eine weitere Möglichkeit, Speicherplatz zu sparen, ist die direkte Angabe sog. **Bitfelder**, d.h. bei der Deklaration der Klassenmember wird direkt spezifiziert, wieviele Bits bei der Definition für dieses Objekt reserviert werden sollen. Erlaubte Typen für solche Klassenmember sind *char, int, short int, long int*; nicht aber z.B. *float* oder *double*. Wenn möglich werden mehrere Klassenmember in einem Objekt vom angegebenen Typ abgelegt, wodurch der Speicherplatzbedarf reduziert wird.

```
typedef unsigned int bit;

class byte
{
  public:
     ...
  private:
     bit    feld1 : 3;
     bit    feld2 : 4;
     bit    feld3 : 1;
        // Alle Member werden in einem Objekt vom
        // "Typ" bit ( = unsigned int ) abgelegt.
};
```

Der Zugriff auf diese Member erfolgt genauso wie der Zugriff auf andere Member. Allerdings ist es nicht erlaubt, die Adresse eines Bitfeldes mittels des &-Operators zu ermitteln, und es existieren auch keine Zeiger auf solche Member. Ferner darf ein Bitfeld nicht als *static* deklariert werden.

9 ABGELEITETE KLASSEN

Das Konzept der Klassen in C++ ist sicherlich sehr nützlich. Dennoch gibt es Fälle, bei denen die Verwendung von "normalen" Klassen nicht sehr elegant ist und das Implementieren speziellen Codes notwendig macht. Das Prinzip der **Vererbung** von Informationen dient dazu, diesen zusätzlichen Aufwand zu reduzieren.

In C++ wird - wie bereits gezeigt - die Objektorientiertheit mittels des Klassenkonzepts implementiert; die Vererbung als das primäre Charakteristikum objektorientierter Programmierung wird hier mittels sogenannter abgeleiteter Klassen dargestellt. Member einer abgeleiteten Klasse können mit diesem Konzept wie Member anderer - aber funktional zusammenhängender - Klassen verwendet werden und dadurch auch die Operationen der Klasse. Zusätzlicher Programmieraufwand entfällt, ausgenommen der für die Erweiterung bzw. Ersetzung vererbter Informationen und Mechanismen. Das Prinzip des Information Hiding wird dabei streng beachtet, sowie die Unübersichtlichkeit und die Komplexität anderer Methoden reduziert.

Das traditionelle Beispiel eines Angestellten einer Firma soll das Konzept abgeleiteter Klassen zunächst verdeutlichen. Einen Angestellten könnte man durch die folgende Datenstruktur beschreiben:

```
class angestellter
{ public:
    char*         name;
    char          geschlecht;
    short         alter;
    short         abteilung;
    int           gehalt;
    angestellter  *nachfolger;
};
```

Der Zeiger *nachfolger* bildet eine Verbindung in einer Liste von Angestellten. Nun wollen wir einen Manager definieren:

```
class manager
{ public:
    angestellter  ang;       /* Angestelltendaten des
                                Managers   */
    angestellter  *gruppe;   // verwaltete Angestellte
};
```

Ein Manager ist sicher auch ein Angestellter der Firma; seine Angestelltendaten werden in dem Member *ang* des Manager-Objekts gespeichert. Andererseits verwaltet ein Manager eine Gruppe von Leuten, alles Angestellte der Firma, deshalb der Verweis auf *angestellter* namens *gruppe*. Ein Manager-Objekt in eine Liste von Objekten vom Typ *angestellter* zu hängen ist aber (ohne speziellen Code) nicht möglich, da die Objekte verschiedenen Typs sind. Ein Zeiger auf einen Angestellten (*angestellter**) ist kein Zeiger auf einen Manager (*manager**), also kann man nicht einfach den einen nehmen, wenn der andere gebraucht wird. Ein Ausweg aus dieser Situation ist es, den Manager als Angestellten plus zuzüglicher Information zu definieren:

```
class manager : public angestellter
{
   angestellter *gruppe;
};
```

Man sagt, die *manager*-Klasse ist **abgeleitet** von der *angestellter*-Klasse oder *angestellter* ist eine **Basisklasse** für *manager*. Die Klasse *manager* hat alle Member der Klasse *angestellter* (name, geschlecht, etc.) und zuzüglich den Member *gruppe*. Allgemein vollzieht man syntaktisch die Ableitung, indem man nach der Angabe von *class* (*struct* ist auch möglich) den Namen der abgeleiteten Klasse angibt, gefolgt von einem Doppelpunkt und dem Namen der Basisklasse. Im Anschluß daran folgt - wie bei der Klassendefinition üblich - die Liste der zuzüglichen Member in geschweiften Klammern.

Mit dieser Definition kann man eine Liste von Angestellten erzeugen, von denen einige Manager sind:

```
void f()
{
  manager            man1, man2;
  angestellter       ang1, ang2;
  angestellter       *ang_list;

  ang_list           = &man1;      /* setze man1, ... in
                                      ang_list   */
  man1.nachfolger    = &ang1;
  ang1.nachfolger    = &man2;
  man2.nachfolger    = &ang2;
  ang2.nachfolger    = 0;          /* setze Ende der Liste
                                      auf NULL   */
}
```

Ein Manager ist nun auf jeden Fall auch ein Angestellter, also ist es sinnvoll, daß ein Verweis auf die abgeleitete Klasse *manager* (*manager**) implizit (d.h. ohne explizite Typkonvertierung) als ein Verweis auf die Basisklasse *angestellter* (*angestellter**) verwendet werden kann. Ein Angestellter ist aber nicht notwendigerweise ein Manager, deshalb kann mittels *angestellter** ohne explizite Typkonvertierung nicht auf die zuzüglichen Informationen eines Managerobjekts zugegriffen werden. Basisklasse und abgeleitete Klasse stehen in einer "Enthalten-sein-Relation" zueinander; die abgeleitete Klasse enthält die Basisklasse oder anders ausgedrückt: die abgeleitete Klasse ist eine Oberklasse der Basisklasse. Anschaulich kann man sich dies in Form von zwei ineinandergeschachtelten Kästen erklären: in dem innersten Kasten befindet sich das Objekt vom Typ *angestellter* mit seinen speziellen Daten; in dem äußeren, den inneren umfassenden Kasten befindet sich das Objekt vom Typ *manager* mit seinen zuzüglichen Informationen.

Folgende Abbildung veranschaulicht diese Relation von Basisklasse und abgeleiteter Klasse:

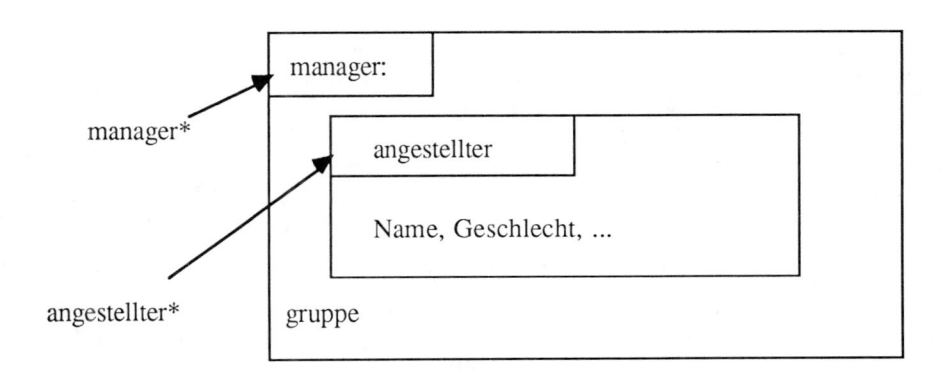

Das Konzept der abgeleiteten Klassen bietet also eine einfache, flexible und effiziente Möglichkeit, eine funktional ähnliche Klasse zu definieren, einfach durch Hinzufügen von Eigenschaften zu einer bereits existierenden Klasse. Mit Hilfe von abgeleiteten Klassen kann man auch eine gemeinsame Schnittstelle für mehrere verschiedene Klassen anbieten, so daß Objekte dieser Klassen durch andere Programmteile identisch manipuliert werden können.

Im obigen Beispiel haben wir die eigentliche Besonderheit von Klassen, nämlich die Trennung in öffentliche und private Teile und damit die verschiedenen Zugriffsrechte zunächst außer acht gelassen. Bei Berücksichtigung dieser Zugriffsrechte tauchen im Zusammenhang von abgeleiteten Klassen aber einige Fragen auf, wie z.B.:

1) Wie kann eine Member-Funktion einer abgeleiteten Klasse Member ihrer Basisklasse verwenden?

2) Welche Member der Basisklasse können die Funktionen der abgeleiteten Klasse verwenden?

3) Welche Member kann eine Friend-Funktion der Basisklasse/der abgeleiteten Klasse verwenden?

Erinnern wir uns dazu an das Beispiel der Landfahrzeuge aus Kapitel 8:

```
class landfahrzeug
{
  public:
    int     lies_anz_insassen( )     { ... }
    ...
    void    print( );

  private:
    int     anz_insassen;
    ...
};

class pkw : landfahrzeug
{
  public:
    int     lies_baujahr( )          { ... }
    void    setze_baujahr(int i)     { ... }
    void    print( )                 { ... }

  private:
    double  ps;
    double  km_stand;
    int     baujahr;
};
```

Nehmen wir an, wir hätten folgende Implementation der *pkw-print* Funktion:

```
void pkw :: print( )
{
  cout << "Anzahl der Insassen: " << anz_insassen
       << "\n";
  cout << "Baujahr: "             << baujahr
       << "\n";
}
```

Ein Member einer abgeleiteten Klasse kann öffentlich deklarierte Teile seiner Basisklasse ohne Einschränkung nutzen, d.h. ohne Spezifikation des Objekts. Die Funktion *pkw::print* wird aber nicht korrekt kompiliert werden, da ein Member einer abgeleiteten Klasse keinen Zugriff auf private Teile seiner Basisklasse hat; auf *anz_insassen* kann also nicht zugegriffen werden, denn *anz_insassen* ist im privaten Teil der Basisklasse *landfahrzeug* deklariert. (Natürlich wäre es möglich, die öffentliche Memberfunktion *lies_anz_insassen* für den Zugriff zu verwenden. Diese Zugriffsform ist aber im allgemeinen zu kompliziert, denn es wird ein direkter Zugriff gewünscht).

Dies ist klar, denn wäre dem nicht so, so könnte das Konzept privater Member mit Leichtigkeit von einem Programmierer umgangen werden, indem er einfach eine neue Klasse von der Basisklasse ableitet, mit Hilfe derer er dann Zugriff auf private Teile der Basisklasse hätte.

In C++ gibt es - neben der Standardmethode, über eine öffentliche Memberfunktion der Basisklasse zuzugreifen - zwei Möglichkeiten, diese Problematik zu umgehen:

1) Mit Hilfe des Schlüsselwortes **protected**: Wie bereits in Kapitel 8 erwähnt, besitzt das Schlüsselwort *protected* für "normale" Klassen die gleiche Semantik wie das Schlüsselwort *private*. Im Kontext von abgeleiteten Klassen aber existiert ein wesentlicher Unterschied: geschützte Member sind für direkt abgeleitete Klassen öffentlich, während sie für den Rest des Programms privat, d.h. nicht zugreifbar sind. Folgende Implementation obigen Beispiels löst somit unser Problem:

```
class landfahrzeug
{
  public:
    int lies_anz_insassen( ) { ... };
    ...
    void print( );

  protected:
    int anz_insassen;
    ...
  private:
    ...
};
```

anz_insassen ist jetzt nicht mehr als *private*, sondern als *protected* gekennzeichnet. Dies bedeutet, daß *anz_insassen* für die abgeleitete Klasse *pkw* öffentlich ist. Die *print*-Funktion in *pkw* kann jetzt auf dieses Member zugreifen, für den Rest des Programms ist *anz_insassen* jedoch immer noch privat.

2) Mit Friend-Funktionen kann man den Zugriff auch explizit erlauben:

```
class landfahrzeug
{
  friend void pkw :: print( );
};
```

würde der *pkw*-Funktion *print* den Zugriff auf private Member der Klasse *landfahrzeug* gestatten.

Generell gilt:

- Friends (und Member-Funktionen) einer Basisklasse haben nur Zugriff auf vererbte Member (und nicht auf neue) von abgeleiteten Klassen.

- Friends (und Member-Funktionen) einer abgeleiteten Klasse haben nur Zugriff auf vererbte nicht-private Member der Basisklasse.

Die Anweisung

```
class landfahrzeug
{
    friend class pkw;
};
```

macht jedes Member (auch private) der Klasse *landfahrzeug* zugänglich für jede Member-Funktion der Klasse *pkw*, darunter auch *print.*. Dies gilt aber nicht automatisch für bereits spezifizierte Friends von *pkw*! Sollen diese Friends von *pkw* ebenfalls Zugriff auf die privaten Member von *landfahrzeug* bekommen, so sind sie auch in *landfahrzeug* explizit als Friend zu deklarieren.

Eine alternative und oft sauberere Möglichkeit ist:

```
void pkw :: print ( )
{
   landfahrzeug :: print ( );
                 //  Drucke Landfahrzeug-Information
   ...           //  Drucke PKW-Information
};
```

d.h. die *print*-Funktion von *pkw* benutzt die als öffentlich deklarierte Funktion *print* der Klasse *landfahrzeug* (:: ist notwendig, da *print* in *pkw* selbst neu definiert wurde und andernfalls eine rekursive Definition vorliegt!).

Durch

```
class pkw : public landfahrzeug
{ ... };
```

wird ein öffentliches Member der Klasse *landfahrzeug* auch ein öffentliches Member der Klasse *pkw*; *landfahrzeug* ist eine **öffentliche Basisklasse**. Alternativ dazu kann man eine **private Basisklasse** definieren mit

```
class pkw : private landfahrzeug
{ ... };
```

d.h. öffentliche und geschützte Member der Basisklasse *landfahrzeug* sind private Member der abgeleiteten Klasse *pkw*. Dies hat zwei Konsequenzen:

1) Die öffentlichen Member einer Basisklasse können nicht mehr einfach durch ein abgeleitetes Klassenobjekt erreicht werden (denn hier sind sie jetzt privat).

2) Öffentliche und geschützte Member der Basisklasse sind für die gesamte weitere Ableitung privat.

Somit dient die private Ableitung zum Abschotten von Informationen gegenüber der öffentlichen Schnittstelle der Basisklasse. Auf Member einer privat abgeleiteten Klasse kann nur über Member-Funktionen und Friends der abgeleiteten Klasse zugegriffen werden. Es ist allerdings möglich, einzelne Member - anders als generell spezifiziert - in ihren originalen Privilegien abzuleiten, indem man diese z.B. bei der privaten Ableitung speziell als *public* kennzeichnet; die originalen Privilegien können dabei nicht verändert werden:

```
class landfahrzeug
{
  public:
      int lies_anz_insassen( ) { ... }
  ...
  private:
  ...
};

class pkw : private landfahrzeug
{
  public:
      landfahrzeug :: lies_anz_insassen;
  ...
  private:
  ...
};
```

lies_anz_insassen wird nun trotz der privaten Ableitung in seinem originalen (öffentlichen) Zugriffsrecht vererbt. Der Returntyp und die Signatur dürfen dabei nicht spezifiziert werden (da sonst eine neue, lokale Funktion definiert wird). Es ist nur erlaubt, auf diese Weise das originale Zugriffsrecht zu vererben, d.h. es ist nicht erlaubt, das Zugriffsrecht weniger restriktiv zu gestalten.

Wird kein Schlüsselwort der Form *public* oder *private* bei der Ableitung angegeben, wird automatisch *private* angenommen. Es ist jedoch - aufgrund möglicher Misinterpretationen - besserer Programmierstil, das Schlüsselwort *private* auch dann anzugeben, wenn es (syntaktisch) überflüssig ist.

Friends einer abgeleiteten Klasse haben dieselben Zugriffsrechte wie die eigentlichen Member der Klasse. Die Basisklasse einer Structure ist implizit eine öffentliche Basisklasse.

9.1 Manipulation von Klassenobjekten

Durch die Vererbung von Informationen ist sichergestellt, daß jede abgeleitete Klasse einen Basisklassenteil besitzt (und evtl. zuzügliche "eigene" Informationen). Vergleiche dazu folgende Abbildung:

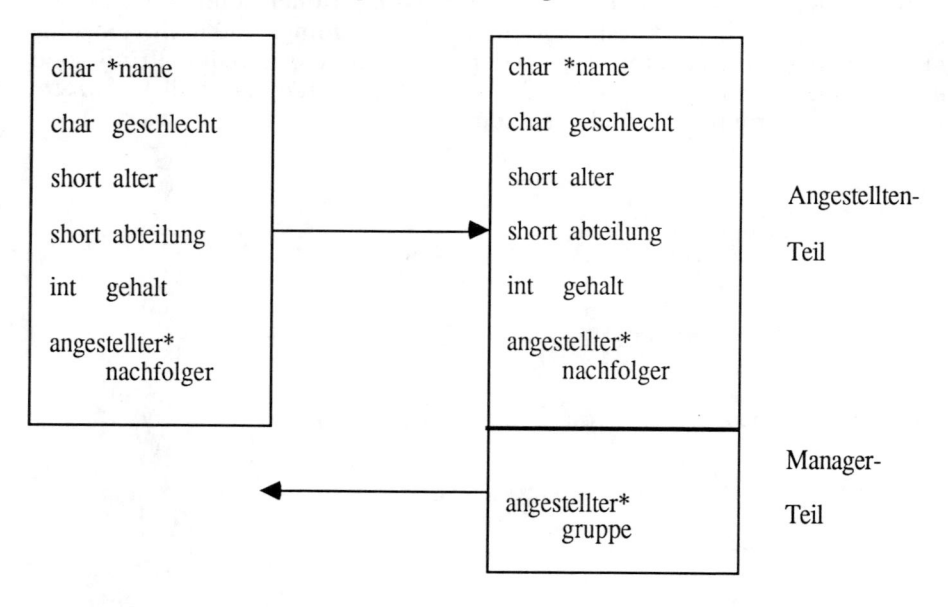

```
┌─────────────────────┐        ┌─────────────────────┐
│ char  *name         │        │ char  *name         │      Angestellten-
│ char   geschlecht   │        │ char   geschlecht   │
│ short  alter        │        │ short  alter        │      Teil
│ short  abteilung    │───────▶│ short  abteilung    │
│ int    gehalt       │        │ int    gehalt       │
│ angestellter*       │        │ angestellter*       │
│        nachfolger   │        │        nachfolger   │
└─────────────────────┘        ├─────────────────────┤
                               │                     │      Manager-
                       ◀───────│ angestellter*       │
                               │        gruppe       │      Teil
                               └─────────────────────┘

     angestellter a                    manager m
```

9.1 Manipulation von Klassenobjekten

Aus diesem Grund ist die (verkleinernde) Konvertierung (z.B. bei Zuweisungen) einer abgeleiteten Klasse in Richtung ihrer Basisklasse sicher und implizit möglich, denn ein Basisklassenteil existiert mit Sicherheit. Andersherum (vergrößernd) wäre eine implizite Konvertierung jedoch sehr gefährlich; hier ist eine explizite Konvertierung notwendig.

Bei Zeigern auf solche Objekte verhält sich dieser Sachverhalt analog. Hier ist es implizit sicher, einem Zeiger auf eine Basisklasse einen Zeiger auf eine abgeleitete Klasse zuzuweisen (da sichergestellt ist, daß der Basisklassenanteil existiert), andersherum ist auch hier eine explizite Konvertierung notwendig, da ein Zeiger auf eine Basisklasse nicht notwendig auf ein Objekt der abgeleiteten Klasse verweisen muß.

Die Konsequenz ist, daß immer (nur mit Ausnahme der virtuellen Funktionen, die später vorgestellt werden) ein explizite Konvertierung zu verwenden ist, will man auf ein Member einer abgeleiteten Klasse über ein Objekt, eine Referenz bzw. einen Zeiger auf eine Basisklasse zugreifen.

Diese Grundsätze bei der Manipulation von Klassenobjekten über Zeiger und Referenzen sollen hier anhand von einfachen Beispielen noch einmal genauer deutlich gemacht werden.

Nehmen wir an, wir haben eine Basisklasse *innen* und eine abgeleitete Klasse *aussen*. Dann kann ein Zeiger auf *aussen (aussen*)* einer Variablen vom Typ Zeiger auf *innen (innen*)* ohne explizite Typkonvertierung zugewiesen werden. Andersherum muß es explizit geschehen:

```
class   innen                          { ... };
class   aussen : public innen          { ... };

aussen a;
innen  &i            = a;        // O.K.

innen  *innen_zeiger = &a;
       // implizite Konvertierung

aussen *aussen_zeiger = innen_zeiger;
       // Fehler: innen_zeiger muß nicht unbedingt auf
       // ein Objekt der Klasse aussen zeigen

aussen *aussen_zeiger = (aussen*) innen_zeiger;
       // O.K., explizite Konvertierung

extern void y (innen *in);
landfahrzeug la;

y (&a);              // O.K.
y (&la);             /* Fehler: la steht in
                        keinem Zusammenhang
                        zu innen */
```

Zusammengefaßt bedeutet dies, daß ein Objekt einer abgeleiteten Klasse jeder ihrer öffentlichen Basisklassen ohne explizite Konvertierung zugewiesen werden kann. Will man jedoch auf ein Member einer abgeleiteten Klasse über ein Objekt, eine Referenz bzw. einen Zeiger auf eine Basisklasse zugreifen, muß immer (nur mit Ausnahme bei Verwendung virtueller Funktionen) eine explizite Konvertierung verwendet werden.

Insbesondere kann eine Funktion, welche als formales Argument einen Zeiger auf eine Klasse besitzt, als aktuellen Parameter auch einen Zeiger auf jegliche abgeleitete Typen bekommen; Zeiger auf Klassenobjekte, die in keinem funktionalen Zusammenhang zum formalen Argument stehen, sind allerdings nicht erlaubt. Diese Art der Programmierung bezeichnet man gemeinhin als **generischen Programmierstil** ("generic style of programming"), bei dem der aktuelle Typ der Klasse unbekannt sein darf.

Die Aufgabe der (Nicht-Member-) Funktion *y* könnte es z.B. sein - je nach aktuellem Klassentyp - gewisse Aktionen auszuführen. In einer nicht-objektorientierten Implementation müßte sich die Funktion dafür zunächst einer komplizierten und schlecht wartbaren *case*- oder *if-else*-Schleife bedienen, um den Typ des aktuellen Parameters zu bestimmen:

```
void y (innen *in)
{
   case innen    : ...
   case aussen   : ...
}
```

Die u. U. komplizierte und mit Sicherheit sehr schlecht wartbare Aufgabe der Typbestimmung liegt in diesem Fall bei dem Programmierer. Das **dynamische Binden** als das zweite große Charakteristikum objektorientierter Programmierung verlagert diese Last vom Programmierer auf den Compiler. Bei der objektorientierten Version obigen Beispiels braucht sich der Programmierer nicht um die lästige Bestimmung des Typs zu kümmern; der Compiler nimmt es ihm ab. Dies führt zu leicht erweiterbarem Code bei gleichzeitiger Reduzierung der Komplexität und der Größe von Programmen. Weitere Klassentypen können durch Ableitung kreiert werden, die Funktion *y* kann trotzdem ohne Einschränkung weiter benutzt werden. In C++ wird das dynamische Binden über sogenannte virtuelle Funktionen implementiert, die später noch genauer untersucht werden.

9.2 Klassenhierarchien

Eine abgeleitete Klasse kann wieder eine Basisklasse sein:

```
class fahrzeug                               { ... };

class landfahrzeug      : public fahrzeug    { ... };
class wasserfahrzeug    : public fahrzeug    { ... };

class pkw               : public landfahrzeug    { ... };
class lkw               : public landfahrzeug    { ... };

class motorboot         : public wasserfahrzeug  { ... };
class segelboot         : public wasserfahrzeug  { ... };

class cabrio            : public pkw         { ... };

class yacht             : public motorboot   { ... };
```

In einer generell öffentlichen Ableitungshierarchie wie der obigen hat jede abgeleitete Klasse Zugriff auf die vereinigte Menge von geschützten (*protected*) und öffentlichen (*public*) Membern der vorhergehenden Basisklasse in der gesamten Hierarchie; auf private (*private*) allerdings nicht.

Solch eine Menge von zusammenhängenden Klassen bezeichnet man (typischerweise) als Klassenhierarchie. Als Struktur formen Hierarchien wie im obigen Beispiel einen Baum, da jede abgeleitete Klasse genau eine einzige Basisklasse besitzt. Solche Hierarchien werden deshalb auch als **einfache Vererbungshierarchien** bezeichnet:

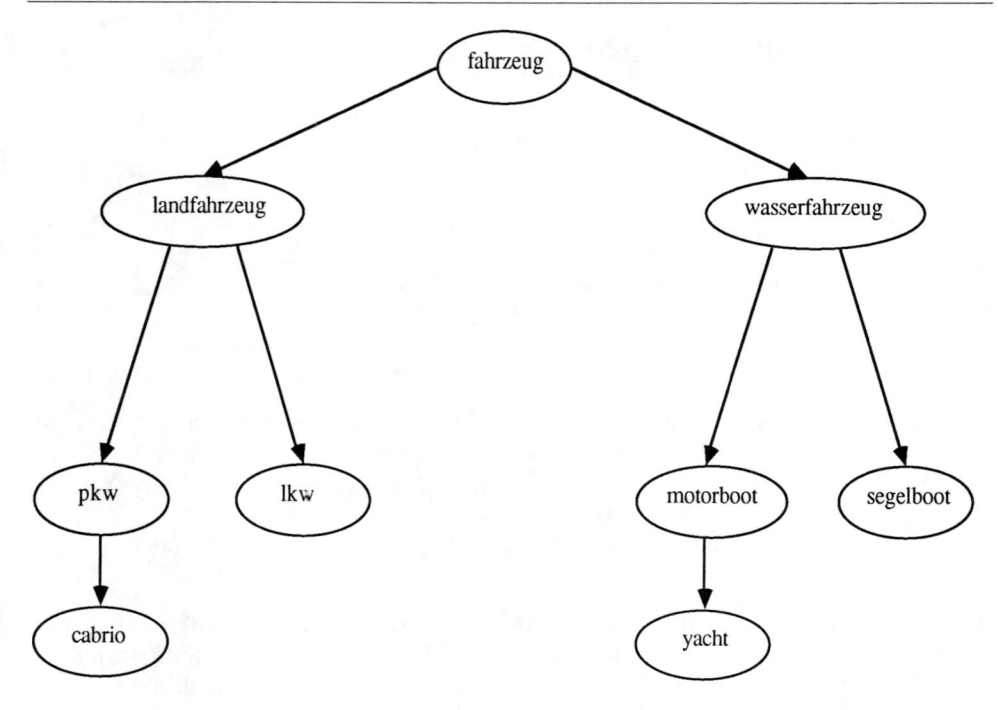

```
              fahrzeug
             /        \
     landfahrzeug    wasserfahrzeug
      /      \         /       \
    pkw      lkw   motorboot  segelboot
     |                  |
   cabrio             yacht
```

Sowohl *landfahrzeug* als auch *wasserfahrzeug* bezeichnet man häufig als **abstrakte Basisklassen**, denn sie sind spezifische Klassen, die so entworfen worden sind, daß von ihnen weitere Klassen abgeleitet werden sollen und somit erst dann "komplett" werden. Die Klasse *fahrzeug* hingegen wird häufig als **abstrakte Superklasse** bezeichnet, denn sie ist die Wurzelklasse der gesamten Ableitungshierarchie und gleichzeitig der zentrale Designpunkt. Denn unabhängig davon, wie verschachtelt und komplex die gesamte Hierarchie sein wird, wird die Relation zwischen den Klassen durch die gemeinsame Menge an Klassenmembern bestimmt, die alle von der abstrakten Superklasse vererbt werden.

Kompliziertere Strukturen durch **mehrfache Vererbung** lassen sich in C++ Version 2.0 jedoch auch erzeugen:

```
class amphibienfahrzeug : landfahrzeug, wasserfahrzeug
{ ... };
```

Strukturell gesehen formen mehrfache Vererbungshierarchien gerichtete Graphen:

9.2 Klassenhierarchien

```
                        fahrzeug
                       /        \
                      /          \
              landfahrzeug      wasserfahrzeug
                 /    \          /        \
                /      \        /          \
               /      amphibienfahrzeug    \
              /  \                    /  \
            pkw  lkw            motorboot  segelboot
             |                      |
           cabrio                 yacht
```

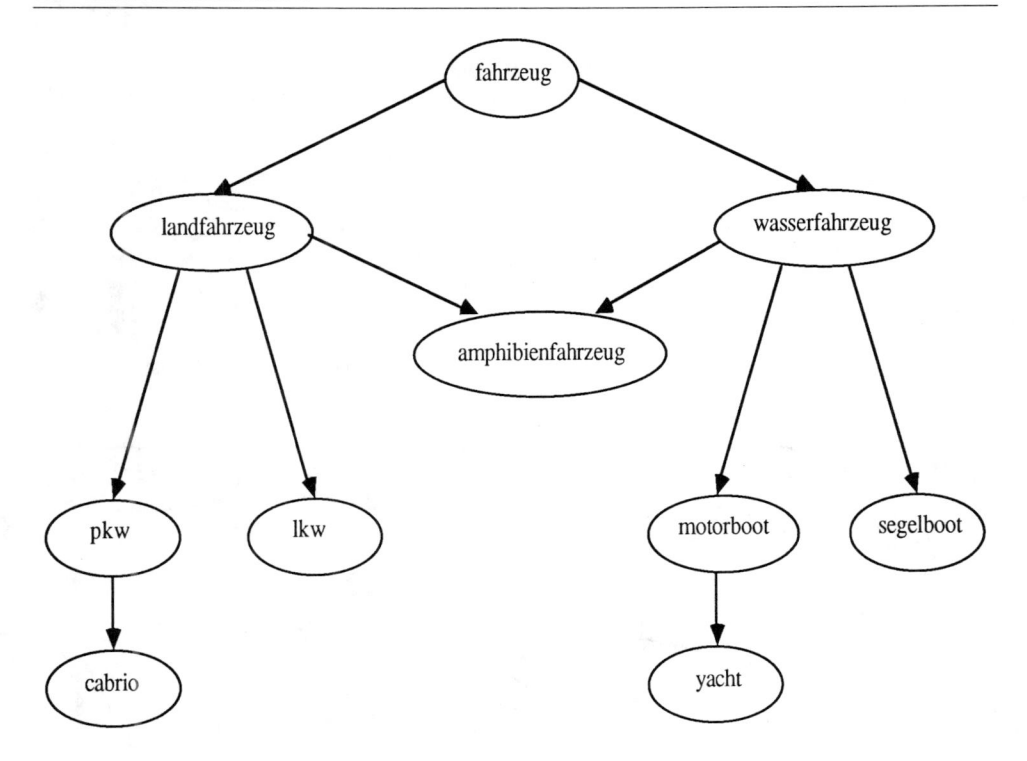

Mehrfache Vererbung erreicht man allgemein durch die Angabe einer komma-separierten Liste von Basisklassen nach dem üblichen Doppelpunkt. Die Verwendung der Schlüsselwörter *public* bzw. *private* ist auch hier nicht zwingend notwendig (voreingestellt ist *private*), wird jedoch - wegen möglicher Misinterpretationen - dringend empfohlen. So ist

```
               class amphibienfahrzeug  : public landfahrzeug,
                                                 wasserfahrzeug
                { ... };
```

ungleich

```
               class amphibienfahrzeug  : public landfahrzeug,
                                          public wasserfahrzeug
                { ... };
```

denn die erste Version bedeutet implizit:

```
               class amphibienfahrzeug  : public  landfahrzeug,
                                          private wasserfahrzeug
                { ... };
```

Bemerkung:
Mehrfache Vererbung ist erst seit der Version 2.0 möglich. Frühere Versionen besitzen daher nur die Möglichkeit einfacher Vererbung. Folgendes ist daher in früheren C++-Versionen **nicht** möglich :

```
class manager
{ ... };
class experte
{ ... };
class berater : experte, manager;
```

Anschaulich läßt sich das so darstellen :

    Möglich in C++ Version 1.2 ist: Nicht möglich in C++ Version 1.2 ist:

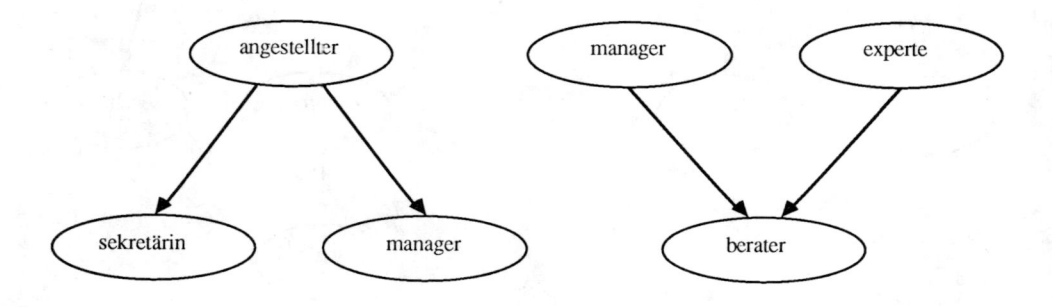

```
        angestellter                    manager      experte
         /      \                           \       /
   sekretärin   manager                      berater
```

Die Syntax von Basisklassen für abgeleitete Klassen unterscheidet sich von "normalen" Klassen nur in zwei Punkten:

1) Member, die zwar öffentlich vererbt, aber sonst nicht öffentlich sein sollen, müssen als *protected* gekennzeichnet werden.

2) Member-Funktionen, deren Implementation von Details späterer Ableitungen abhängen, die zum Zeitpunkt des Designs noch unbekannt sind, sollten als virtuell gekennzeichnet werden.

Bzgl. der Menge von Basisklassen zu einer abgeleiteten Klasse gibt es keine sprachliche Einschränkung. Jede Klasse darf jedoch nur einmal in der Ableitungsliste vorkommen und muß vorher definiert worden sein.

9.3 Zugriff auf vererbte Member

In den meisten Fällen ist die Benutzung des Scope-Operators beim Zugriff auf vererbte Member überflüssig; der Compiler kann das gewünschte Member normalerweise auch ohne die zusätzliche lexikalische Hilfe des :: finden. Es gibt jedoch zwei mehrdeutige Fälle, wo der Scope-Operator zwingend notwendig ist, da sonst unerwünschte Effekte oder Kompilierfehler auftreten können:

1) Falls der Name eines vererbten Members in der abgeleiteten Klasse neu verwendet wird.

   In diesem Fall versteckt der neu verwendete (gleiche) Name den Namen des vererbten Members. Der Fall ist ähnlich dem, wo eine lokal definierte Variable eine globale Variable überdeckt. Dort ist gleichermaßen der Scope-Operator notwendig, um die globale Variable (hier das vererbte Member) direkt anzusprechen.

2) Falls einer abgeleiteten Klasse aus zwei (oder mehr) Basisklassen derselbe Name vererbt wird:

```
class landfahrzeug
{
  public:
    void print( ) { ... }
    ...
};

class wasserfahrzeug
{
  public:
    void print( ) { ... }
    ...
};

class amphibienfahrzeug : public   landfahrzeug,
                         public   wasserfahrzeug
{
  public:
    void drucke( )
    {
        print( );   // Fehler, da nicht eindeutig
    }
    ...
};
```

Die Funktion *print* wird aus beiden Basisklassen vererbt. Der Aufruf von *print* ist aber nicht eindeutig, da nicht klar ist, auf welches *print* sich der Aufruf bezieht.

Die Verwendung des Scope-Operators in diesem Fall hat jedoch einen entscheidenden Nachteil:

Die Mehrdeutigkeit wird weitervererbt. Dies bedeutet, daß weitere abgeleitete Klassen Implementationskenntnisse über Klassen erhalten, die über ihrer eigenen Basisklasse angesiedelt sind. Das wiederum verstößt gegen das Designprinzip von Klassenhierarchien, bei dem jede Klasse soweit "abgeschottet" ist, daß nur Spezifika von direkten Basisklassen bekannt sind.

Es ist daher eine gute Designstrategie, in der so abgeleiteten Klasse eine Member-Funktion mit demselben Namen zu definieren, die somit die anderen Namen überdeckt, aber gleichzeitig deren Funktionalität anbietet:

```
void   amphibienfahrzeug :: print( )
{
  landfahrzeug     :: print( );
  wasserfahrzeug   :: print( );
};
```

9.4 Konstruktoren/Destruktoren für abgeleitete Klassen

Ähnlich wie bei Konstruktoren/Destruktoren für Klassen als Member von Klassen (vgl. Kapitel 8) gibt es auch bei Konstruktoren/Destruktoren für abgeleitete Klassen bzw. Basisklassen Probleme. Dazu folgendes Beispiel:

```
class fundament
{
 public :
   fundament (int j)
   {
     i = j;
   }

   ~fundament( ) { };
  private:
    int i;
};
```

9.4 Konstruktoren/Destruktoren für abgeleitete Klassen

```
class basis : public fundament
{
 public :
   basis (char* ch, short sh);

  ~basis( ) { };

   private:
     char    *v;
     short   y;
};
```

Wird ein Objekt der abgeleiteten Klasse *basis* erzeugt, wird auch implizit ein entsprechendes der Basisklasse *fundament* kreiert. Der Konstruktor für die Basisklasse benötigt jedoch (in diesem Fall) einen Parameter. Wie kann dieser Parameter beim Aufruf des Konstruktors für die abgeleitete Klasse angegeben werden?

Die Lösung für dieses Problem entspricht der Lösung für Konstruktoren für Member-Klassen (vgl. Kapitel 8). Der Name der Basisklasse wird spezifiziert, gefolgt von einer Argumentenliste in Klammern. Die Initialisierungsliste darf dabei ausschließlich in der Definition und niemals in der Deklaration des Konstruktors auftauchen:

```
basis :: basis(char *ch, short sh) : fundament (10)
{
  v = ch;
  y = sh;
}
```

Hinweis:
In C++ Version 1.2 gab es noch den Unterschied, daß Basisklassen wie Member-Klassen ohne Namen behandelt werden. In diesem Fall erfolgte also die Angabe der Parameter für die Basisklasse ebenfalls im Kopf der Definition (nicht der Deklaration!) des Konstruktors der abgeleiteten Klasse. Nach dem Doppelpunkt genügte hier aber die Angabe der Parameter in Klammern ohne Angabe eines Namens vor dieser Parameterliste (sogenannte namenlose Member). Die Angabe eines Namens bzw. keines Namens vor der Parameterliste unterschied hier die Konstruktoren für Member-Klassen bzw. Basisklassen. Als Beispiel folgt die Definition des Konstruktors für *basis* im Falle von C++ Version 1.2:

```
basis :: basis(char *ch, short sh) : (10)
{
  v = ch;
  y = sh;
}
```

Wie bei "normalen" Klassen (vgl. Kapitel 8) gibt es auch die Möglichkeit, bereits im Konstruktorkopf "normale" Member direkt zu initialisieren:

```
                    basis :: basis(char *ch, short sh) : fundament (10),
                            v (ch), y (sh)
                    { }
```

Zu beachten ist allerdings, daß letztere Konstruktordefinition im allgemeinen nicht äquivalent der obigen ist (vgl. Kapitel 8).

Hat man eine mehr als zweistufige Klassenhierarchie, so muß man darauf achten, daß die Parameter für den Konstruktor einer Basisklasse immer bei der Definition des Konstruktors der "direkt darüberliegenden" abgeleiteten Klasse angegeben werden müssen. So könnten wir obiges Beispiel noch um eine weitere, von *basis* abgeleitete Klasse *abgeleitet* erweitern, die zusätzlich auch noch als Member-Klasse ein Objekt der Klasse *basis* besitzt (Man beachte: *basis* ist somit sowohl Member-Klasse von *abgeleitet* als auch Basisklasse zu *abgeleitet*):

```
                class abgeleitet : public basis
                {
                  public :
                    basis mem;

                    abgeleitet(char *n);

                    ~abgeleitet( ) {}

                  private:
                    char *x;
                };
```

Der Konstruktor für *abgeleitet* muß nun Informationen für den Konstruktor der Basisklasse *basis* und den Klassen-Member *mem* (vom Typ *basis*) enthalten:

```
                abgeleitet      :: abgeleitet(char *cha)
                                 : basis ("Basisklasse", 2),
                                   mem("Member", 1)
                {
                  x = cha;
                }
```

mem(...) bewirkt hier den Aufruf des Konstruktors für die Member-Klasse und *basis(...)* bewirkt den Aufruf des Konstruktors für die Basisklasse.

Wird nun ein Objekt der Klasse *abgeleitet* erzeugt, etwa durch

```
                abgeleitet d = abgeleitet("Abgeleitet");
```

so wird zunächst der Konstruktor für die Klasse *basis* mit den entsprechenden Parametern aufgerufen, welcher wiederum den Konstruktor für *fundament* mit den entsprechenden Parametern (welche im Konstruktor für *basis* angegeben sind) aufruft.

9.4 Konstruktoren/Destruktoren für abgeleitete Klassen

Genau wie bei Konstruktoren für Member-Klassen werden hier also Klassenobjekte "bottom-up" erzeugt (bei Destruktoren verhält sich dies in entsprechender Weise umgekehrt). Deshalb darf in der Initialisierungsliste von Konstruktoren abgeleiteter Klassen kein Member der Basisklasse initialisiert werden; zum Zeitpunkt des Aufrufs ist das Member bereits initialisiert.

Bei mehrfacher Vererbung ist eine komma-separierte Liste aller Basisklassen notwendig. Jedoch braucht eine Basisklasse in der Initialisierungsliste nicht angegeben werden, falls sie entweder keinen Konstruktor definiert oder aber einen Konstruktor definiert, welcher keinen Parameter verlangt.

Alternativ kann der Basisklassenanteil einer abgeleiteten Klasse mit einem anderen Klassenobjekt initialisiert werden. Dieses Klassenobjekt kann einerseits vom gleichen Basisklassentyp, andererseits aber auch vom Typ einer öffentlich abgeleiteten Klasse sein:

```
basis :: basis(fundament &f)  : fundament (f)
{
    ...
};           /* Initialisierung von fundament mit einem
                Objekt gleichen Basisklassentyps    */

basis :: basis(const basis &b)  : fundament (b)
{
    ...
};           /* Initialisierung von fundament mit einem
                Objekt einer öffentlich abgeleiteten
                Klasse (hier basis b)   */
```

9.4.1 X(const X&) bei abgeleiteten Klassen

Wie bereits in Kapitel 8 behandelt, wird ein Klassenobjekt, welches mit einem anderen Klassenobjekt der gleichen Klasse initialisiert wird, standardmäßig memberweise initialisiert; dies gilt auch für abgeleitete Klassen. In der gleichen Reihenfolge, wie sie deklariert werden, wird die memberweise Initialisierung zuerst auf jede Basisklasse und dann auf jedes Member der abgeleiteten Klasse angewendet. Wie ebenfalls bereits in Kapitel 8 beschrieben, ist eine solche memberweise Initialisierung aber nicht immer wünschenswert, insbesondere dann, wenn die Klassenobjekte Zeiger als Member enthalten, die dann auf den gleichen physikalischen Speicherbereich für mehrere Klassenobjekte verweisen. Dies kann z.B. dazu führen, daß bei Anwendung von Destruktoren dieser eine physikalische Speicherbereich mehrfach gelöscht wird. Zur Lösung dieses Problems wurde der explizit definierte Konstruktor X(const X&) eingeführt, der die standardmäßig vorhandene memberweise Initialisierung außer Kraft setzt und eine eigene Art der Initialisierung beschreibt, falls ein Klassenobjekt mit einem anderen initialisiert wird.

Bei abgeleiteten Klassen kann man drei Fälle unterscheiden:

1) Die abgeleitete Klasse definiert keinen Konstruktor der Form X(const X&), aber eine oder mehrere Basisklassen definieren einen solchen.

2) Die abgeleitete Klasse definiert einen solchen Konstruktor, aber die Basisklasse(n) nicht.

3) Sowohl die abgeleitete Klasse als auch die Basisklasse(n) definieren einen solchen Konstruktor.

Im ersten Fall werden zuerst die Basisklassen nach der Reihenfolge ihrer Deklaration initialisiert. Definiert eine Basisklasse keinen Konstruktor der Art X(const X&) wird memberweise Initialisierung angewendet, ansonsten der Vorschrift des speziellen Konstruktors gefolgt:

```
class landfahrzeug
{
  public:
    landfahrzeug ( );
    landfahrzeug (const landfahrzeug&);
};
class wasserfahrzeug
{
  public:
    wasserfahrzeug ( );
};
class amphibienfahrzeug : public landfahrzeug,
                         public wasserfahrzeug
{
  public:
    amphibienfahrzeug ( );
};

amphibienfahrzeug Z;
amphibienfahrzeug A = Z;
```

Bei der Initialisierung des *amphibienfahrzeug*-Objekts A mit dem von Z wird zuerst der spezielle Initialisierungs-Konstruktor von *landfahrzeug* angewendet; danach werden die Member von *wasserfahrzeug* und *amphibienfahrzeug* memberweise initialisiert.

Falls die abgeleitete Klasse einen speziellen Initialisierungskonstruktor anbietet (Fall 2 und 3), wird dieser Konstruktor bei jeder Initialisierung durch Zuweisung ausgeführt. Die Basisklassenteile werden dabei nicht memberweise initialisiert, denn es ist die Aufgabe des speziellen Konstruktors X(const X&) der abgeleiteten

9.5 Virtuelle Funktionen

Klasse, für die korrekte Initialisierung der Basisklassenteile zu sorgen:

```
class pkw : public landfahrzeug
{
  public:
    pkw ( );
    pkw (const pkw&);
};

pkw mein_auto;
pkw dein_auto = mein_auto;
```

Bei der Initialisierung von *dein_auto* mit *mein_auto* erfolgt folgende Konstruktor-Aufruffolge:

```
landfahrzeug ( );
pkw (const pkw& );
```

Dies liegt daran, daß der Basisklassen-Konstruktor immer vor dem der abgeleiteten Klasse aufgerufen wird; ein Konstruktor der Form X(const X&) bildet hiervon keine Ausnahme. Falls der Basisklassen-Konstruktor Argumente verlangt, müssen sie in der Initialisierungsliste angegeben werden.

Da aber auch *landfahrzeug* seinen eigenen Konstruktor X(const X&) definiert, ist es wünschenswert, daß dieser aufgerufen wird. Dies kann in der folgenden Art geschehen:

```
pkw :: pkw (const pkw& p) : landfahrzeug (p)
{
  ...
};
```

Man erhält folgende Konstruktor-Aufruffolge:

```
landfahrzeug (const landfahrzeug& );
pkw (const pkw& );
```

9.5 Virtuelle Funktionen

Will man mit abgeleiteten Klassen mehr anfangen, als sie nur als bequeme Kurzform bei der Deklaration zu nutzen, muß folgendes geklärt werden:

Angenommen, es existiert eine Liste von Klassenobjekten, von denen einige auch abgeleitete Klassen sein können und weiterhin ein Zeiger *basis** auf eine Basisklasse *basis*. Zu welcher abgeleiteten Klasse gehört das Objekt, auf welches der Zeiger verweist, wirklich?

Folgende Abbildung soll das Problem veranschaulichen:

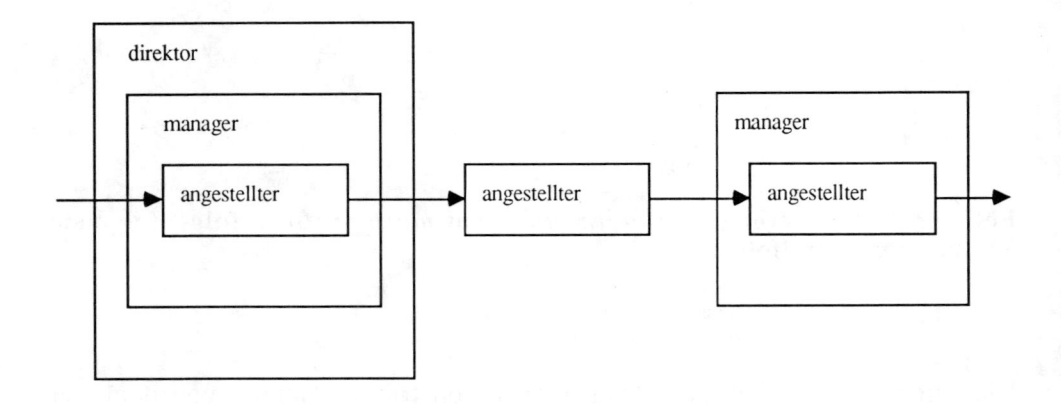

```
┌─────────────────────────┐
│ direktor                │
│   ┌─────────────────┐   │        ┌─────────────────┐
│   │ manager         │   │        │ manager         │
│   │   ┌──────────┐  │   │        │   ┌──────────┐  │
│──▶│   │angestellter│ │   │──────▶│   │angestellter│ │──────▶
│   │   └──────────┘  │   │        │   └──────────┘  │
│   └─────────────────┘   │        └─────────────────┘
└─────────────────────────┘
```

Angenommen wir haben eine Liste von Klassenobjekten der obigen Art, d.h. eine Basisklasse *angestellter*, eine Klasse *manager* abgeleitet von *angestellter* und eine Klasse *direktor* wiederum abgeleitet von *manager*.

Alle Objekte sind in einer Liste zusammengebunden. Die Frage ist, wenn wir einen Zeiger vom Typ *angestellter** haben und mit diesem durch die Liste laufen, zu welcher Klasse dann das Objekt gehört, auf das *angestellter** zu einem bestimmten Zeitpunkt verweist. Anders ausgedrückt: Wie soll man erkennen, ob es sich bei dem Objekt um *angestellter*, *manager* oder *direktor* handelt?

Es gibt drei verschiedenartige Lösungswege:

1) Sicherstellen, daß nur auf Objekte eines einzigen Typs verwiesen wird,

2) Plazieren eines Typfelds in der Basisklasse, auf welches Funktionen, die Klassenobjekte verwenden, zugreifen,

3) Verwendung von virtuellen Funktionen.

Lösung 1 wird üblicherweise bei Mengen, Vektoren und Listen verwendet. In diesem Fall wird die Erzeugung homogener Listen bewirkt, also Listen von

9.5 Virtuelle Funktionen

Objekten desselben Typs. Die Lösungen 2 und 3 können verwendet werden, um heterogene Listen zu schaffen, also Listen von (Zeigern auf) Objekte(n) unterschiedlicher Typen.

Um Lösungsweg 2 zu untersuchen, können wir zunächst das *manager/angestellter*-Beispiel umdefinieren zu:

```
enum angestellter_typ {M, A};

class angestellter
{
  public:
    angestellter_typ   ang_typ;
    angestellter       *nachfolger;
    char*              name;
    short              abteilung;
    short              gehalt;
};

class manager : public angestellter
{
  public:
    angestellter       *gruppe;
    int                ebene;
    ...
};
```

Mit Hilfe dieser Definition läßt sich nun eine Funktion schreiben, die Informationen über einen Angestellten ausdruckt:

```
void drucke_daten (angestellter *ang);
{
    switch (ang->ang_typ)
    {
        case A :
            cout  <<  ang->name       <<  "\t"
                  <<  ang->abteilung  <<  "\t"
                  <<  ang->gehalt     <<  "\n";
            break;

        case M :
            cout  <<  ang->name       <<  "\t"
                  <<  ang->abteilung  <<  "\t"
                  <<  ang->gehalt     <<  "\n";

            manager *man = (manager*) ang;
            // explizite Typkonvertierung!

            cout  <<  "ebene: " <<  man->ebene  <<  "\n";
            break;
    }
}
```

Diese Funktion können wir benutzen, um eine Liste von Angestellten zu drucken:

```
void drucke (angestellter* hilfe)
{
   for (; hilfe; hilfe = hilfe->nachfolger)
     drucke_daten (hilfe);
}
```

Dies funktioniert zwar gut, besonders in kleinen Programmen, die von einer einzigen Person geschrieben sind. Der Compiler kann eine Typüberprüfung im voraus allerdings nicht durchführen, so daß diese Methode leicht zu Fehlern führen kann. Deshalb gibt es als dritten Lösungsweg die virtuellen Funktionen, auf die wir im folgenden eingehen werden.

Virtuelle Funktionen gestatten es, Funktionen in einer Basisklasse zu definieren, die aber in jeder abgeleiteten Klasse umdefiniert werden dürfen. Der Compiler und der Lader garantieren den korrekten Zusammenhang zwischen Objekten und auf diesen angewandte Funktionen.

```
class angestellter
{
  public:
    angestellter   *nachfolger;
    char*          name;
    short          abteilung;
    ...
    virtual void   ausgabe( );
};
```

Das Schlüsselwort **virtual** zeigt an, daß die Funktion *ausgabe* verschiedene Versionen in verschiedenen abgeleiteten Klassen haben **kann** und daß es die Aufgabe des Compilers ist, nun die richtige Funktion für jeden Aufruf von *ausgabe* zu finden. Eine virtuelle Funktion ist im Prinzip eine spezielle Memberfunktion, die durch einen Zeiger/eine Referenz auf eine öffentliche Basisklasse aufgerufen wird; die richtige virtuelle Funktion wird dann dynamisch zur Laufzeit hinzugebunden. Die richtige Funktion wird dabei bestimmt durch den Klassentyp, auf den der Zeiger/die Referenz verweist. Komplizierte *switch*- oder *if-else*-Anweisungen zur Bestimmung des Klassentyps durch den Programmierer werden durch die Verwendung von virtuellen Funktionen unnötig und verbessern somit die Wartbarkeit von Programmen enorm.

Der Ergebnistyp der Funktion muß in der Basisklasse deklariert sein (hier *void*) und darf in abgeleiteten Klassen nicht umdeklariert werden. Eine virtuelle Funktion muß für die Klasse definiert werden, in der sie zuerst deklariert wurde, wobei das Schlüsselwort *virtual* in den abgeleiteten Klassen nicht noch einmal verwendet werden muß. Der Name, der Returntyp und die Signatur müssen allerdings exakt übereinstimmen.

9.5 Virtuelle Funktionen

```
void angestellter :: ausgabe( )
{
  cout << name << "\t" << abteilung << "\n";
}
```

Diese Vorgehensweise bewirkt, daß die virtuelle Funktion auch dann verwendet werden kann, wenn keine abgeleiteten Klassen existieren. Abgeleitete Klassen, die keine spezielle Version der virtuellen Funktion benötigen, brauchen keine Version anzubieten.

```
class manager : public angestellter
{
  public:
    angestellter   *gruppe;
    short          ebene;
    ...
    void           ausgabe( );
};

void manager :: ausgabe( )
{
  angestellter :: ausgabe( );
  cout << "\t ebene: " << ebene << "\n";
}
```

Die Funktion *drucke_daten* (weiter oben) ist nun unnötig; das Ausdrucken einer Liste von Angestellten kann so erfolgen:

```
void drucke_alles (angestellter *hilfe)
{
  for (; hilfe; hilfe = hilfe->nachfolger)
    hilfe->ausgabe( );
}
```

Jeder Angestellte wird nun entsprechend seines Typs ausgedruckt. Zum Beispiel würde folgende Anweisungsfolge

```
main( )
{
  angestellter ang1;
  ang1.name       = "W. Schulz";
  ang1.abteilung  = 51;
  ang1.nachfolger = 0;

  manager man1;
  man1.name       = "R. Maier";
  man1.abteilung  = 5;
  man1.ebene      = 2;
  man1.nachfolger = &ang1;

  drucke_alles (&man1);
}
```

folgendes produzieren :

```
          R. Maier    5
                      ebene: 2
          W. Schulz   51
```

Hinweis:
In C++ Version 1.2 durfte das Schlüsselwort *virtual* nur genau einmal vorkommen. An anderer Stelle durfte es für die deklarierte/definierte Funktion nicht noch einmal verwendet werden.

Merke:
Nur Member-Funktionen in Klassen dürfen als virtuell gekennzeichnet werden.

In der obersten Basisklasse definierte virtuelle Funktionen werden häufig nie benutzt, weil sie dort keinen Sinn machen. Der Designer kann dies kenntlich machen, indem er hier die Funktion explizit auf den Wert 0 setzt:

```
          virtual void ausgabe ( ) = 0;
```

Eine solche Funktion wird als **pure virtuelle Funktion** bezeichnet und hat den Wert "undefiniert". Es ist verboten, Objekte von Klassen zu definieren, die pure virtuelle Funktionen beinhalten; die Ableitung von Klassen ist jedoch erlaubt. Typisches Anwendungsbeispiel sind daher abstrakte Super- und Basisklassen.

Die Klasse, die zuerst eine Funktion als virtuell deklariert, muß sie entweder als pur kennzeichnen oder eine Definition beinhalten. Wird sie als pur deklariert, **muß** die abgeleitete Klasse eine eigene Instanz der virtuellen Funktion definieren oder sie auch als pur kennzeichnen.

Die Redefinition einer virtuellen Funktion (mit oder ohne dem Schlüsselwort *virtual*) in abgeleiteten Klassen muß exakt in dem Namen, der Signatur und dem Returntyp übereinstimmen. Nicht jede Klasse in der Ableitungshierarchie muß eine eigene Instanz definieren; die Kette darf auch unterbrochen sein.

Die Instanzen der virtuellen Funktion dürfen in unterschiedlichen Klassen der Hierarchie unterschiedliche Zugriffsrechte haben. Der aktuelle Zugriffsschutz wird bestimmt durch das Zugriffsrecht des Klassentyps, auf den der aktuelle Zeiger/die Referenz verweist.

9.6 Virtuelle Destruktoren

Kehren wir zurück zu unserem *manager/angestellter*-Beispiel und erinnern uns an folgende Liste von Klassenobjekten:

```
manager         man1, man2;
angestellter    ang1, ang2;
angestellter    *ang_list;

ang_list         = &man1
man1.nachfolger  = &ang1;
ang1.nachfolger  = &man2;
man2.nachfolger  = &ang2;
ang2.nachfolger  = 0;    /* setze Ende der Liste auf
                            NULL */
```

Nehmen wir an, wir hätten die Objekte in den Konstruktoren mittels *new* erzeugt und wollten mittels folgender Anweisung alle Objekte wieder löschen:

```
for ( angestellter *p = ang_list->nachfolger;
      p;
      ang_list = p, p = p->nachfolger )
   delete ang_list;
```

Leider wird diese Vorgehensweise nicht funktionieren. Das explizite Löschen von *ang_list* bewirkt, daß der Destruktor von *angestellter* auf das Objekt angewendet wird, auf das *ang_list* aktuell verweist; dies kann aber auch ein *manager*-Objekt sein, welches einen anderen Destruktor besitzt, der aber nicht aufgerufen wird.

Dies ist ein generelles Problem bei der Verwendung heterogener Listen von Klassenobjekten: der Destruktor des aktuellen Klassentyps muß irgendwie aufgerufen werden können. Der Versuch, dies explizit zu tun, führt aber wieder zu den bereits genannten Nachteilen eines nicht-objektorientierten Programmierstils (so etwa die Verwendung von komplizierten und schlecht wartbaren *switch*- oder *if-else*-Konstrukten).

Den Ausweg aus dieser Situation bieten die sogenannten **virtuellen Destruktoren**. Obwohl Destruktoren verschiedener Klassen keinen gemeinsamen Namen haben, können sie als virtuell deklariert werden. Der Destruktor einer Klasse, welche von einer Basisklasse abgeleitet ist, die ihren Destruktor als virtuell kennzeichnet, ist ebenfalls automatisch virtuell. Wenn also *angestellter* seinen Destruktor als virtuell definiert, so ist auch automatisch der Destruktor von *manager* virtuell:

```
class angestellter
{
    ...
    virtual ~angestellter( )
    { ... }
};
```

Nun ist obige *for*-Schleife zum Löschen aller Klassenobjekte mittels *delete* korrekt. Denn die Spezifikation eines Destruktors in einer Ableitungshierarchie als virtuell sichert, daß der richtige Destruktor zur Laufzeit aufgerufen wird, falls *delete* auf einen Basisklassenzeiger angewendet wird. Als generelle Daumenregel sollte der Destruktor einer abstrakten Klasse immer als virtuell spezifiziert werden.

9.7 Virtuelle Basisklassen

Auch wenn eine Basisklasse nur einmal in einer Initialisierungsliste auftauchen darf, kann sie trotzdem mehrfach in einer Ableitungshierarchie auftreten. Das Problem tritt eigentlich fast immer auf, wenn man mehrfache Vererbung betreibt:

```
class fahrzeug                              { ... };
class landfahrzeug       : public fahrzeug  { ... };
class wasserfahrzeug     : public fahrzeug  { ... };
class amphibienfahrzeug  : public landfahrzeug,
                           public wasserfahrzeug
{ ... };
```

amphibienfahrzeug bekommt einen Basisklassenteil (von *fahrzeug*) sowohl von *landfahrzeug* als auch von *wasserfahrzeug*. Die Deklaration eines Klassenobjekts von *amphibienfahrzeug* bewirkt daher die folgende Reihenfolge von aufgerufenen Konstruktoren:

```
fahrzeug            ( );
landfahrzeug        ( );
fahrzeug            ( );
wasserfahrzeug      ( );
amphibienfahrzeug   ( );
```

Jedes Objekt vom Typ *amphibienfahrzeug* besitzt somit zwei (Super-)Basisklassenteile von *fahrzeug*. Folgende Abbildung verdeutlicht diese Struktur:

9.7 Virtuelle Basisklassen

```
    ┌──────────┐                    ┌──────────┐
    │ fahrzeug │                    │ fahrzeug │
    │          │                    │          │
    └────┬─────┘                    └────┬─────┘
         │                               │
         ▼                               ▼
    ┌──────────┐                    ┌──────────┐
    │  land-   │                    │ wasser-  │
    │ fahrzeug │                    │ fahrzeug │
    └────┬─────┘                    └────┬─────┘
         │                               │
         └──────────┐         ┌──────────┘
                    ▼         ▼
                  ┌────────────┐
                  │ amphibien- │
                  │  fahrzeug  │
                  └────────────┘
```

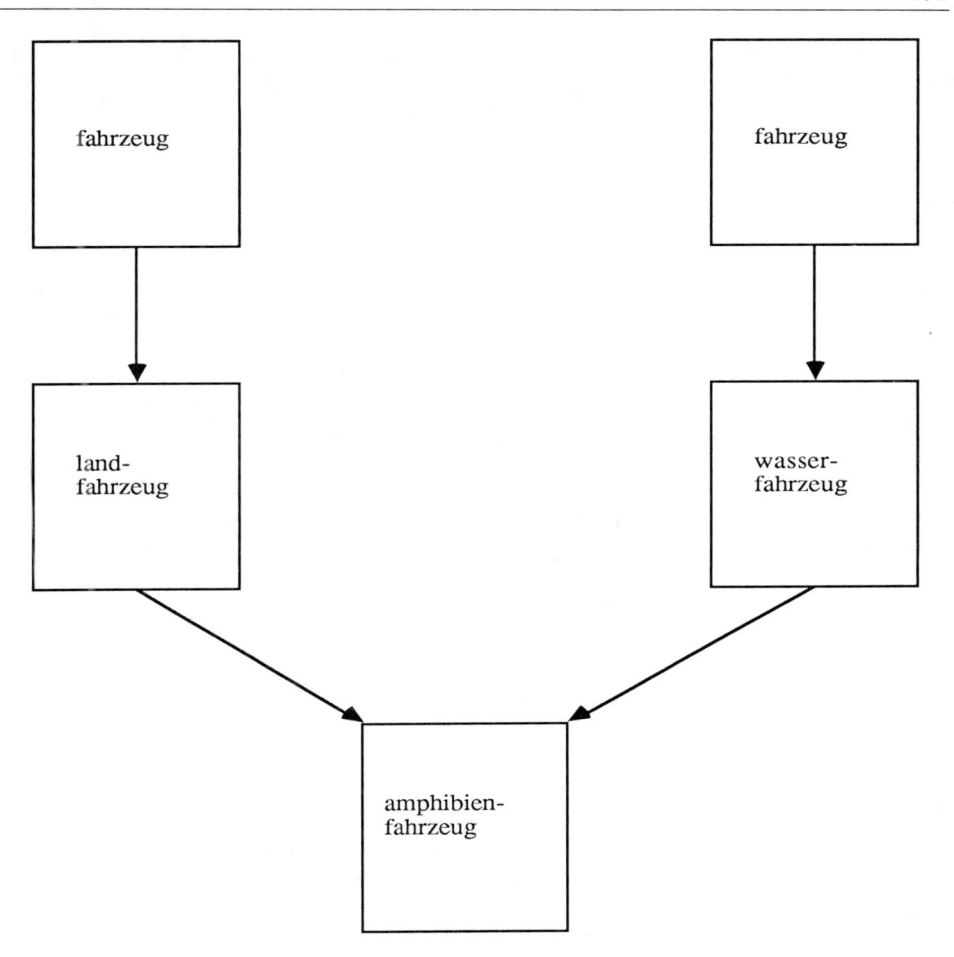

Eine solche mehrfache Vererbung mag zwar manchmal erwünscht sein, in diesem Fall führt sie aber zu einer großen Anzahl von Problemen:

1) Es wird unerwünschte Mehrdeutigkeit kreiert: Wenn Member des Teils von *fahrzeug* referenziert werden, welcher (von zwei möglichen Teilen) ist dann gemeint?

2) Um die Mehrdeutigkeit aufzulösen, muß dies vom Anwender geschehen. Dieser muß aber die Details der mehrfachen Ableitung genau kennen.

3) Der zusätzliche notwendige Speicherplatz ist überflüssig.

Um diesen impliziten Vererbungsmechanismus zu umgehen, ist ein Konzept notwendig, welches gemeinsame Basisklassenteile in einer Ableitungshierarchie spezifizieren kann, so daß folgende Struktur erreicht wird:

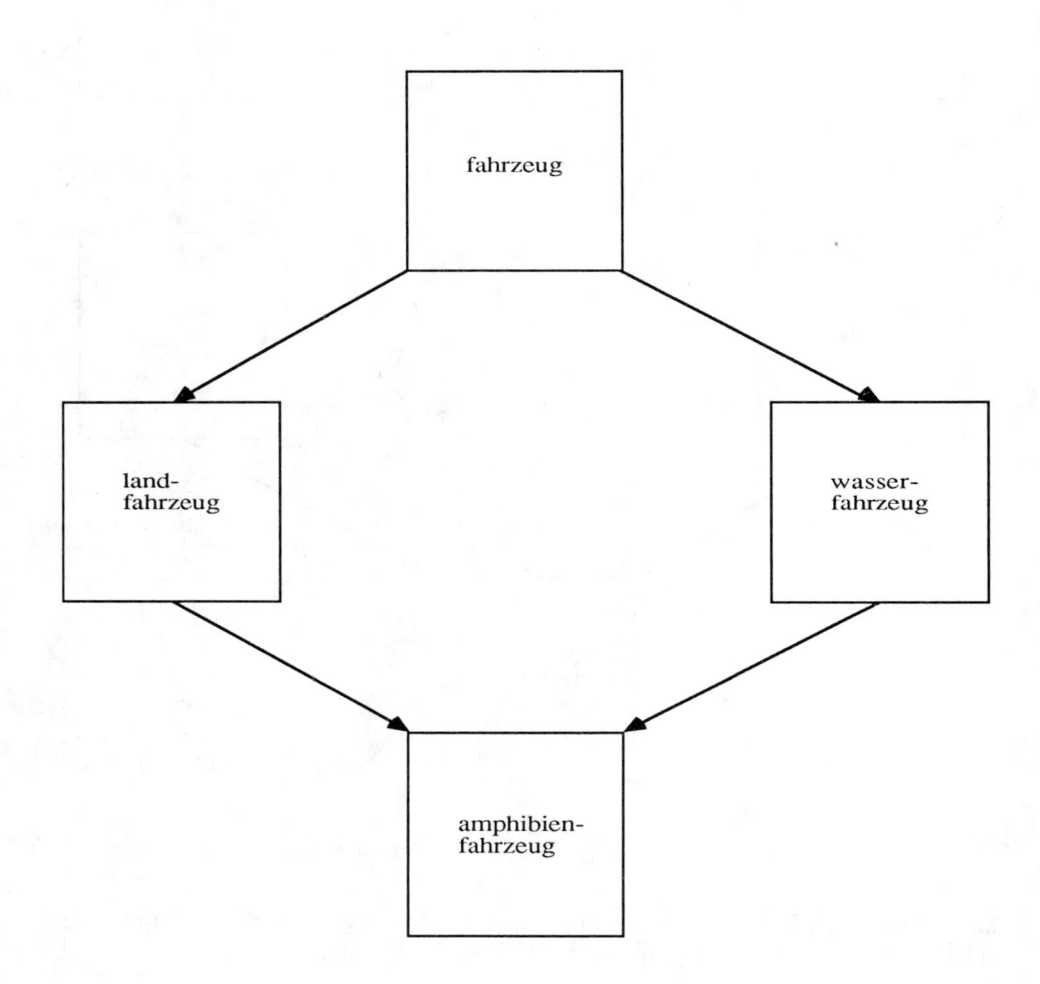

```
                    fahrzeug
                   /        \
                  /          \
          land-              wasser-
          fahrzeug           fahrzeug
                  \          /
                   \        /
                   amphibien-
                   fahrzeug
```

Ein solches Konzept sind die sogenannten **virtuellen Basisklassen**. Unabhängig davon, wie oft eine virtuelle Basisklase in der gesamten Ableitungshierarchie auftaucht, wird nur eine Instanz generiert. Der Zugriff auf Member ist damit nicht mehr mehrdeutig. Eine virtuelle Basisklasse wird - wie bereits üblich - mittels des Schlüsselwortes virtual spezifiziert:

9.7 Virtuelle Basisklassen

```
class landfahrzeug     : public virtual fahrzeug
{ ... };

class wasserfahrzeug   : virtual private fahrzeug
{ ... };
```

fahrzeug wird durch diese Definitionen zur virtuellen Basisklasse von *landfahrzeug* und *wasserfahrzeug*. Die Stellung der Schlüsselwörter *public/private* und *virtual* ist dabei untereinander beliebig.

Eine als virtuell deklarierte Basisklasse **muß** (falls sie überhaupt Konstruktoren definiert) entweder einen Konstruktor ohne Argumente oder einen Konstruktor mit Default-Argumenten spezifizieren. Dies ist jedoch die einzige notwendige Änderung, will man eine Klasse zu einer virtuellen Basisklasse machen.

Normalerweise können Basisklassen nur in der Initialisierungsliste der direkt abgeleiteten Klasse initialisiert werden. So kann *amphibienfahrzeug* die Klasse *fahrzeug* in seiner Initialisierungsliste nicht nennen. Virtuelle Basisklassen sind hiervon jedoch ausgenommen. Der Grund ist der, daß *amphibienfahrzeug* einen einzigen Basisklassenteil von *fahrzeug* besitzt, der zwischen *landfahrzeug* und *wasserfahrzeug* geteilt wird. Sowohl *land-* als auch *wasserfahrzeug* initialisieren aber *fahrzeug*; die Instanz von *amphibienfahrzeug* kann aber nicht zweimal initialisiert werden. Eine virtuelle Basisklasse wird daher durch die "am weitesten abgeleitete" Basisklasse initialisiert. Dazwischenliegende Initialisierungen werden nicht angewendet. *amphibienfahrzeug* ist "weiter abgeleitet" als *land-* und *wasserfahrzeug* und kann somit *fahrzeug* explizit in der Initialisierungsliste seines Konstruktors initialisieren. Sollte dieser Konstruktor *fahrzeug* nicht explizit initialisieren, wird der Default-Konstruktor von *fahrzeug* ausgewählt (deshalb muß mindestens ein Konstruktor ohne Parameter existieren). Die Konstruktoraufrufe von *fahrzeug* in *land-* und *wasserfahrzeug* werden nicht ausgeführt, wenn ein Klassenobjekt vom Typ *amphibienfahrzeug* kreiert wird.

Der eigentliche Unterschied zwischen einer nicht-virtuellen und einer virtuellen Basisklassenableitung kann beim Lesen eines Programms nicht festgestellt werden. Der Unterschied liegt in der Art und Weise des Anlegens von Speicherplatz. In einer nicht-virtuellen Ableitung besitzt jedes abgeleitete Klassenobjekt einen kontinuierlichen Speicherbereich des Basisklassenteil und des Teils der abgeleiteten Klasse. Bei einer virtuellen Ableitung besitzt jedes abgeleitete Klassenobjekt einen Teil der abgeleiteten Klasse und einen **Zeiger** auf den virtuellen Basisklassenteil.

Die Zugriffsrechte bzgl. öffentlicher und privater Ableitungen sind die gleichen wie bei nicht-virtuellen Implementationen. Für den Fall (siehe oben), daß z.B. *amphibienfahrzeug* sowohl eine öffentliche als auch eine private Instanz der virtuellen Basisklasse beeinhaltet, bekommt der öffentliche Teil per Default den Vorrang.

Virtuelle Basisklassen werden vor nicht-virtuellen konstruiert, unabhängig davon, wo sie in der Ableitungsliste auftauchen. Bei mehreren virtuellen Basisklassen orientiert sich die Reihenfolge der Konstruktoren an der Reihenfolge der Deklaration.

10 OPERATOR OVERLOADING

Programme manipulieren häufig Objekte, die eine konkrete Repräsentation abstrakter Objekte darstellen. So stellt etwa der Datentyp *int* mit den Operatoren +, -, *, /, etc. eine Implementation des mathematischen Konzepts der ganzen Zahlen dar. Solche Konzepte beinhalten also typischerweise eine Menge von Operatoren, die grundlegende Operationen auf Objekten spezifizieren. Klassen sind nun selbstdefinierte, nicht-primitive Objekte und repräsentieren ebenso ein bestimmtes Konzept, für das die standardmäßig angebotenen Operatoren allerdings nicht angewendet werden können. So hatten wir bereits gesehen, daß der Test auf Gleichheit zweier Klassen mit Hilfe der Operatorsymbole == und != nicht funktioniert. Klassen aber bieten die Möglichkeit des Spezifizierens von Objekten samt einer Menge von auf diesen Objekten zulässigen Operationen mit Hilfe des **Operator Overloading**. Das Prinzip dabei ist, daß vordefinierte Operatoren, angewandt auf Klassen, per Definition eine neue Bedeutung erlangen, d.h. die gewohnten Operator-Zeichen, wie etwa +, ==, !=, etc. können mit einer spezifischen Bedeutung im Kontext von Klassen wiederverwendet werden. Einem Programmierer wird damit die Möglichkeit gegeben, eine konventionelle, gewohnte und bequeme Notation zur Manipulation von Klassenobjekten anzubieten. Das Overloaden der Operator-Zeichen geschieht dabei über die Definition

operator@ (..., ...),

wobei *operator* ein vordefiniertes Schlüsselwort und @ ein Operator-Zeichen darstellt; in Klammern werden die notwendigen Parameter angegeben, die insbesondere durch ihre Anzahl spezifizieren, ob es sich um eine binäre oder unäre Operation handelt. Zum Beispiel definiert

```
class komplexe_zahl
{
  friend komplexe_zahl
         operator+ (komplexe_zahl, komplexe_zahl);
  friend komplexe_zahl
         operator* (komplexe_zahl, komplexe_zahl);

  public :
    komplexe_zahl (double r, double i)
    {
      re = r;
      im = i;
    }
    ...
  private:
    double re, im;
};
```

eine einfache Repräsentation des Konzepts der komplexen Zahlen, bei der jede Zahl repräsentiert wird durch ein Paar von reellen Zahlen, die bei obiger Definition nur durch die Operationen + und * manipuliert werden können. Durch geeignete Definitionen der Funktionen *operator+* und *operator** bekommen die Operatoren + und * neue Bedeutungen, können aber in üblicher Weise verwendet werden:

```
komplexe_zahl operator+
                  (komplexe_zahl a1,komplexe_zahl a2)
{
   return komplexe_zahl(a1.re + a2.re,  a1.im + a2.im);
}

komplexe_zahl operator*
                  (komplexe_zahl a1, komplexe_zahl a2)
{
   return komplexe_zahl(
      (a1.re*a2.re) - (a1.im*a2.im),
      (a1.re*a2.im) + (a1.im*a2.re));
} /* Wegen der Multiplikation von (a+ib) * (c+id) ! */

void berechne( )
{
   komplexe_zahl a  = komplexe_zahl(1, 3.1);
   komplexe_zahl b  = komplexe_zahl(1.2, 2);
   komplexe_zahl c  = b;
   a = b + c;
   b = b + c * a;
   c = a * b + komplexe_zahl(1, 2);
}
```

Nach diesem einleitenden Beispiel, das uns einen ersten Eindruck über die Möglichkeiten des Operator Overloading vermittelte, wollen wir uns mit weiteren Möglichkeiten und deren syntaktischer Definition in C++ beschäftigen. Ferner werden wir auch einige Einschränkungen kennenlernen.

10.1 Möglichkeiten und Einschränkungen

Eine Operator-Funktion, wie z.B. die Funktion *operator** aus obigem Beispiel, kann sowohl als Friend-Funktion sowie auch als Member-Funktion deklariert werden. Wird sie als Friend-Funktion deklariert, so muß sie mindestens einen Parameter vom Typ der Klasse besitzen. Eine äquivalente Möglichkeit der Deklaration der *operator**-Funktion wäre also als Member-Funktion der Klasse *komplexe_zahl*.

```
komplexe_zahl operator*(komplexe_zahl);
```

10.1 Möglichkeiten und Einschränkungen

Da *operator** jetzt als Member-Funktion deklariert worden ist, muß bei der Definition dieser Funktion natürlich der Gültigkeitsbereich mittels des Scope-Operators angegeben werden.

```
komplexe_zahl komplexe_zahl::operator*(komplexe_zahl a)
{
    return komplexe_zahl( (re * a.re) - (im * a.im),
                          (re * a.im) + (im * a.re));
}
```

Diese Form der Deklaration/Definition ist äquivalent zur Deklaration/Definition der Operator-Funktion als Friend-Funktion, da bei Aufruf das Klassenobjekt als implizites Argument verwendet wird. So bewirkt der Ausdruck *a+b* den Aufruf der Funktion *operator+(a,b)*, falls *operator+* als Friend-Funktion deklariert ist, und den Aufruf der Funktion *a.operator+(b)*, falls *operator+* eine Memberfunktion ist.

Ein Overloaden von Operator-Funktionen ist möglich. Hierbei müssen sich die einzelnen Funktionen in ihren Signaturen (Parameterlisten) unterscheiden. Ferner gehorchen auch die Operator-Funktionen, wenn sie als Member-Funktionen deklariert sind, den angegebenen Zugriffsregelungen (*private/protected/public*).

Anmerkung:
In C++ Version 1.2 sind Operator-Funktionen nicht der angegebenen Zugriffsregelung unterworfen, sondern immer *public*.

Die Forderung, daß wenigstens ein Parameter der Operator-Funktion (sofern diese als Friend-Funktion deklariert ist) eine Klasse sein muß, verhindert das Umdefinieren der Operatoren vordefinierter Typen, wie z.B. die Addition durch + für Objekte vom Typ *double*. Auch das Kreieren neuer Operatoren, z.B. ** für die Exponentiation, ist unzulässig. Wie der Name "Overloading" bereits andeutet, dürfen nur vorhandene Operatoren der Sprache C++ im Kontext einer Klasse, also eines vom Programmierer neu definierten Typs, (um)definiert werden.

Im einzelnen sind dies folgende Operatoren.

+	-	*	/	%	^	&	|
~	!	,	=	<	>	<=	>=
++	--	<<	>>	==	!=	&&	||
+=	-=	/=	%=	^=	&=	|=	<<=
>>=	[ ]	( )	->	->*	new	delete	

Hinweis:
Das Overloaden der Operatoren *new, delete, ->* und des Kommaoperators (,) wird in C++ Version 1.2 nicht unterstützt.

Weitere Einschränkungen sind:

1) Die Prioritätsregelung für Operatoren (vgl. Anhang) kann nicht geändert werden. So hat beispielsweise der Operator* immer Vorrang vor dem Operator +.

2) Die Stelligkeit der Operatoren kann nicht geändert werden. So kann z.B. der binäre Operator / nicht als ternärer Operator neu definiert werden.

   Anmerkungen:
   a) Die 4 Operatoren +,-,*,& können sowohl als 1-stellige als auch als 2-stellige Operatoren definiert werden.
   b) Wird eine Operator-Funktion als Member-Funktion deklariert, so zählt das Klassenobjekt, für welches die Operator-Funktion aufgerufen wird, bereits als ein Argument. Daher gibt die obige Deklaration

   ```
   komplexe_zahl komplexe_zahl::operator*(komplexe_zahl a);
   ```

   einen binären Operator an.

3) Beim Overloaden der Operatoren -- und ++ wird <u>keine</u> Unterscheidung der Auswertungsreihenfolge zwischen Präfix- und Postfix-Notation vorgenommen. Die Semantik eines Ausdrucks wie z.B. ++a oder a++ hängt jetzt von der, vom Programmierer definierten, Operator-Funktion ab. Die Auswertung eines solchen Ausdrucks ist also nicht mehr zweigeteilt (wie bei Anwendung auf vordefinierte Typen) in Auswertung und Inkrementierung, sondern entspricht jetzt der Ausführung der Operator-Funktion. Insbesondere entspricht der Wert dieses Ausdrucks dem Ergebnis, welches die Funktion liefert.

4) Folgende Operatoren müssen immer als Member-Funktionen der entsprechenden Klasse deklariert werden:

   =   Zuweisungsoperator
   [ ]   Indexoperator
   ( )   Funktionsaufrufoperator
   ->   Zeigerzugriffsoperator

   Dies gilt auch für den Operator ->*. Mit dem Overloaden einiger dieser Operatoren werden wir uns noch eingehender beschäftigen.

5) Ein Operator, der als linken Operanden einen anderen Klassentypen angibt, darf nicht als Member-Funktion deklariert werden, sondern muß als Friend-Funktion angegeben werden. Dies ist z.B. beim Overloaden des

10.1 Möglichkeiten und Einschränkungen

<<-Operators der Klasse *ostream* notwendig (vgl. Kapitel 11.1).

```
class komplexe_zahl
{ friend ostream&
              operator<<(ostream& os, komplexe_zahl a);
  ...
};
```

Im folgenden werden wir das Overloaden spezieller Operatoren betrachten.

10.1.1 Operator [ ]

In Kapitel 8.6 wurde eine Klasse *vektor* definiert und der Zugriff auf die einzelnen Komponenten durch eine Funktion *pruefe* realisiert. Um auf Elemente der Klasse *vektor* in gewohnter Vektorschreibweise zugreifen zu können, wird der Indexoperator *[ ]* overloaded.

```
class vektor
{
  public:
     float& operator[ ] (int i);
  private:
     float vek[4];
};

inline float& vektor::operator[ ] (int i)
                        // Rumpf wie Funktion pruefe
{
  if ((0 <= i) && (i <= 3)) return (float&) vek[i];
  else
  {
     cerr     << "Index ist nicht im vorgesehenen "
              << "Bereich\n";
     exit(1);
  }
}
```

Beim Overloaden des Indexoperators bzw. genauer der Indexoperatoren für die Klasse *matrix* stoßen wir allerdings auf Probleme, da ein Overloaden der "Operatorkombination" [ ][ ], z.B. bei m[i][j], nicht direkt möglich ist. Um auch den Zugriff auf Objekte der Matrix-Klasse wie gewohnt angeben zu können, müssen wir die Klassendefinition anders gestalten.

```
class matrix
{
  public:
     vektor& operator[ ] (int erster_index);
                        // arbeitet analog zur Funktion
                        // pruefe, vgl. Kap. 8.6
```

```
        private:
            vektor mat[4];   // Vektor bestehend aus 4
                             // Elementen der Klasse vektor
    };
```

Damit ist folgendes erlaubt

```
        matrix m;
        m[1][3] = 5;
```

Die Angabe von *m[1][3]* bewirkt jetzt den Aufruf der Operator-Funktion der Klasse *matrix* durch *m.operator[ ](1)*. Dieser Funktionsaufruf liefert bei Einhaltung der Indexgrenzen als Ergebnis ein Objekt vom Typ *vektor&*. Mit diesem Ergebnis wird dann die Operator-Funktion der Klasse *vektor* aufgerufen. Also insgesamt erfolgt der Aufruf von *(m.operator[ ](1)).operator[ ](3)*.

10.1.2 Operator ( )

Der Funktionsaufrufoperator wird i.a. overloaded, um eine Iterationsfunktion durchzuführen, die systematisch die einzelnen Elemente einer Klasse durchläuft. So können wir z.B. für die Klasse *menge* eine Iterationsfunktion definieren, die uns für jeden Aufruf ein anderes Element des angegebenen Mengenobjektes liefert bzw. einen vordefinierten Wert, der uns anzeigt, daß alle Elemente bereits aufgesucht wurden. Also z.B.:

```
        class menge        // hier Menge von Integerzahlen > 0
        {
          public:
            int operator( ) ( );        // Deklaration;
                             // Die Funktion soll hier den Wert 0
                             // liefern, falls alle Elemente
                             // aufgesucht wurden
            ...
          private:
            ...              // Mengenrepräsentation
        };
```

Eine typische Anwendung ist jetzt

```
        menge nr;
        ...     // Hinzufügen von Integer-Elemente, z.B. durch
                // interaktive Kommunikation mit dem Anwender
        int i;
        while (i = nr( ) )
                // Bearbeitung der Elemente in nr
        ...     // Benutzung der Variablen i
```

Welche Wirkung der Aufruf von *nr( )* konkret hat, hängt natürlich von der

10.1 Möglichkeiten und Einschränkungen

Implementierung der Funktion *operator( )* ab. So kann z.B. ein erneuter Aufruf von *nr( )* nach Abarbeitung aller Elemente wieder das "erste" Element der Menge liefern.

10.1.3 Operator =

Wird einem Klassenobjekt ein anderes Klassenobjekt zugewiesen, so wird ein memberweises Kopieren durchgeführt, ähnlich dem memberweisen Initialisieren (vgl. Kapitel 8.4.2). Sind z.B. Zeiger Member der Klasse, kann dies unerwünscht sein, da nach der Zuweisung die Zeiger in den Klassen auf den gleichen Speicherbereich verweisen.

Anmerkung:
In C++ Version 1.2 wird die Zuweisung durch bitweises Kopieren bewerkstelligt.

Ähnlich wie die memberweise Initialisierung wird auch die memberweise Zuweisung vom Compiler so gehandhabt, daß implizit eine Funktion vom Typ **X& X :: operator=(const X&)** definiert wird, wobei die Definition dieser Funktion nur die memberweise Zuweisung enthält. Für unsere Klasse *landfahrzeug* sieht dies z.B. so aus

```
landfahrzeug&
    landfahrzeug :: operator=(const landfahrzeug& ld)
{
  anz_insassen  =   ld.anz_insassen;
  leergewicht   =   ld.leergewicht;
  zuladung      =   ld.zuladung;
  return ld;  // Rueckgabe der Referenz, damit auch
              // Zuweisungsfolgen der Art a = b = c
              // moeglich sind.
}
```

Durch Overloaden des Operators = läßt sich nun erreichen, daß bei einer Zuweisung nicht mehr die vom Compiler implizit definierte Funktion aufgerufen wird, sondern die vom Programmierer spezifizierte Funktion. Die Funktion wird bei jeder **Zuweisung** aufgerufen, nicht aber bei der Initialisierung (vgl. Kapitel 8.4.2)!!

```
landfahrzeug fhd = fahrrad;        // Initialisierung


landfahrzeug fhd;
fhd = fahrrad;                     // Zuweisung
```

Hinweis:
Man beachte, daß das Overloaden des Zuweisungsoperators voraussetzt, daß die neu definierte Operator-Funktion vom Typ *X& X::operator=(const X&)* ist.

10.1.4 Operator ->

Der Zeigerzugriffsoperator -> darf nur auf ein Klassenobjekt oder auf eine Referenz der Klasse angewendet werden. Will man den Operator -> overloaden, so muß das Ergebnis der Operator-Funktion ein Zeiger auf ein Klassenobjekt oder ein Klassenobjekt sein, für welches der Operator -> definiert ist. Zum Beispiel:

```
class string
{
  public:
    lies_laenge( )
    {
      return laenge;
    }
    ...
  private:
    int    laenge;
    char  *str;
};

class string_operation
{
  public:
    string *operator->( );
    ...
  private:
    string *s;
};

string *string_operation :: operator->( )
{
  if (!s)     ...    // initialisiere string-Objekt
  return s;
}

string_operation      a;
string_operation&     b = a;
string_operation*     c = &a;
...
int i;
i = a->lies_laenge( );
              // entspricht a.s->lies_laenge( )
i = b->lies_laenge( );
              // entspricht b.s->lies_laenge( )
i = c->lies_laenge( );
              // Fehler
```

In der letzten Zuweisung wird der Zeigerzugriffsoperator weder auf ein Klassenobjekt noch auf eine Referenz eines Klassenobjektes angewendet, sondern auf einen Zeiger auf ein Klassenobjekt (hier *c*). In diesem Fall ist der Compiler nicht in der Lage, zwischen dem vordefinierten Zugriff, der für jeden Zeiger definiert ist, und der Operator-Funktion -> zu unterscheiden.

10.1.5 Operatoren *new* und *delete*

In der C++ Version 1.2 wird das Overloaden der Operatoren *new* und *delete* zur expliziten Freispeicherverwaltung noch nicht unterstützt. Erst ab Version 2.0 ist es möglich, daß eine Klasse durch Overloaden der Operatoren *new* und *delete* ihre eigene Freispeicherverwaltung realisiert.

Hierbei muß folgendes beachtet werden. Der erste Parameter der Operator-Funktion *new* muß vom Typ *long* sein, und das Ergebnis der Funktion muß vom Typ *void** sein. Der Parameter vom Typ *long* wird automatisch vom Compiler mit der Größe der Klasse in Bytes belegt. Beim *delete*-Operator muß der erste Parameter vom Typ *void** sein, und es darf ein zweiter Parameter vom Typ *long* spezifiziert werden, welcher implizit mit der Größe des ersten Argumentes belegt wird. Eine Beschränkung für den Return-Typ der Operator-Funktion *delete* existiert nicht; in der Praxis wird allerdings häufig der Ergebnistyp *void* verwendet. D.h. also im wesentlichen ist folgendes erlaubt:

```
void* <Klassenname>::
        operator new(long <,optionale weitere Parameter>);
<Typ> <Klassenname>::
        operator delete(void* <,optionaler Parameter vom Typ
                                                         long>);
```

Eine typische Anwendung für das Overloaden der Operatoren *new* und *delete* ist die Realisierung einer eigenen Freispeicherverwaltung für Listenoperationen, um freigegebene Listenelemente in einer Freispeicherliste einzufügen und bei Bedarf wieder entnehmen zu können. Hierdurch kann es teilweise zu erheblichen Laufzeiteinsparungen kommen, da die Anzahl der Aufrufe von Systemfunktionen zur Speicheranforderung und -freigabe verringert wird.

```
void *liste :: operator new (long groesse)
{ /* Ist die (eigene) Freispeicherliste leer, so
     fordere neuen Speicherplatz durch Aufruf des
     vordefinierten new-Operators an und übergib
     einen Verweis auf dieses Objekt; andernfalls gib
     einen Verweis auf ein Element der Freispeicher-
     liste zurück und entferne dieses Element aus der
     Freispeicherliste.
  */
  ...
}

void liste :: operator delete(void *p)
{
  /* Sortiere freigegebenes Listenelement in die
     Freispeicherliste ein.
  */
  ...
}
```

Durch Overloaden des *new*-Operators lassen sich allerdings nur Klassenobjekte dynamisch generieren und nicht Vektoren von Klassen.

```
liste *li = new liste;
    // Aufruf der Operator-Funktion new der Klasse liste

liste *liv = new liste[100];
    // Aufruf der vordefinierten Operator-Funktion ::new
```

Durch Angabe des Scope-Operators kann auch der vordefinierte *new*-Operator benutzt werden.

```
liste *li = ::new liste;
```

Analoges gilt für *delete*.

new und *delete* sind statische Member-Funktionen und besitzen somit z.B. keinen *this*-Zeiger (vgl. Kapitel 8.2.2).

10.2 Selbstdefinierte Typkonvertierung

Betrachten wir rückblickend unser Beispiel vom Beginn des Kapitels 10. Durch das Operator Overloading ist es uns ermöglicht worden, die Addition zweier komplexer Zahlen genauso zu behandeln wie die Addition vordefinierter Typen.

```
komplexe_zahl   a(1, 2), b(3, 6);
komplexe_zahl   c = a + b;
```

Der Versuch, *a + 2* auszuführen, wenn *a* eine komplexe Zahl ist und *2* ein Integer-Wert, ist (vorsichtig ausgedrückt) gefährlich, falls kein adäquates Operator-Overloading definiert wurde. Dies wird offensichtlich, wenn man bedenkt, daß der Compiler natürlich nicht automatisch eine Typkonvertierung der 2 in Richtung des selbstdefinierten Typs der komplexen Zahlen vornehmen kann. Implizite Typkonvertierung ist in C++ nur für vordefinierte, standardmäßig vorhandene Typen möglich. Eine explizite Typkonvertierung ist jedoch auch für selbstdefinierte Typen möglich.

Anwendungen der folgenden Art könnten in manchen Situation sinnvoll sein, sind jedoch in C++ ohne weiteres nicht möglich:

```
komplexe_zahl a = komplexe_zahl(1.0, 3.1);
komplexe_zahl b = a + 2;
```

10.2 Selbstdefinierte Typkonvertierung

Ideal wäre hier eine automatische Konvertierung der Integerzahl *2*, was aus den genannten Gründen jedoch nicht funktionieren kann. Eine einfache und elegante Weise, dieses Problem zu umgehen, ist die geschickte Ausnutzung der Möglichkeit, bei einer Klassendefinition mehrere Konstruktoren angeben zu können. Dadurch ist es dann leicht möglich, sich eine Typkonversion selbst zu definieren:

```
class komplexe_zahl
{
  public :
  komplexe_zahl (double r, double i)
  {
    re = r;
    im = i;
  }

  komplexe_zahl(int i)
  {
    re = i;
    im = 0;
  }

  private:
    double re, im;
};
```

Durch diese zweite Konstruktordefinition ist folgendes möglich:

```
komplexe_zahl a = komplexe_zahl(1.0, 3.1);
komplexe_zahl b = a + komplexe_zahl(2);
     // ebenso erlaubt:  komplexe_zahl b = a + 2;
```

komplexe_zahl(2) bewirkt hier, daß ein Objekt der Klasse *komplexe_zahl* gemäß der zweiten Konstruktordefinition erzeugt wird. Wenn der Operator + für die Addition zweier komplexer Zahlen definiert ist, ist obige Anweisung völlig korrekt. Weiteres Beispiel:

```
extern f(komplexe_zahl);
int     i;
...
f(i);    // i wird in eine komplexe Zahl konvertiert
```

Hierbei ist allerdings zu beachten, daß ein temporäre Variable vom Typ *komplexe_zahl* erzeugt wird, welche der Funktion *f* als Argument übergeben wird. Nach Abarbeitung der Funktion existiert diese temporäre Variable nicht mehr.

Zusätzlich kann auch eine Standardkonvertierung mit der vom Programmierer definierten Konvertierung einhergehen.

```
double d;
f(d);
    // implizite Konvertierungen: double -> int ->
    // komplexe-zahl, wobei die Konvertierung von
    // double nach int die Standardkonvertierung ist.
```

Allerdings wird die selbstdefinierte Typkonvertierung nur dann durchgeführt, wenn keine andere Konvertierung möglich ist.

```
f(komplexe_zahl);
f(double);          // Funktionsoverloading
int i;
...
f(i);               // Standardkonvertierung möglich, also
                    // Aufruf von f(double).
```

Mit der Benutzung spezieller Konstruktoren sind wir also in der Lage, eine Typkonvertierung hin zum Typ der Klasse vornehmen zu können. Wie sieht es dagegen mit der anderen Richtung aus? D.h. wie können wir eine Konvertierung einer komplexen Zahl z.B. zu einer Integerzahl vornehmen (auch wenn dies vom praktischen Standpunkt aus als irrelevant für komplexe Zahlen anzusehen ist)?

Auch hier hilft uns das Operator Overloading weiter, indem die Operatoren zur Konvertierung overloaded werden. Weitergehend als beim eigentlichen Operator Overloading, wo nur zum Sprachumfang gehörende vordefinierte Operatoren overloaded werden dürfen, ist es jetzt sogar erlaubt, Konvertierungsoperatoren für selbstdefinierte Typen zu spezifizieren. Ein Konvertierungsoperator hat somit die allgemeine Form

operator   <Typ>   ( );

Anmerkung:
Als Typen sind Vektoren und Funktionen nicht zugelassen.

Wesentlich dabei ist, daß diese Operator-Funktion keinen Ergebnistypen angeben darf (Ergebnistyp ist der Name des Operators) und die Parameterliste leer sein muß. Ferner muß der Konvertierungsoperator eine Memberfunktion sein.

```
class komplexe_zahl
{
  public:
    operator int( )
    {
      return re;
      // Standardkonvertierung von double nach int bei
      // Ergebnisrückgabe
    }
    ...
};
```

10.2 Selbstdefinierte Typkonvertierung

Das Ergebnis des Konvertierungsoperators ist vom Typ *int*, und die *double*-Variable *re* wird somit implizit durch eine Standardkonvertierung nach *int* konvertiert.

Die Konvertierung kann auch direkt vom Programmierer angegeben werden.

```
komplexe_zahl a   =   komplexe_zahl(1, 3);
int i             =   int(a);
int j             =   (int) a;
```

wodurch jeweils der o.g. Konvertierungsoperator aufgerufen wird. Eine implizite Konvertierung erfolgt z.B. durch

```
extern         f(int);
komplexe_zahl  a(1, 3);
...
f(a); // Implizite Typkonvertierung nach int mittels
      // des selbstdefinierten Konvertierungsoperators
```

Ist der formale Parameter obiger Funktion vom Typ *double*, so wird eine zusätzliche implizite Typkonvertierung von *int* nach *double* durchgeführt. Allerdings ist es nur erlaubt, daß innerhalb einer Folge impliziter Typkonvertierungen **maximal eine selbstdefinierte Typkonvertierung** auftreten darf! Ist es notwendig, zwei oder mehr selbstdefinierte Typkonvertierungen vorzunehmen, so wird dies vom Compiler als Fehler markiert.

Werden mehrere Konvertierungsoperatoren in einer Klasse definiert, so kann es notwendig sein, die Konvertierung explizit durchzuführen. Z.B.

```
class komplexe_zahl
{
  public:
    operator int( )
    {
      return re;
    }
    operator double( )
    {
      return re;
    }
    ...
};

komplexe_zahl a =   komplexe_zahl(1,3);
double d        =   a;
                    // Aufruf operator double( ).

long lo         =   a;
  // Prinzipiell beide Konvertierungsoperatoren
  // anwendbar. ==> Fehler!
```

Im letzten Fall sind beide Konvertierungsoperatoren anwendbar, so daß der Compiler nicht in der Lage ist, zu entscheiden, welche Konvertierung vorgenommen werden soll. Daher muß in diesen Fällen der Mehrdeutigkeit ("ambiguity") eine explizite Konvertierung angegeben werden.

```
long lo = double(a);
```

Abschließend kann man folgendes festhalten:

Sicherlich kann das Operator Overloading sehr nützlich sein. Allerdings sollte man aus den beschriebenen Gründen auch recht behutsam von dieser Möglichkeit Gebrauch machen. Obwohl automatisch verhindert wird, daß die Bedeutungen von Operatoren für fundamentale Typen verändert werden können, ist es für selbstdefinierte Typen möglich, z. B. einen Operator + mit der Bedeutung von Minus zu definieren; dies ist der Lesbarkeit und dem Verständnis eines Programms aber offensichtlich eher abträglich. Generell sollten Operator-Zeichen nur mit gleicher oder wenigstens ähnlicher Bedeutung verwendet werden. Ist dies nicht möglich, ist es vorteilhafter, einen Funktionsaufruf zu verwenden.

11 EIN-/AUSGABE

11.1 Unformatierte Ein-/Ausgabe

Zum Abschluß noch einige Bemerkungen zur Ein- und Ausgabe in C++. Wie bereits ganz am Anfang kennengelernt, bezeichnen

```
               cin >> ...      bzw.     cout << ...
```

Möglichkeiten zur unformatierten Ein- und Ausgabe von Werten fundamentaler Typen. *cin* und *cout* bezeichnet man als **Ströme**, die standardmäßig auf den Standard-Input bzw. Standard-Output gelegt sind. << und >> sind Operatoren, deren Wirkungsweisen festgelegt sind durch als öffentlich deklarierte Member zweier in *<iostream.h>* versteckter Klassen:

```
        class ostream
        { ...
           public :
              ostream&    operator<<(char*);
              ostream&    operator<<(char);
              ostream&    operator<<(int);
              ostream&    operator<<(long);
              ostream&    operator<<(double);
              ostream&    put(char);
           ...
        };

        class istream
        { ...
           public :
              istream&    operator>>(char*);
              istream&    operator>>(char&);
              istream&    operator>>(short&);
              istream&    operator>>(int&);
              istream&    operator>>(long&);
              istream&    operator>>(float&);
              istream&    operator>>(double&);
              istream&    get(char&);               // Character
              istream&    get(char*,int,int='\n');  // String
           ...
        };
```

Anmerkung:
In der AT&T Version 1.2 waren die Definitionen dieser Klassen in der stream-Bibliothek *<stream.h>* plaziert. Allerdings müssen Programme, die für ältere C++-Versionen geschrieben wurden, nicht abgeändert werden, da die Funktionen aufwärtskompatibel sind. Sogar die *#include <stream.h>*-Anweisung muß nicht geändert werden, da sie ein Synonym für die entsprechende Einbindung der *iostream.h*-Datei ist.

Ferner gibt es noch die vordefinierte Klasse *iostream*, welche sowohl zur Ein- als auch zur Ausgabe genutzt werden kann (bidirektionale Ein-/Ausgabe). Sie ist eine von den Klassen *istream* und *ostream* abgeleitete Klasse.

> Anmerkung:
> Zusätzlich zu diesen Klassen gibt es noch Klassen, die direkt auf einem File die jeweiligen Operationen durchführen; dies sind die Klassen *ifstream* zum Lesen der Eingabe von einem File, *ofstream* zum Schreiben der Ausgabe auf ein File und *fstream*, welche bidirektionale Ein-/Ausgaben auf einem File ermöglicht (vgl. später). Weitere Klassen sind *istrstream* und *ostrstream*, welche die Anwendung der Operatoren auf Character-Vektoren zulassen. Diese Klassen stehen nach Einbinden der Datei *strstream.h* zur Verfügung.
> Die Klassen *ifstream, ofstream, fstream, istrstream* und *ostrstream* sind von den entsprechenden Klassen *istream, ostream* bzw. *iostream* abgeleitet.

Die Operationen dieser Klassen sind natürlich nur für fundamentale Typen definiert; für selbstdefinierte Typen wie Klassen und Structures müssen die Ein- und Ausgabe-Operationen mit Hilfe des Operator-Overloading selbst festgelegt werden. Für unsere Klasse komplexer Zahlen kann dies etwa wie folgt aussehen:

```
class komplexe_zahl
{
  friend ostream& operator<<(ostream&,komplexe_zahl&);
  friend komplexe_zahl
          operator+(komplexe_zahl,komplexe_zahl);
  ...
  public :
    komplexe_zahl (double r = 0, double i = 0)
    {
      re = r;
      im = i;
    }
  private:
    double re, im;
};

ostream& operator<<(ostream& o, komplexe_zahl& c)
{
  o << "(" << c.re << "," << c.im << ")";
  return o;
}
```

Ebenso ließe sich auch eine entsprechende Eingabe von komplexen Zahlen mittels des Operator Overloadings definieren.

Wichtig beim Overloaden der Ein- und Ausgabeoperatoren >> und << ist die Ergebnisrückgabe des jeweiligen Klassenobjektes der Klasse *istream* bzw. *ostream*. Das Overloading dieser Operatoren sollte also im wesentlichen folgende Form besitzen (hier am Beispiel der Ausgabe):

11.1 Unformatierte Ein-/Ausgabe

```
ostream&  operator<<(ostream& o, Klasse& k)
{
  o << ...  // Ausgabeanweisungen für die Klasse
  return o; // Rückgabe des Objektes der Klasse
            // ostream!
}
```

Erst durch die Rückgabe des Objektes *o* wird eine mehrfach verkettete Ausgabeanweisung wie z.B.

```
cout << i << j;
```

möglich, da dies den folgenden Funktionsaufrufen entspricht

```
( cout.operator<< (i) ).operator<< (j);
```

Anmerkung:
Da der erste Operand des Operators << nicht ein formaler Parameter vom Typ der Klasse (z.B. *komplexe_zahl*) ist, muß beim Operator Overloading der Operator << als Friend-Funktion und nicht als Member-Funktion deklariert werden (vgl. Kap. 10.1).

Die oben skizzierten Klassen *istream* und *ostream* bieten durch die Operatoren >> und << bereits einige Möglichkeiten zur Ein-/Ausgabe von Objekten standardmäßig vordefinierter Typen an. Hierbei sind einige Konventionen getroffen worden, die zwar nicht immer, aber für den normalen Gebrauch recht nützlich sind. So werden z.B. bei der Eingabe bestimmte Zeichen grundsätzlich überlesen. Dies gilt beispielsweise für Leerzeichen (blanks), Tabulatorzeichen (tabs) und Zeichen zur Kennzeichnung einer neuen Zeile (newlines).

Anmerkung:
Diese Zeichen werden oft unter dem Begriff "white space characters" zusammengefaßt.

Besitzt die Eingabe z.B. die Form

```
a bc
```

so besitzen die Variablen

```
char  a,b,c;
```

nach Ausführung von

```
cin >> a >> b >> c;
```

die Werte 'a', 'b' bzw. 'c'.

Beim Einlesen von Strings mittels des in *istream* definierten *operator>>(char*)*

werden die o.g. 'white space characters' als Trennsymbol interpretiert. Besitzt die Eingabe die Form

```
"Dies ist ein String"
```

so gilt nach Ausführung der Sequenz

```
char s[20];
cin >> s;
```

daß *s* den Inhalt *"Dies\0* besitzt. Man beachte hier die Endemarkierung \0 für einen String, die in die Wahl der Größe von *s* mit einbezogen werden muß.

Will man solche Konventionen umgehen, so kann man weitere (Member-) Funktionen der Klassen *istream* und *ostream* oder Manipulatoren, welche in der Datei *iomanip.h* deklariert sind, nutzen, von denen wir einige im folgenden kurz vorstellen werden.

- **setw(int):**
  Diese Funktion ist nützlich bei der Eingabe von Strings, wenn eine Obergrenze für die Größe der Strings nicht angegeben werden kann und ein Overflow vermieden werden soll. So ließe sich ein Overflow der Eingabe eines Strings mittels cin >> s; (vgl. oben) so vermeiden:

  ```
  cin >> setw(20) >> s;
  ```

  Ist der eingegebene String größer als 19 Zeichen (Endemarkierung beachten!), so wird der String aufgeteilt in einen Anfang, der 19 Zeichen umfaßt und den Rest des Strings. Dieser 19 Zeichen umfassende Anfang mit der zusätzlichen Endemarkierung (also insgesamt 20 Zeichen) wird dann mittels >> der Variablen *s* "zugewiesen".

- **get(char& ch) bzw. get( ):**
  Beide lesen jeweils ein Zeichen vom Standardeingabestrom. Hierbei werden auch Sonderzeichen, wie z.B. "white space characters" beachtet.

  ```
  char ch;
  while ( cin.get(ch) ) ...
                       // in ch steht das gelesene Zeichen
  ```

  get(char& ch) liefert als Ergebnis das Klassenobjekt, durch welches die get-Funktion aufgerufen wurde zurück. Beim Lesen der EOF(End-of-File)-Markierung liefert *get(char& ch)* den Wert Null (false). Die Funktion *get( )* liefert als Ergebnis das gelesene Zeichen, wobei dieses Zeichen auch die EOF-Markierung sein kann.

11.1 Unformatierte Ein-/Ausgabe

```
int ch;
    // int als Typ gewählt, da EOF bei manchen
    // Compilern den Wert -1 besitzt
while ( (ch = cin.get( ) ) != EOF)
...
```

- **getline(char *vek, int grenze, char begrenzer = '\n')**:
  getline liest vom Eingabestrom einen ganzen Block von Zeichen, welcher als String in den Vektor auf den *vek* zeigt, geschrieben wird (samt der Endemarkierung '\0' für Strings). Die Größe des Blockes ist *grenze*-1, oder es wird vorher die EOF-Markierung gelesen (welche dann nicht Bestandteil des Strings ist), oder es wird zuvor der Begrenzer *begrenzer* gelesen, so daß der String nur die bis dahin gelesenen Zeichen enthält. Der Defaultwert für den Begrenzer ist die 'newline'-Markierung.

- **gcount( )**:
  liefert die Anzahl der gelesenen Zeichen, des letzten *getline*-Aufrufes. Diese Anzahl entspricht der Anzahl der relevanten Zeichen im String *vek* (ohne Endemarkierung; vgl. *getline*).

- **read(char *vek, int groesse)**:
  liest genau die durch *groesse* angegebene Anzahl an Bytes vom Eingabestrom und schreibt diese kontinuierlich in den Speicherbereich, auf den *vek* zeigt. Ein nachfolgender Aufruf von *gcount* liefert die Anzahl der gelesenen Bytes.

- **putback(char ch)**:
  setzt den Inhalt von *ch* an den Anfang des Eingabestromes, so daß dieser z.B. als nächstes Zeichen gelesen werden könnte.

- **put(char ch)**:
  schreibt das Zeichen auf den Ausgabestrom. Das Ergebnis der *put*-Funktion ist das Klassenobjekt, durch welches die Funktion aufgerufen wurde.

  ```
  cout.put('\n').put('\n');      // 2 Zeilenvorschübe
  ```

- **write(const char *vek, int groesse)**:
  schreibt aus dem Vektor *vek* die angegebene Anzahl (*groesse*) an Charactern auf den Ausgabestrom. Das Ergebnis der *write*-Funktion ist das Klassenobjekt, durch welches die Funktion aufgerufen wurde.

Im allgemeinen wird die Ausgabe mittels *cout* << ... gepuffert, d.h. sie erfolgt nicht sofort. Dies kann durch Anwendung von **Manipulatoren** vermieden werden. Durch das Wort **flush** läßt sich die sofortige Ausgabe des Pufferinhaltes erreichen.

```
              cout    <<  "Bitte geben Sie ein Character ein: "
                     <<  flush;
```

Als Kurzform für *"\n"* << *flush* existiert das Wort **endl**. Somit ist

```
              cout    <<  "Eingabe: "  <<  "\n"  <<  flush;
```

äquivalent zu

```
              cout    <<  "Eingabe: "  <<  endl;
```

Neben den schon bekannten Strömen *cin* und *cout* existieren noch zwei weitere vordefinierte Standardströme. Dies sind:

cerr, der den ungepufferten Fehlerausgabestrom bezeichnet, und *clog*, welcher mit dem gepufferten Fehlerausgabestrom assoziiert ist. Beide können genauso behandelt werden wie *cin* und *cout*.

<< wird also für die unformatierte Ausgabe verwendet, d.h ein Programmierer ist für die saubere Ausgabe selbst verantwortlich (z.B. für das Benutzen von "\n" für den Zeilenvorschub am Ende einer Zeile oder für die linksbündige Ausgabe einer Integerzahl, etc.).

11.2 Formatierte Ausgabe

C++ bietet auch die Möglichkeit der formatierten Ausgabe mit Hilfe der *form*-Funktion (vergleichbar mit der *printf*-Funktion in C). Ein formatierter String besteht dabei aus zwei Typen von Objekten: reine Character-Zeichen, die einfach auf den Output-Strom kopiert werden, und Konvertierungs-Spezifikationen, von denen jede die konvertierte Ausgabe des nächsten Parameters bewirkt. Jede gewünschte Konvertierung beginnt mit einem %. Als Beispiel:

```
              cout  <<  form("Im Hörsaal sitzen %d Studenten und %d \
                     Studentinnen; der\nHörsaal ist somit zu %f \
                     %% ausgelastet.",anz_der_maenner,
                     anz_der_frauen, ausgelastet);
```

Das erste %d bewirkt, daß der erste Parameter der Funktion (Integer) in dezimaler Notation ausgegeben wird, ebenso das zweite %d für den zweiten Parameter; %f bewirkt, daß das folgende Argument (float) in dezimaler Notation der Art [-] xxx.xxx ausgegeben wird, und %% sorgt dafür, daß das Zeichen % selbst gedruckt wird. Mit

11.2 Formatierte Ausgabe

```
anz_der_maenner   = 60;
anz_der_frauen    = 30;
ausgelastet       = 25.1;
```

würde demnach folgendes ausgedruckt werden:

> Im Hörsaal sitzen 60 Studenten und 30 Studentinnen; der Hörsaal ist somit zu 25.1% ausgelastet.

Die Menge der möglichen Konvertierungs-Spezifikationen ist ziemlich groß. Hier die wichtigsten in abgekürzter Form.

Nach % kann stehen:

n   steht für einen optionalen Integer-Wert und gibt die gewünschte Länge des Zahlenfeldes an; hat der konvertierte Wert weniger Zeichen als angegeben, wird mit Blanks aufgefüllt,

%   bewirkt die Ausgabe des %-Zeichens,

d   ein Integer-Wert wird in dezimaler Notation ausgegeben,

o   ein Integer-Wert wird in oktaler Notation ausgegeben,

x   ein Integer-Wert wird in hexadezimaler Notation ausgegeben,

f   ein Float- oder Double-Wert wird in dezimaler Notation der Art [-] xxx.xxx ausgegeben,

e   ein Float- oder Double-Wert wird in dezimaler Notation der Art [-] x.xxe±xx ausgegeben,

c   Character wird ausgegeben,

s   String wird ausgegeben.

Die Benutzung von *form* ist jedoch unsicher, da eine Typüberprüfung nicht durchgeführt wird. So könnte etwa ein %s, wenn es auf ein Character-Zeichen angewendet wird, unvorhersehbare Ausgaben erzeugen.

Weitere vordefinierte Funktionen, die man bei der Ausgabe nutzen kann, sind:

```
char *oct(long,  int = 0) // oktale Repräsentation
char *dec(long,  int = 0) // dezimale Repräsentation
char *hex(long,  int = 0) // hexadez. Repräsentation
char *chr(int,   int = 0) // Character
char *str(char*, int = 0) // Strings
```

Der zweite (optionale) Parameter spezifiziert die Anzahl von zu verwendenden Character-Positionen.

In <ctype.h> sind noch weitere wichtige Funktionen zur Input-Behandlung enthalten (Auszug):

```
int isalpha(char)   // `a`, ... , `z`, `A`, ..., `Z`
int isupper(char)   // `A`, ..., `Z`
int islower(char)   // `a`, ... , `z`
int isdigit(char)   // `0`, ..., `9`
int isspace(char)   // ` `, `\t`, return, newline,
                    // formfeed
int iscntrl(char)   // Control Character
                    // (ASCII 0..31 und 127)
int isalnum(char)   // isalpha und isdigit
```

All dies sind "Boolesche" Funktionen, die ein Zeichen auf die Zugehörigkeit zu einem bestimmten Bereich überprüfen. Liegt das Zeichen nicht im zugehörigen Bereich, wird eine 0 zurückgegeben (false), sonst ein Wert ungleich 0 (true).

Eine weitere Möglichkeit, die Ausgabe zu beeinflussen, ist durch die Änderung des internen Zustandes der Objekte der Klassen *istream*, *ostream* bzw. *iostream* gegeben. Jedes Objekt dieser Klassen besitzt einige Flags bzw. Variablen zur Ausgabesteuerung, die z.B. angeben, ob Zahlen als dezimale, oktale oder hexadezimale Zahlen interpretiert oder mit welcher Genauigkeit die Zahlen ausgegeben werden sollen.

Die Ausgabe von Zahlen im hexadezimalen Format kann z.B. so vorgenommen werden

```
int i = 16;
cout << hex << i;
```

welches als Ausgabe 10 liefert.

Die Angabe von *hex* ändert den internen Zustand des Objektes *cout*, so daß alle weiteren Zahlenausgaben im hexadezimalen Format erfolgen. Mittels

```
cout << dec;
```

kann wieder das dezimale Format eingestellt werden oder durch

```
cout << oct;
```

die oktale Darstellung.

11.2 Formatierte Ausgabe

Analog zur Ausgabe ist auch die Eingabe für die jeweiligen Formate möglich. So wird durch

```
int i;
cin >> hex >> i;
```

die Eingabe als Hexadezimalzahl interpretiert und der entsprechende Wert der Variablen *i* zugewiesen. Auch hier gilt, analog zur Ausgabe, daß alle weiteren Eingaben als hexadezimal angenommen werden, da durch "*cin >> hex*" der interne Zustand des Objektes *cin* geändert wurde.

Die Anzahl der auszugebenden Nachkommastellen einer Zahl läßt sich mit der *precision*-Funktion, welche einer Member-Funktion der Klasse *ostream* ist, festlegen. Z.B.

```
cout.precision(3);
double d = 2.2360679;
cout << d;
```

liefert die Ausgabe 2.236.

Wird die *precision*-Funktion ohne Parameter aufgerufen, so wird die derzeitige Genauigkeit als Ergebnis zurückgegeben. Setzen wir obiges Beispiel fort, so erhalten wir nach

```
int genauigkeit = cout.precision( );
cout << genauigkeit;
```

die Ausgabe 3.

Anmerkung:
Der interne Zustand der Objekte der Klassen *istream, ostream* bzw. *iostream* läßt sich auch direkt über die beiden Member-Funktionen
```
setf(long);
setf(long, long);
```
manipulieren.

Es gibt noch weitere Besonderheiten, die jedoch hier zu weit führen würden. Mit den hier angegebenen Hilfsmitteln läßt sich bereits ein Großteil von Anwendungen problemlos abdecken.

11.3 Dateioperationen

Ebenso wie in anderen höheren Programmiersprachen, existieren auch in C++ Operatoren zur Manipulation von Dateien (≈ Files). Um diese Operatoren zur Verfügung zu haben, muß zusätzlich zur Datei *iostream.h* die Datei **fstream.h** eingebunden werden. Wie bereits am Anfang dieses Kapitels angesprochen, existieren in dieser Datei die Definitionen folgender von *istream*, *ostream* bzw. *iostream* abgeleiteter Klassen.

ifstream	enthält Operatoren zum Lesen einer Datei,
ofstream	enthält Operatoren zur Ausgabe auf eine Datei,
fstream	enthält Operatoren, welche sowohl die Ausgabe auf als auch das Lesen von einer Datei ermöglichen.

Anmerkung:
In der Version 1.2 werden Dateioperationen durch Operationen einer Structure *filebuf*, die in *stream.h* deklariert ist, zur Verfügung gestellt. Die Art der Dateimanipulation erfolgt dabei ähnlich der Version 2.0.

Definiert man ein Klassenobjekt einer dieser drei o.g. Klassen, so kann man dieses direkt durch Aufruf eines speziellen Konstruktors mit einer physikalischen Datei assoziieren oder dies erst später vornehmen, mittels der *open*-Funktion. Z.B.

```
ofstream datei1("Dateiname", ios :: out);
```

oder

```
ofstream datei1;
datei1.open("Dateiname", ios :: out);
```

Der in Hochkommata stehende physikalische Dateiname wird hierdurch mit dem logischen Namen *datei1* assoziiert. Alle Operationen, die auf *datei1* ausgeführt werden, werden somit entsprechend auf der physikalischen Datei *Dateiname* ausgeführt. Der zweite Parameter des Konstruktoraufrufs bzw. der *open*-Funktion gibt den Modus an, in welchem die Datei bearbeitet werden darf. Es existieren drei Modi

ios :: in	lesender Zugriff
ios :: out	schreibender Zugriff
ios :: app	anhängender Zugriff ('append')

11.3 Dateioperationen

Anmerkung:
ios ist eine Aufzählung (Enumeration).

Das Öffnen einer nicht existierenden Datei zum Schreiben bewirkt das Anlegen einer neuen Datei mit dem angegebenen Dateinamen. Existiert die Datei dagegen, so wird sie überschrieben.

Für Objekte der Klasse *ifstream* ist nur der lesende Zugriff, für Objekte der Klasse *ofstream* sind die Zugriffsarten schreibend und anhängend und für Objekte der Klasse *fstream* zusätzlich auch der lesende Zugriff erlaubt.

Die Angabe mehrerer Zugriffsarten wird mittels des "bitweise oder"-Operators vorgenommen; z.B.

```
fstream ein_ausgabe("Dateiname",ios::in | ios::app);
```

Ein geöffnete Datei kann durch close wieder geschlossen werden.

```
datei1.close( );
```

Da die Klassen zur Dateimanipulation von den Klassen *istream*, *ostream* bzw. *iostream* abgeleitet sind, stehen somit alle Funktionen und Operationen dieser Klassen auch zur Manipulation der Klassenobjekte vom Typ *ifstream*, *ofstream* bzw. *fstream* zur Verfügung, z.B.

```
datei1 << "Ergebnisausgabe: \n";
datei1.put('a');
```

Zusätzlich werden in o.g. Klassen einige wichtige Memberfunktionen angeboten. Dies sind:

- **tellg( )**:
  liefert die "aktuelle Position des Lese/Schreibkopfes" der Datei. Das Ergebnis ist vom Typ *long*.

- **seekg(long, seek_dir d = ios :: beg)**,
  seekp(long, seek_dir d = ios :: beg):
  setzen den "Lese/Schreibkopf" an eine bestimmte Position innerhalb der Datei, z.B. an eine Position, die vorher durch Aufruf von *tellg( )* ermittelt wurde.
  seek_dir ist eine Aufzählung, die folgende Elemente enthält:

ios :: beg	Anfang der Datei
ios :: cur	derzeitige Position in der Datei
ios :: end	Ende der Datei

So setzt

```
datei1.seekg(+50, ios :: cur);
```

den "Lese/Schreibkopf" 50 Bytes weiter.

- **eof( )**:
Abfrage auf das Ende der Datei. Es ist *eof( )* ≠ 0, falls das Ende der Datei erreicht worden ist, andernfalls liefert der Aufruf der Funktion einen Wert gleich 0.

```
while (!datei1.eof( ) ) ...
```

Anmerkung:
Das Lesen von einer Datei kann auch ohne explizite Abfrage der EOF-Markierung vorgenommen werden, z.B. liest

```
while (cin >> ch) ...
```

die Eingabe zeichenweise und bricht nach Lesen der EOF-Markierung ab. Dies liegt daran, daß in der Klasse ein Konvertierungsoperator existiert, der den Wert 0 nach Lesen der EOF-Markierung liefert.

- **bad( )**:
Abfrage auf unerlaubte Operation. *bad* liefert einen Wert ≠ 0 (true), falls eine solche Operation, z.B. weiteres Lesen nach der EOF-Markierung, durchgeführt wurde.

- **fail( )**:
liefert einen Wert ≠ 0 (true), falls eine Operation nicht durchgeführt werden konnte oder falls *bad* true liefert.

```
ifstream date1("Dateiname", ios::in);
if ( datei1.fail( ) ) ...
    // die Datei mit Namen "Dateiname" konnte
    // nicht geöffnet werden, da z.B. nicht
    // vorhanden.
```

- **good( )**:
liefert einen Wert ≠ 0 (true), falls keine der Funktionen *eof, bad, fail* einen Wert ≠ 0 liefert.

Ferner ist in diesen Klassen der Operator **!** overloaded, und zwar entspricht seine Wirkungsweise der *fail*-Funktion. Also ist

```
!datei1
```

äquivalent zu

11.3 Dateioperationen

```
                datei1.fail( )
```

Allerdings reichen obige Funktionen noch nicht aus, um auch folgenden Fall zu behandeln. Wird z.B. ein Stream-Objekt kreiert, aber noch nicht mit einer Datei assoziiert, so liefert die Funktion *good* für dieses Objekt einen Wert ≠ 0 (true).

```
                ofstream dat;
                int i = dat.good( );   // i ≠ 0
```

Der Test, ob die Datei geöffnet ist, also *dat* bereits mit einem physikalischen Namen assoziiert wurde, muß hier durch Zugriff auf interne Daten des Stream-Objektes vorgenommen werden. Dieser Zugriff wird mittels der Memberfunktion *rdbuf* realisiert. Der Test sieht also wie folgt aus:

```
                if (dat.rdbuf( ) -> is_open != 0)
                {
                   // Datei bereits geöffnet
                   dat << "Ergebnisausgabe: \n";
                   ...
                }
```

Zum Abschluß noch ein Beispiel, wie eine Datei kopiert werden kann. Die Datei *infile* wird gelesen und zeichenweise in die Datei *outfile* kopiert.

```
#include <iostream.h>
#include <fstream.h>

ifstream dat1;
ofstream dat2;

main( )
{
    dat1.open("infile", ios::in);
    if (!dat1)
    {
        cerr << "Datei infile existiert nicht! \n";
        exit(1);
    }
    else
    {
                // Datei infile existiert
        dat2.open("outfile", ios::out);
                // Existiert die Datei outfile, so wird sie
                // überschrieben, ansonsten wird eine neue
                // Datei unter diesem Namen angelegt.

        char ch;
```

```
            while (! dat1.eof( ))
            {
              dat1.get(ch);
              dat2.put(ch);
            }
            cout << "Kopiervorgang beendet! \n";
        }
}
```

Um nicht nur Dateien mit fest vorgegebenen Namen kopieren zu können, kann man auch die Funktion *main* mit Parametern aufrufen, wenn wir unser Programm wie folgt modifizieren:

```
#include <iostream.h>
#include <fstream.h>

ifstream dat1;
ofstream dat2;

main(int argc, char *argv[ ])

/* Beim Aufruf eines Programms wird nur die Funktion main
   aufgerufen. Dabei werden zwei Parameter übergeben,
   üblicherweise argc und argv genannt. argc gibt die Anzahl der
   Parameter und argv die jeweiligen Parameter an. Der erste
   Parameter ist der Programmname selbst (somit ist argc immer
   >=1), die weiteren Parameter sind hier die beiden Dateinamen.
*/
{
    switch (argc)
    {
      case 3 :
            dat1.open(argv[1], ios::in);
            if ( ! dat1.fail( ) )
            {
                  // Datei existiert
               dat2.open(argv[2], ios::out);
                  // Existiert die Datei, so wird sie überschrieben,
                  // ansonsten wird eine neue Datei unter diesem
                  // Namen angelegt.
               char ch;
               while ( dat1.get(ch) )  dat2.put(ch);
               cout << "Kopiervorgang beendet! \n";
            }
            else
            {
               cerr << "Datei " << argv[1] << " existiert nicht! \n";
               exit(1);
            }
            break;

      default: cerr << "Falsche Anzahl von Parametern\n"; exit(1);
    }
}
```

11.3 Dateioperationen

Angenommen, unser Programm wird fehlerfrei kompiliert und wir nennen es *copy*. Dann wird durch

```
copy adressen tabelle
```

die Eingabedatei *adressen* nach *tabelle* kopiert. *argc* hat in diesem Fall den Wert 3, denn es gibt 3 Parameter (einschließlich des Programmnamen *copy* selbst) und *argv[ ]* besitzt folgende Werte:

    argv[0]   = "copy"
    argv[1]   = "adressen"
    argv[2]   = "tabelle"

Die Verwendung von *argc* und *argv* ist in vielen Fällen sehr sinnvoll, da hierdurch beim Programmaufruf direkt Werte für den Programmlauf angegeben werden können, ohne sie im Programm selbst abfragen zu müssen. Fast alle unter Unix laufenden Systemroutinen arbeiten nach diesem Prinzip, denn sie sind selbst in C geschrieben.

12 ANHANG

12.1 Tabelle der Operatoren

Übersicht über die Operatoren und ihre Prioritäten:

Unäre Operatoren und Zuweisungsoperatoren sind rechts-assoziativ; alle anderen sind links-assoziativ.

Beispiele:

$$a = b = c \text{ bedeutet } a = (b = c),$$

$$a + b + c \text{ bedeutet } (a + b) + c \quad \text{und}$$

$$\text{*p++} \quad \text{ bedeutet *(p++).}$$

In der folgenden Tabelle befinden sich in jedem Block Operatoren gleicher Priorität. Ein Operator in einem höheren Block hat Vorrang vor einem in einem niedrigeren Block.

Definition von *lvalue*: Ein Objekt ist ein Speicherbereich, ein *lvalue* ist ein Ausdruck, der sich auf ein Objekt bezieht.

Operator	Bedeutung	Beispiel
::	Scope	*class_name* :: *member*
::	Global	:: *name*
->	Member-Auswahl	*pointer -> member*
.	Member-Auswahl	*class_name.member*
[ ]	Vektoren	*pointer* [*expr*]
( )	Funktionsaufruf	*expr*(*expr_list*)
( )	Wertkonstruktion	*type*(*expr_list*)
sizeof	Objektgröße	sizeof *expr*
sizeof	Typgröße	sizeof(*type*)

12.1 Tabelle der Operatoren

++	Post-Inkrementierung	*lvalue*++
++	Prä-Inkrementierung	++*lvalue*
--	Post-Dekrementierung	*lvalue*--
--	Prä-Dekrementierung	--*lvalue*
~	Komplement	~*expr*
!	nicht	!*expr*
-	unäres Minus	-*expr*
+	unäres Plus	+*expr*
&	Adresse von	&*lvalue*
*	Dereferenz	*expr
new	kreieren	new *type*
delete	löschen	delete *pointer*
delete[ ]	lösche Vektor	delete [*expr*] *pointer*
( )	Typkonversion (cast)	(*type*) *expr*
-->*	Member-Zeiger-Auswahl	*pointer->*pointer-member*
.*	Member-Zeiger-Auswahl	*class-member.*pointer-member*
*	multiplizieren	*expr * expr*
/	dividieren	*expr / expr*
%	modulo	*expr % expr*
+	addieren	*expr + expr*
-	subtrahieren	*expr - expr*
<<	links-shift	*lvalue << expr*
>>	rechts-shift	*lvalue >> expr*
<	kleiner als	*expr < expr*
<=	kleiner oder gleich	*expr <= expr*
>	größer als	*expr > expr*
>=	größer oder gleich	*expr >= expr*
==	gleich	*expr == expr*
!=	ungleich	*expr != expr*
&	bitweises UND	*expr & expr*
^	bitweises exklusives ODER	*expr ^ expr*
|	bitweises inklusives ODER	*expr | expr*

&&		logisches UND	*expr* && *expr*
||		logisches ODER	*expr* || *expr*
? :		arithmetisches IF	*expr* ? *expr* : *expr*
=		einfache Zuweisung	*lvalue* = *expr*
*=		muliplizieren und zuweisen	*lvalue* *= *expr*
/=		dividieren und zuweisen	*lvalue* /= *expr*
%=		modulo und zuweisen	*lvalue* %= *expr*
+=		addieren und zuweisen	*lvalue* += *expr*
-=		subtrahieren und zuweisen	*lvalue* -= *expr*
<<=		linksschieben und zuweisen	*lvalue* <<= *expr*
>>=		rechtsschieben und zuweisen	*lvalue* >>= *expr*
&=		UND und zuweisen	*lvalue* &= *expr*
|=		inklusives ODER und zuweisen	*lvalue* |= *expr*
^=		exklusives ODER und zuweisen	*lvalue* ^= *expr*
,		Komma (Sequenz)	*expr*, *expr*

12.2 Tabelle der reservierten Worte

Folgende Identifier sind reserviert und dürfen nicht anderweitig benutzt werden:

```
asm         auto        break       case        char
class       const       continue    default     delete
do          double      else        enum        extern
float       for         friend      goto        handle
if          inline      int         long        new
operator    overload    private     protected   public
register    return      short       sizeof      static
struct      switch      template    this        typedef
union       unsigned    virtual     void        while
```

12.3 Tabelle der besonderen Character

Folgende Character haben spezielle Bedeutung und werden insbesondere zur Steuerung der Ausgaben verwendet:

```
        '\a'        Alarm (Klingel)
        '\b'        Backspace
        '\f'        Seitenvorschub
        '\n'        neue Zeile
        '\r'        Carriage Return
        '\t'        Horizontaler Tabulator
        '\v'        Vertikaler Tabulator
        '\\'        Backslash
        '\''        Einfaches Anführungszeichen
        '\"'        Doppeltes Anführungszeichen
        '\?'        Fragezeichen
        '\0'        Null, der Integerwert 0
```

12.4   Tabelle der Anweisungen

statement:
```
            declaration
            { statement-list_opt }
            expression_opt ;

            if ( expression ) statement
            if ( expression ) statement   else statement
            switch ( expression ) statement

            while ( expression ) statement
            do statement while ( expression ) ;
            for ( statement expression_opt ; expression_opt )
                statement

            case constant-expression : statement
            default : statement
            break ;
            continue ;

            return expression_opt ;

            goto identifier ;
            identifier : statement
```

statement-list:
```
            statement
            statement statement-list
```

Man beachte, daß eine Deklaration eine Anweisung ist und daß es keine Zuweisungsanweisung oder Funktionsaufrufanweisung gibt. Dies sind spezielle Ausdrücke.

Der Index *opt* kennzeichnet optionale Konstrukte, d.h. Konstrukte, die auch ausgelassen werden können.

12.5 Tabelle der Ausdrücke

Ausdrücke werden wie folgt gebildet:

expression :

```
term
expression binary-operator expression
expression ? expression : expression
expression-list
```

expression-list :

```
expression
expression-list , expression
```

term :

```
primary-expression
unary-operator  term
term++
term--
sizeof expression
sizeof ( type-name )
( type-name ) expression
simple-type-name ( expression-list )
new type-name initializer
```
$_{opt}$
```
new ( type-name )
delete expression
delete [ expression ] expression
```

primary-expression :

```
id
:: identifier
constant
string
this
( expression )
primary-expression[ expression ]
primary-expression ( expression-list
```
$_{opt}$)
```
primary-expression . id
primary-expression -> id
```

id :

>   identifier
>   operator-function-name
>   typedef-name :: identifier
>   typedef-name :: operator-function-name

operator :

>   unary-operator
>   binary-operator
>   special-operator
>   free-store-operator

binary-operator :

>   *
>   /
>   %
>   +
>   -
>   <<
>   >>
>   <
>   >
>   ==
>   !=
>   &
>   ^
> |
>   &&
> ||
>   assignment-operator

assignment-operator :

>   =
>   +=
>   -=
>   *=
>   /=
>   %=
>   ^=
>   &=
> |=
>   >>=
>   <<=

12.5 Tabelle der Ausdrücke

unary-operator :

        `*`
        `&`
        `+`
        `-`
        `~`
        `!`
        `++`
        `--`

special-operator :

        `()`
        `[]`

free-store-operator :

        `new`
        `delete`

type-name :

        `decl-specifiers abstract-declarator`

abstract-declarator :

        `empty`
        `* abstract-declarator`
        `abstract-declarator (argument-declaration-list )`
        `abstract-declarator [ constant-expression`$_{opt}$` ]`

simple-type-name :

        `typedef-name`
        `char`
        `short`
        `int`
        `long`
        `unsigned`
        `float`
        `double`
        `void`

typedef-name :

        `identifier`

12.6 Hinweise zur Benutzung von UNIX-Rechnern

1. Eröffnen einer Terminalsitzung:

Nach dem angezeigten Wort

```
login:
```

ist die Benutzerkennung einzugeben und <CR> (Carriage Return) zu drücken. Beenden Sie alle Eingaben mit <CR>. Nach dem angezeigten Schlüsselwort

```
password:
```

ist das Passwort einzugeben, welches nicht auf dem Bildschirm angezeigt wird.

2. Aufruf des Manuals:

Mit dem Befehl

```
man   <kommandoname>
```

lassen sich häufig Informationen über das angegebene Kommando (z.B. cp) abrufen (sogenannte Online-Hilfe). Kennt man das Kommando nicht, so lassen sich dann Informationen über in Frage kommende Komandos mit dem Befehl

```
man  -k  <bel.  Wort(teil)>
```

abrufen (so z.B. die Suche nach einem Befehl zum Kopieren von Dateien mittels *man -k cop*).

3. Grundlegende Befehle zur Dateibehandlung:

Folgende Kommandos sind grundlegende Befehle beim Umgang mit Dateien. Ihre genaue Bedeutung und ihre Optionen kann man im Handbuch nachlesen oder wieder über die Online-Hilfe erfragen.

ls	– Auflisten der Namen der Dateien im aktuellen Directory
cp	– Kopieren von Dateien
mv	– Umbenennen von Dateien
rm	– Löschen von Dateien
more	– Ausgabe einer Datei auf dem Bildschirm (alternativ pg oder less)

12.7 Hinweise zum Compiler

Da die vielfältigen Optionen beim Aufruf des C++-Compilers bei den verschiedenen Herstellern und den verschiedenen Betriebssystemen stark variieren, sollen an dieser Stelle nur einige nützliche Hinweise gegeben werden.

12.7.1 Aufruf des C++-Compilers:

Generell gilt, daß die Quelldatei mit einem Suffix zu versehen ist. Dieser Suffix variiert aber zwischen den verschiedenen Implementationen von C++.

Unter **Unix** sind zwei Suffixe gebräuchlich:

    1) **.c** (.c zeigt hier die enge Verbindung zu C, da in C alle Quelldateien mit dem Suffix .c enden müssen).

    2) **.C** (Zur Unterscheidung von den C-Quelldateien empfohlen).

Unter **MS-DOS** wird zwischen Groß- und Kleinschreibung nicht unterschieden. Hier sind zwei andere Suffixe gebräuchlich:

    1) **.cxx** (ein x um 45 Grad gedreht ist ein +)
    2) **.cpp** (p = plus)

CC ist der Aufrufname des AT&T-C++-Compilers (**cc** der des C-Compilers). Bei Compilern anderer Hersteller wird es natürlich andere Namen geben können.

Wird ein Programm unter Unix korrekt compiliert, wird automatisch ein ausführbares Programm mit Namen

```
a.out
```

generiert (wie in C auch). Will man dem ausführbaren Programm gleich beim Compiler-Aufruf einen anderen (sinnvolleren) Namen geben, so kann man dies mit der o-Option tun (s.u.).

Üblicherweise wird bei der Auslieferung des C++-Compilers auch standardmäßig eine gewisse Menge von Standard-Header-Dateien mitgeliefert, wie etwa das oft erwähnte *iostream.h*. Im Quellprogramm werden solche standardmäßig vorhandenen Header-Dateien durch eckige Klammern der folgenden Art gekennzeichnet:

```
#include   <iostream.h>
```

Der Anwender braucht sich nicht darum zu kümmern, diese Dateien beim Aufruf des Compilers hinzu zu binden; es geschieht automatisch. Möchte er jedoch selbstdefinierte Dateien einbinden, so muß er diese im Quellprogramm durch Kommata der folgenden Art angeben:

```
#include   "meine_datei.h"
```

und beim Aufruf die I-Option des Compilers einschließlich des kompletten Suchpfades verwenden (s.u.).

Ein Aufruf des C++-Compilers kann damit etwa wie folgt aussehen:

```
CC        <zu kompilierende Datei>
    <-I   <evtl. anzubindende Header-Datei> >
    <-o   <Ausgabedatei> >
```

<zu kompilierende Datei> bezeichnet die zu übersetzende Datei (einschließlich dem gebräuchlichen Suffix)

<-I <evtl. anzubindende Header-Datei> > ist optional und gilt nur für selbstdefinierte Header-Dateien. Die Standard-Header-Dateien (üblicherweise unter /usr/include/CC) werden automatisch angebunden;

<-o <Ausgabedatei>> ist ebenfalls optional. Wird der Befehl weggelassen, so wird das ausführbare Programm unter Unix nach *a.out* geschrieben;

12.7.2 Compiler-Anweisungen

Unter Compiler-Anweisungen sind solche Anweisungen zu verstehen, die direkt im Quellprogramm stehen, wie etwa *#include <iostream.h>*. Compiler-Anweisungen beginnen immer mit einem # in der ersten Spalte der Datei. Neben der bereits ausführlich erklärten *include*-Anweisung sind noch einige andere Anweisungen nützlich:

1) Mittels der **define**-Anweisung können Konstanten definiert werden (eher in C gebräuchlich, weil dies in C++ durch Verwendung von *const* unnötig geworden ist) oder dem Programm Namen bekannt gemacht werden (vergleiche hierzu Punkt 2):

```
#define NULL    0
#define IOSTREAM.H
```

2) Eingebundene Dateien können selbst wieder *include*-Anweisungen beinhalten. Wegen der häufig tief verschachtelten Struktur von eingebundenen Dateien kann es daher zu dem unerwünschten Effekt kommen, daß eine Header-Datei mehrfach in ein Quellprogramm eingebunden wird. Um dem vorzubeugen, können **konditionale Compiler-Anweisungen** verwendet werden:

```
#ifndef IOSTREAM.H
#define IOSTREAM.H
    ... // Hier der Inhalt von iostream.h
#endif
```

Diese konditionale Anweisung wird als wahr gewertet, falls der hinter **#ifndef** folgende Name noch nicht definiert worden ist. In diesem Fall werden alle folgende Zeilen bis zun **#endif** eingebunden; im anderen Fall werden alle Zeilen bis zum *#endif* ignoriert.

Wird demnach (im obigen Beispiel) die Header-Datei *iostream.h* fälschlicherweise nochmals per verschachtelter *#include*-Anweisung eingebunden, wird die **#ifndef**-Anweisung als falsch bewertet und das nochmalige Einbinden vom Compiler unterdrückt.

Ähnliches, jedoch mit umgekehrter Semantik, bewirkt die **#ifdef**-Anweisung. Sie wird als wahr bewertet, falls der darauf folgende Name bereits definiert ist:

```
#ifdef UNIX
    ...    // Unix-spezifischer Code
#endif

#ifdef MSDOS
    ...    // MS-DOS-spezifischer Code
#endif
```

Beide vorgestellten konditionalen Anweisungen können mit **#else** kombiniert werden:

```
#ifdef UNIX
    ...    // Unix-spezifischer Code
#else
    ...    // MS-DOS-spezifischer Code
#endif
```

Falls der Name UNIX bereits definiert worden ist (wahr), wird der Unix-spezifische Code eingebunden, andernfalls der MS-DOS-spezifische Code. Dies ist prinzipiell zwar die gleiche Semantik wie im obigen Beispiel, hat im obigen Beispiel aber den Nachteil, daß dort beide Code-Stücke eingebunden werden, falls fälschlicherweise beide Namen UNIX und MSDOS definiert wurden.

3) C++ besitzt einen vordefinierten Namen __**cplusplus** (zwei Unterstriche am Anfang). Die Verwendung dieses Namens (in Kombination mit einer konditionalen Compiler-Anweisung) ist dann sinnvoll, wenn C-Code und C++-Code vermischt werden soll bzw. vorher nicht feststeht, ob die Quelldatei mit dem C- oder dem C++-Compiler übersetzt werden wird:

```
#ifdef __cplusplus
    extern drucke (int, int);
#else
    extern drucke( );
#endif
/*  Bewirkt die korrekte extern-Deklaration unabhängig
    von der Verwendung des C- oder des C++-Compilers
*/
```

Der Präprozessor (häufig **cpp** = **C**-**Prä**prozessor genannt), welcher diese Compiler-Anweisungen interpretiert, ist häufig eng an die Sprache C gekoppelt. Manche Implementierungen benutzen sogar einfach den unterliegenden C-Präprozessor. Dies ist auch der Grund dafür, daß der Ein-Zeilen-Kommentar mittels // in manchen Implementierungen von C++ nicht erkannt wird (Zur Erinnerung: Die Kommentar-Zeichen sind auch Compiler-Anweisungen). Deshalb ist es am sichersten, die C-Notation für Kommentare zu verwenden, falls sie in einer Zeile mit einer Compiler-Anweisung vorkommen:

```
#ifdef UNIX      /* Unix oder MS-DOS? */
   ...           // Unix-spezifischer Code
#else
   ...           // MS-DOS-spezifischer Code
#endif
```

12.8 Unterschiede zur C++-Version 1.2

Die Unterschiede zwischen der C++-Version 2.0 und der Version 1.2 sind im Hauptteil des Buches deutlich hervorgehoben worden. An dieser Stelle sollen die wesentlichen Unterschiede noch einmal zusammengefaßt werden. Generell fallen die Unterschiede in zwei Kategorien:

1) Änderungen an der Semantik der Version 1.2, die zu Inkompatibilitäten führen können. Hierunter fallen z.B. die Initialisierung und Zuweisung von Klassenobjekten (früher bitweise und jetzt memberweise) und die unterschiedliche Behandlung von überladenen Funktionen (z.B. früher mit Schlüsselwort *overload* und jetzt ohne).

2) Erweiterungen der Sprache wie z.B. mehrfache Vererbung, die zusätzliche Schutzebene *protected*, virtuelle Basisklassen, das Überladen der Operatoren *new* und *delete* und konstante sowie statische Member-Funktionen.

12.8.1 Änderungen der Semantik von Version 1.2

Das Verhalten folgender Sprachkonstrukte und Konzepte hat sich in Version 2.0 geändert:

- Das Schlüsselwort *overload* braucht zum Überladen von Funktionen nicht mehr verwendet zu werden.

- Literale Konstanten wie z.B. ´a´ werden nun als *char*-Typ gewertet und nicht mehr als *int*. Gleichzeitig ist der Ausgabe-Operator << jetzt in der Lage, literale Konstanten direkt als *char* auszugeben und nicht mehr nur die Integer-Repräsentation.

- Klassenobjekte werden nicht mehr bitweise, sondern memberweise kopiert.

- Der Argumentenvergleich unterscheidet jetzt auch zwischen konstanten und nicht-konstanten Zeiger- und Referenz-Argumenten. Ebenso wird jetzt zwischen den "kleinen" Integer-Typen und *int* sowie zwischen *float* und *double* unterschieden.

- Eine Funktion kann nicht mehr verwendet werden, bevor sie deklariert worden ist (In Version 1.2 wurde eine Warnung generiert; möglich war es trotzdem).

- Anonyme Unions, welche auf Dateiebene definiert sind, müssen nun als statisch deklariert werden.

- Elemente einer Aufzählung, welche auf Klassenebene definiert ist, sind lokal zum Scope dieser Klasse. Sie unterliegen damit jetzt auch den evtl. vorhandenen verschiedenen Zugriffsrechten.

- Die Initialisierung von Default-Argumenten kann nur einmal spezifiziert werden.

- Variablen auf Dateiebene müssen jetzt nicht mehr mittels konstanter Ausdrücke initialisiert werden (in Version 1.2 mußte der konstante Ausdruck zur Kompilierzeit ausgewertet werden können; dies entfällt in Version 2.0).

- Operator-Funktionen als Member von Klassen unterliegen in Version 2.0 jetzt den evtl. vorhandenen verschiedenen Zugriffsrechten.

12.8.2 Nicht unterstützte Konzepte in Version 1.2

Folgende Konzepte und Sprachkonstrukte sind der Version 2.0 hinzugefügt worden und werden nicht von Version 1.2 unterstützt:

- Mehrfache Vererbung,

- Pure virtuelle Funktionen,

- Virtuelle Basisklassen,

- Typensicheres Binden,

- Overloading der Operatoren *new* und *delete* sowohl auf Dateiebene als auch bei individuellen Klassen,

- Overloading des Kommaoperators und des -> Operators,

- Konstante Member-Funktionen,

- Statische Member-Funktionen,

- Explizite Initialisierung statischer Member,

- Explizite Speicherplazierung von Objekten mittels des Operators new,

- Explizites Löschen von Klassenobjekten durch direkten Aufruf des Klassen-Destruktors.

12.9 Zukünftige Neuerungen von C++

Auch wenn mit der Version 2.0 eine C++-Version existiert, deren Mächtigkeit unumstritten ist, so sind bereits jetzt zwei weitere sinnvolle Bereiche erkannt worden, deren zukünftige Unterstützung angepeilt wird:

1) Parametrisierte Typen

2) Ausnahme-Behandlung ("Exception-Handling")

Eine sinnvolle Anwendung der Parametrisierung kann man sich z.B. bei Klassen und bei Funktionen vorstellen. Wie oft kommt es z.B. vor, daß Funktionen overloaded generiert werden müssen, nur weil sich die Parametertypen und der Ergebnistyp unterscheiden; ansonsten verbirgt sich hinter den Funktionen exakt die gleiche Semantik (und auch Syntax). Könnte man die Argumente und den Ergebnistyp von Funktionen parametrisieren, würde nur noch eine einzige Definition der Funktion notwendig sein; einzelne Instanzen der Funktionen würden nur noch bei Bedarf mit den entsprechenden Typen vom Compiler generiert. Ähnlich sinnvolle Anwendungsfälle lassen sich auch bei Klassen aufzeigen.

Die Ausnahme-Behandlung soll eine Standard-Methode anbieten, um Ausnahme-Situationen zu behandeln, wie etwa arithmetischer Overflow, Division durch Null oder Speicher-Overflow. In der Theorie bietet jede Klasse ihre eigene Fehlerüberprüfung an. Ohne einen Standard-Mechanismus zur Ausnahme-Behandlung ist es aber wesentlich schwieriger, große Ansammlungen von Klassen-Bibliotheken aufzubauen und zu benutzen. Wäre ein solcher Mechanismus zur Ausnahme-Behandlung vorhanden, könnte die Komplexität und die Größe von Programmen außerdem stark reduziert werden (Eine solche Art der Ausnahme-Behandlung wird z.B. in der Programmiersprache ADA eingesetzt).

Bereits heute - in der Version 2.0 - ist an diese zukünftigen Konzepte gedacht worden. Dies ist besonders daran zu erkennen, daß in der Liste der reservierten Worte zwei Wörter auftauchen, die in der Version 2.0 noch nicht verwendet werden:

    1) **template** zur Parametrisierung

    2) **handle** zur Ausnahme-Behandlung

Zu bemerken ist allerdings, daß die beiden genannten Konzepte noch im Experimentalstadium sind; insofern kann es sein, daß - im Verlauf der weiteren Entwicklung - die genannten reservierten Worte in zukünftigen Versionen durch andere, besser passende Worte ersetzt werden. Außerdem ist es möglich, daß weitere reservierte Worte hinzukommen, sowie andere in zukünftigen Versionen nicht mehr vorhanden sind (ein Kandidat für die letzte Aussage wäre z.B. das Schlüsselwort *overload*, welches in Version 1.2 notwendig war, aber in Version 2.0 überflüssig geworden ist).

In den kommenden Versionen 2.1 etc. und später auch in der Version 3.0 sind weitere Änderungen und Erweiterungen des Sprachumfangs zu erwarten. Die Erweiterungen sind dabei möglicherweise mächtig (wie z.B. parametrisierte Typen und Ausnahme-Behandlung) und die Änderungen zwar maßvoll, aber natürlich teilweise unbequem. Man muß jedoch wissen, daß viele Änderungen und Erweiterungen vom Anwender selbst gewünscht werden; wohl selten zuvor hatte der Anwender selbst soviel Einfluß auf die Entwicklung einer Programmiersprache, wie dies in C++ der Fall ist - womit die Sprache zweifellos sehr praxisnah wird. Andere Änderungen rühren auch daher, daß es endlich ernsthafte Standardisierungsbemühungen für C (im Rahmen von ANSI C) gibt. Die einmal festgelegten Standards (die zum Teil wiederum aus der Entwicklung von C++ stammen) werden insofern laufend in den Sprachumfang von C++ eingebaut.

13 AUFGABEN

Hinweise zur Bearbeitung der Aufgaben:

Die Aufgabenreihenfolge entspricht dem Inhalt dieser Einführung. Leser, denen sowohl C als auch C++ nicht geläufig sind, sollten daher die Aufgaben in der aufgeführten Reihenfolge bearbeiten. Als Hilfestellung werden hinter jeder Aufgabe die vorausgesetzten Kapitel in Klammern angegeben. Die zugehörigen Musterlösungen in Kapitel 14 sollten sinnvollerweise erst nach eigenen Versuchen konsultiert werden.

Aufgabe 1: (vorausgesetzt wird Kapitel 2)

Schreiben Sie ein Programm, welches den Satz "Mein erstes C++- Programm" auf den Bildschirm ausgibt.

Aufgabe 2: (2,3)

Schreiben Sie ein Programm, welches Fahrenheit in Celsius umrechnet und umgekehrt. Die Eingabe soll dabei interaktiv wahlweise in Celsius oder Fahrenheit erfolgen können (etwa durch Angabe eines weiteren Zeichens zur Kennzeichnung der gewünschten Umrechnungsart).
Es gilt: <Celsius> = 5/9 * (<Fahrenheit> - 32).

Aufgabe 3: (2 bis 4)

Schreiben Sie ein Programm, welches ein Character-Zeichen interaktiv einliest und per impliziter Typkonvertierung den entsprechenden Integer-Wert wieder ausgibt.

Aufgabe 4: (2 bis 4)

Schreiben Sie ein Programm, welches einen Vektor mit 10 Integer-Elementen interaktiv elementweise einliest und dann wieder ausgibt.

Aufgabe 5: (2 bis 4)

Schreiben Sie ein Programm, welches die Größe (in Bytes) folgender fundamentaler Typen und Zeiger berechnet und ausgibt:
char, short int, int, long int, float, double, unsigned char, unsigned short int, unsigned int, unsigned long int, char*, short int*, int*, long int*, float*, double*.
(Hinweis : Funktion sizeof(...)).

Aufgabe 6: (2 bis 4)

Schreiben Sie ein Programm, welches die Integer-, Oktal- und Hexadezimal-Darstellung aller druckbaren Zeichen ausgibt. Liegt EBCDIC- oder ASCII-Kodierung vor?
(Hinweis: Verwenden Sie die Funktionen *hex, oct, chr* aus *iostream.h*.)

Aufgabe 7: (2 bis 4)

Schreiben Sie ein Programm, welches mit Hilfe einer Matrix die Namen der Monate eines Jahres und die Anzahl der Tage jedes Monats für 1988 einliest (oder belegt) und wieder ausgibt.

Aufgabe 8: (2 bis 5)

Schreiben Sie ein Programm, welches die Länge eines Strings berechnet (ohne Zuhilfenahme von Standardfunktionen).

Aufgabe 9: (2 bis 5)

Schreiben Sie ein Programm, welches einen String in einen anderen kopiert.

Aufgabe 10: (2 bis 5)

Schreiben Sie ein Programm, welches zwei Strings auf exakte Gleichheit überprüft.

Aufgabe 11: (2 bis 5)

Schreiben Sie ein Programm, welches zwei Strings konkateniert, d.h aneinanderhängt.

Aufgabe 12: (2 bis 5)

Schreiben Sie ein Programm, welches einen String in umgekehrter Reihenfolge wieder ausgibt.

Aufgabe 13: (2 bis 6)

Definieren Sie einen Typ "Matrix von Integern" mit konstanter Anzahl von Spalten und Zeilen. Implementieren Sie folgende Funktionen auf dieser Matrix (und testen Sie ihr Programm mit einer beliebigen Belegung der Matrizen):

a) Addition zweier Matrizen

b) Multiplikation einer Matrix mit einem Skalar

c) Multiplikation einer Matrix mit einem Vektor (die Anzahl der Vektorelemente muß gleich der Anzahl der Spalten der Matrix sein; das Ergebnis ist ein Vektor, dessen Anzahl von Elementen gleich der Anzahl der Zeilen der Matrix ist!).

Aufgabe 14: (2 bis 6)

Schreiben Sie ein Programm, welches einen Vektor von Charaktern (string), in dem die Ziffern ´0´ bis ´9´ und die Vorzeichen ´+´ und ´-´ auftreten dürfen, in eine Integerzahl umwandelt und umgekehrt.

Aufgabe 15: (2 bis 6)

Schreiben Sie ein Programm, welches einen String solange einliest, bis ein ´?´ eingegeben wird, und anschließend die Länge des Strings ausgibt.

Aufgabe 16: (2 bis 6)

Setzen Sie die korrekte Klammerung, für folgende Ausdrücke, gemäß der im Anhang in der Operatorentabelle angegebenen Prioritäten und unter Berücksichtigung der Links- bzw. Rechtsassoziativität der Operatoren:

1)   a = b + c * d << 2 & 8
2)   a & 077 != 3
3)   a == b || a == c && c < 5

4)   c = x != 0
5)   0 <= i < 7
6)   f(1,2) + 3
7)   a = - 1 + + b --- 5
8)   a = b = c = 0
9)   a[4] [2] *= * b ? c : * d * 2
10) a - b, c = d
11) *p++
12) *--p
13) ++a--
14) (int*) p -> m
15) *p.m
16) *a[i]

Aufgabe 17: (2 bis 6)

Schreiben Sie ein Codierungs-Programm, welches von "cin" liest und die kodierten Zeichen nach "cout" schreibt. Benutzen Sie das folgende einfache Kodierungsschema: Die kodierte Form eines Zeichens c ist c^key[i] (d.h. bitweises exor), wobei key ein string ist, der vom Benutzer eingegeben wird. Die Zeichen in key sollen in zyklischer Weise verwendet werden, bis die gesamte Eingabe gelesen ist. Das wiederholte Kodieren eines bereits kodierten Textes produziert den Originaltext. Wird kein key angegeben, soll auch keine Kodierung durchgeführt werden.

Aufgabe 18: (2 bis 6)

Schreiben Sie folgende while-Anweisung in eine äquivalente for-Anweisung um.

```
i = 0;
while (i < max_length)
{   cin >> ch;
    if (ch == ´?´) quest_count++;
    i++;
}
```

Aufgabe 19: (2 bis 6)

Integrieren Sie die Aufgaben 8-12 zur Stringbehandlung in ein einziges Programm, nun unter Verwendung von Funktionen für jede einzelne Operation. Rufen Sie jede Funktion mindestens einmal im Hauptprogramm auf.

Aufgabe 20: (2 bis 6)

Schreiben Sie eine Funktion, die die Werte zweier Integer-Variablen vertauscht. Benutzen Sie einmal int* und einmal int& als Parametertyp.

Aufgabe 21: (2 bis 7)

Schreiben Sie ein Programm, welches eine Liste von Monaten des Jahres anlegt und in jedem Listenelement den Namen des Monats und die Anzahl seiner Tage einträgt und anschließend wieder ausgibt (vgl. mit Aufgabe 7).

Aufgabe 22: (2 bis 7)

Definieren Sie die Datenstruktur eines "Binärbaumknotens" mit Hilfe von "struct" und implementieren Sie folgende Funktionen für Binärbäume (und testen Sie ihr Programm mit einer beliebigen Belegung des Baums):

Preorder - Durchlauf

Inorder - Durchlauf

Postorder - Durchlauf

Aufgabe 23: (2 bis 8)

Definieren Sie eine Struktur "stack-element", die einen Inhalt besitzt (vom Typ char) und einen Verweis auf das nächste Stack-Element. Implementieren Sie dann die üblichen Stack-Operatoren:

top	-	liefert den Inhalt des obersten Stack-Elementes.
push	-	legt ein Element (oben) auf dem Stack ab.
pop	-	entnimmt dem Stack das oberste Element.

Aufgabe 24: (2 bis 8)

Definieren Sie eine Klasse "Matrix", wobei die Matrix aus einer konstanten Anzahl von Zeilen und Spalten besteht und ein Element der Matrix vom Typ double ist. Die Anzahl der Zeilen soll der Anzahl der Spalten entsprechen (quadratische Matrizen). Die Elemente der Matrix sollen nur durch folgende

Prozeduren zugreifbar sein:

double get_mat(int i,int j): liefert das unter (i,j) eingetragene Element;
void put_mat(int i,int j,double contents): trägt den Wert von contents unter (i,j) ein.

Implementieren Sie dann folgende Funktionen:
- Addition zweier Matrizen
- Multiplikation zweier Matrizen
- Determinante einer Matrix.

Aufgabe 25: (2 bis 8)

Definieren Sie eine Klasse Histogramm, welche als Datenelemente die linke und die rechte Grenze eines Intervalls natürlicher Zahlen enthält. Die Intervallgrenzen sollen interaktiv eingegeben werden können und sollen als Parameter für den Konstruktor der Klassenobjekte spezifiziert werden. Der Konstruktor soll festlegen, daß das Intervall höchstens 50 Zahlen - beginnend ab der linken Intervallgrenze - umfassen soll. Definieren sie dann eine Member-Funktion, die die Anzahl der durch a (a = 1,...,5) ganzzahlig teilbaren Zahlen in diesem Intervall bestimmt und das Ergebnis als Histogramm ausdruckt, d.h. für die jeweiligen Anzahlen, der durch a teilbaren Zahlen, wird ein Histogrammbalken ausgegeben; die Histogrammbalkenlänge entspricht der ermittelten Anzahl teilbarer Zahlen. Achten Sie bei der interaktiven Eingabe der Intervallgrenzen auf mögliche Einschränkungen (z.B.: nur positive Zahlen, untere Intervallgrenze muß kleiner gleich der oberen sein, etc.).

Aufgabe 26: (2 bis 9)

Definieren Sie eine Klassenhierarchie der Art "Angestellter, Manager, Direktor, Praesident".

Angestellter besitze als Member "name", "gehalt", "alter" und einen Verweis auf den nächsten Angestellten.

Manager besitze zusätzlich einen Verweis auf eine Liste von Namen "untergebener" Angestellter.

Direktor besitze weiterhin zusätzlich einen Member "geleitete_abteilung" und einen Verweis auf eine Liste von Namen "untergebener" Manager.

Praesident schließlich besitze zusätzlich einen Verweis auf eine Liste von Namen "untergebener" Direktoren und einen Member namens "schweizer_bankkontonr".

Erzeugen Sie 4 Angestellte, 2 Manager, 2 Direktoren und 1 Präsident mit der "Untergebenen"-Hierarchie

```
                    pra
                   /   \
                dir1    dir2
                /          \
             man1           man2
            /   \           /   \
         ang1   ang2     ang3   ang4
```

und belegen Sie die Member mit sinnvollen Werten.
Implementieren Sie dann eine Funktion "print", die die Employee-Daten eines jeden Angestellten ausdruckt und dabei auch festhält, welche Funktion die jeweiligen Angestellten ausüben und welche "Untergebenen" sie besitzen (Man beachte, daß auch Manager, Direktoren und Präsidenten Angestellte sind).

Aufgabe 27: (2 bis 10)

Entwerfen Sie eine Klasse, welche das Konzept einer Menge, wie in Kapitel 8 beschrieben, realisiert. Verwenden Sie als zugrundeliegende Datenstruktur eine einfach verkettete, unsortierte Liste.

Statten Sie die Klasse mit entsprechenden Konstruktoren und Destruktor aus und definieren Sie einen entsprechenden Konstruktor, so daß eine Initialisierung durch Zuweisung möglich ist.

Überladen Sie ferner den Zuweisungsoperator für eine solche Klasse "menge". Implementieren Sie die in Kapitel 8 angegebenen Operatoren auf Mengen:

- Vereinigung zweier Mengen,
- Durchschnitt zweier Mengen,
- Test auf Gleichheit zweier Mengen,
- einfügen eines Objektes in eine Menge,
- löschen eines Objektes aus einer Menge,
- Test auf Zugehörigkeit eines Objektes zu einer Menge.

Als Elemente der Menge sollen nur natürliche Zahlen auftreten, d.h. Integerzahlen > 0. Wenden Sie ferner die Möglichkeit des Operator Overloading an, um folgende Operationen darzustellen:

Vereinigung durch +,
Durchschnitt durch /,
Gleichheit durch ==.

Aufgabe 28: (2 bis 9)

Implementieren Sie die Klassenhierarchie der Fahrzeuge aus Kapitel 9.2 (verwenden Sie dabei sinnvolle Member für die verschiedenen Klassentypen). Definieren Sie die Klasse *fahrzeug* als virtuelle Basisklasse. Definieren Sie weiterhin eine virtuelle Funktion *ausgabe* für alle Klassentypen, und kennzeichnen Sie die Funktion in *fahrzeug* als pur.

14 MUSTERLÖSUNGEN

Dieses Kapitel enthält zu jeder in Kapitel 13 gestellten Aufgabe einen Lösungsvorschlag. Sinnvollerweise sollten diese Musterlösungen jedoch erst nach eigenen Lösungsversuchen überprüft werden. Gleichzeitig bieten diese Lösungen dank ihrer Ausführlichkeit auch ein wichtiges und schnelles Nachschlagewerk für Probleme praktischer Art. Sämtliche Lösungen sind nicht im Hinblick auf Effizienz entworfen worden, sondern orientieren sich am fortschreitenden Wissensstand gemäß dem im Hauptteil dieses Buches dargestellten Stoff. So sind etwa zur Lösung der ersten Aufgaben nur Kenntnisse der vorderen Kapitel notwendig. Welche Kapitel zur Bearbeitung der einzelnen Aufgaben vorausgesetzt werden, wird bei der Aufgabenstellung (s. Kap. 13) angegeben.

Lösung für Aufgabe 1

```
/* %%%%%%%%%%%%%%%%%%%%%%%%%%%%%%%%%%%%%
        Name (des Programms/Moduls):    Mein erstes C++-Programm

        Autor(en):              Bause/Tölle

        Datum:                  01.03.1990

        Beschreibung:           Ausgabe des Strings "Mein erstes C++-Programm"
%%%%%%%%%%%%%%%%%%%%%%%%%%%%%%%%%%%%% */
#include <iostream.h>

main( )
{
  cout << "Mein erstes C++-Programm\n";
}
```

Lösung für Aufgabe 2

```
/* %%%%%%%%%%%%%%%%%%%%%%%%%%%%%%%%%%%%%%%%%%%
       Name (des Programms/Moduls):   Temperaturumrechnung

       Autor(en):                     Bause/Tölle

       Datum:                         01.03.1990

       Beschreibung:                  Die Eingabe wird von Fahrenheit in Celsius
                                      umgerechnet oder umgekehrt. Die Art der Um-
                                      rechnung wird durch einen der eingegebenen Zahl
                                      folgenden Buchstaben gekennzeichnet.
   %%%%%%%%%%%%%%%%%%%%%%%%%%%%%%%%%%%%%%%%%% */

#include <iostream.h>


  const float factor  = 9.0/5.0;
  char  character     = 0;
  int fehler          = 0;
  float x             = 0, fahrenheit = 0, celsius = 0;


main( )
{
  cout << "Bitte geben Sie eine Ganze Zahl in folgender Form ein :\n "
       << "\nZahl Umwandlungsversion (f fuer Celsius    --> Fahrenheit"
       << "\n                        c fuer Fahrenheit --> Celsius)";
  cout << "\n\nEingabe Zahl      --> ";
  cin  >> x;
  cout << "\n\nUmwandlungsversion --> ";
  cin  >> character;
  cout << "\n";

  if (character == 'f')
    {
     fahrenheit = (factor * x) + 32;
     celsius    = x;
    }
  else
  if (character == 'c')
    {
     celsius    = (x - 32) / factor;
     fahrenheit = x;
    }
  else
    {
     fehler = 1;
     cout << "Falsche Eingabe!!\n\n";
    }
  if (fehler == 0)
    cout << celsius << " Grad Celsius = " << fahrenheit << " Grad Fahrenheit\n";
}
```

14 Musterlösungen

Lösung für Aufgabe 3

```
/* %%%%%%%%%%%%%%%%%%%%%%%%%%%%%%%%%%%%%%%
      Name (des Programms/Moduls):  implizite Typkonvertierung

      Autor(en):                    Bause/Tölle

      Datum:                        01.03.1990

      Beschreibung:                 Dieses Programm liest ein Character-Zeichen interaktiv
                                    ein und gibt es anschließend per impliziter
                                    Typkonvertierung wieder aus.
   %%%%%%%%%%%%%%%%%%%%%%%%%%%%%%%%%%%%%%% */

#include <iostream.h>


main( )
{
  int i = 0;
  cout    << "Test fuer implizite Typkonversion\n\n";
  cout    << "Geben Sie ein Character ein  --> ";
  cin     >> i;
  cout    << "\nUmwandlung in Integerzahl ergibt: " << i << " \n";
}
```

Lösung für Aufgabe 4

```
/* %%%%%%%%%%%%%%%%%%%%%%%%%%%%%%%%%%%%%%%
      Name (des Programms/Moduls):  Integer-Vektor1

      Autor(en):                    Bause/Tölle

      Datum:                        01.03.1990

      Beschreibung:                 Dieses Programm liest einen Vektor mit 10
                                    Integer-Elementen interaktiv elementweise ein und
                                    gibt ihn anschließend wieder aus.
   %%%%%%%%%%%%%%%%%%%%%%%%%%%%%%%%%%%%%%% */

#include <iostream.h>

  int vektor[10];
  int i = 0;
```

```
main( )
{
 cout << "Geben sie einen Vektor elementweise ein \n";
 while (i <= 9)
 {
   cin >> vektor[i];
   i++;
 }
 i = 0;
 while (i <= 9)
 {
   cout << " " << vektor[i];
   i++;
 }
 cout << "\n";
}
```

Lösung für Aufgabe 4 (zweiter Lösungsvorschlag)

```
/* %%%%%%%%%%%%%%%%%%%%%%%%%%%%%%%%%%%%%%%%
      Name (des Programms/Moduls):   Integer-Vektor2

      Autor(en):                     Bause/Tölle

      Datum:                         01.03.1990

      Beschreibung:                  Dieses Programm liest einen Vektor mit 10
                                     Integer-Elementen interaktiv elementweise ein und
                                     gibt ihn anschließend wieder aus.
   %%%%%%%%%%%%%%%%%%%%%%%%%%%%%%%%%%%%%%%% */

#include <iostream.h>

int vektor[10];
int i = 0;

main( )
{
 cout << "Geben sie einen Vektor elementweise ein \n";
 for (i = 0; i < 10; i++)
       cin   >> vektor[i];
 for (i = 0; i < 10; i++)
       cout << " " << vektor[i];
 cout << "\n";
}
```

14 Musterlösungen

Lösung für Aufgabe 5

/* %%%
    Name (des Programms/Moduls):   sizeof fundamentaler Typen

    Autor(en):   Bause/Tölle

    Datum: 01.03.1990

    Beschreibung: Dieses Programm druckt die Größen aller
                                   fundamentalen Typen und Zeiger mittels der
                                   Funktion sizeof( ) aus.
%% */

```
#include <iostream.h>


main( )
{
  cout << "Groesse der fundamentalen Typen und Zeiger : \n\n";
  cout << "char"             : " << sizeof(char)           << "\n";
  cout << "short"            : " << sizeof(short)          << "\n";
  cout << "int"              : " << sizeof(int)            << "\n";
  cout << "long"             : " << sizeof(long)           << "\n";
  cout << "float"            : " << sizeof(float)          << "\n";
  cout << "double"           : " << sizeof(double)         << "\n";
  cout << "unsigned char"    : " << sizeof(unsigned char)  << "\n";
  cout << "unsigned short"   : " << sizeof(unsigned short) << "\n";
  cout << "unsigned long"    : " << sizeof(unsigned long)  << "\n";
  cout << "character pointer": " << sizeof(char*)          << "\n";
  cout << "short int pointer": " << sizeof(short*)         << "\n";
  cout << "integer pointer"  : " << sizeof(int*)           << "\n";
  cout << "long int pointer" : " << sizeof(long*)          << "\n";
  cout << "float pointer"    : " << sizeof(float*)         << "\n";
  cout << "double pointer"   : " << sizeof(double*)        << "\n";
}
```

Lösung für Aufgabe 6

/* %%%
    Name (des Programms/Moduls):   Verschiedene Darstellungen druckbarer Zeichen

    Autor(en):   Bause/Tölle

    Datum: 01.03.1990

    Beschreibung: Dieses Programm gibt die Integer-, Oktal- und
                                   Hexadezimaldarstellung aller druckbaren Zeichen
                                   aus (ASCII-Code).
%% */

#include <iostream.h>

214　　　　　　　　　　　　　　　　　　　　　　　　　14　Musterlösungen

```
main( )
{
 int count;
 cout << "Character Integer Oktal Hexadezimal  ";
 cout << "Character Integer Oktal Hexadezimal\n\n";

 for ( count = 33; count < 80; count++)
 {
   cout << chr(count)         << "    " << count              << "      ";
   cout << oct(count)         << "    " << hex(count)         << "      ";
   cout << chr(count + 48) << "    " << count + 48;        << "      " ;
   cout << oct(count + 48) << "    " << hex(count + 48)   << "\n";
 }
}
```

Lösung für Aufgabe 7

```
/* %%%%%%%%%%%%%%%%%%%%%%%%%%%%%%%%%%%%%%%%%%%
      Name (des Programms/Moduls):   Anzahl der Tage pro Monat, Version 1

      Autor(en):              Bause/Tölle

      Datum:                  01.03.1990

      Beschreibung:           Dieses Programm belegt eine Matrix mit den Namen
                              der Monate und der Anzahl der Tage für 1988.
%%%%%%%%%%%%%%%%%%%%%%%%%%%%%%%%%%%%%%%%%%%% */

#include <iostream.h>


char months_and_days[2][12][10]
   = {  "Januar", "Februar ", "Maerz", "April", "Mai", "Juni", "Juli", "August",
        "September", "Oktober", "November", "Dezember",
        "31", "29", "31", "30", "31", "30", "31", "31", "30", "31", "30", "31"
     };

main ( )
{
 cout << "Monate    Tage    1988\n\n";
 for ( int i = 0; i < 12; i++)
    cout << months_and_days[0][i] << " : " << months_and_days[1][i] << "\n";
}
```

Lösung für Aufgabe 8

```
/* %%%%%%%%%%%%%%%%%%%%%%%%%%%%%%%%%%%%%%%%
      Name (des Programms/Moduls):   Stringlaenge

      Autor(en):                     Bause/Tölle

      Datum:                         01.03.1990

      Beschreibung:                  Dieses Programm ermittelt die Laenge eines Strings.
   %%%%%%%%%%%%%%%%%%%%%%%%%%%%%%%%%%%%%%%% */

#include <iostream.h>


   char  string[100];
   int   count    = 0;
   char* p        = &string[0];

main( )
{
   cout   << "Bitte String eingeben --> ";
   cin    >> string;
   while (*p++) count++;
   cout   << "\nLaenge des Strings   --> " << count << "\n";
}
```

Lösung für Aufgabe 9

```
/* %%%%%%%%%%%%%%%%%%%%%%%%%%%%%%%%%%%%%%%%
      Name (des Programms/Moduls):   String kopieren

      Autor(en):                     Bause/Tölle

      Datum:                         01.03.1990

      Beschreibung:                  Dieses Programm kopiert einen String in einen
                                     anderen.
   %%%%%%%%%%%%%%%%%%%%%%%%%%%%%%%%%%%%%%%% */

#include <iostream.h>

   char string1[100]      , string2[100];
   char *p1 = &string1[0] , *p2 = &string2[0];

main( )
{
   cout   << "Bitte String eingeben --> ";
   cin    >> string1;
   while (*p1) *p2++ = *p1++;
   *p2 = '\0';
   cout   << "Inhalt des zweiten Strings   --> " <<  string2 << "\n";
}
```

Lösung für Aufgabe 10

```
/* %%%%%%%%%%%%%%%%%%%%%%%%%%%%%%%%%%%%%%%%%
        Name (des Programms/Moduls):    Stringvergleich

        Autor(en):                      Bause/Tölle

        Datum:                          01.03.1990

        Beschreibung:                   Dieses Programm vergleicht zwei Strings.
%%%%%%%%%%%%%%%%%%%%%%%%%%%%%%%%%%%%%%%%%% */

#include <iostream.h>

 char string1[100]        , string2[100];
 char *p1 = &string1[0]   , *p2 = &string2[0];

 main( )
 {
    cout   << "Bitte String1 eingeben       --> ";
    cin    >> string1;
    cout   << "\nBitte String2 eingeben     --> ";
    cin    >> string2;

    while (*p1 == *p2)
    {
        if (*p1 == '\0') break;
        p1++;
        p2++;
    }
    if (*p2 || *p1) cout << "\nDie Strings sind verschieden!\n";
    else            cout << "\nDie Strings sind identisch!\n";
 }
```

Lösung für Aufgabe 11

```
/* %%%%%%%%%%%%%%%%%%%%%%%%%%%%%%%%%%%%%%%%%
        Name (des Programms/Moduls):    Stringkonkatenation

        Autor(en):                      Bause/Tölle

        Datum:                          01.03.1990

        Beschreibung:                   Dieses Programm konkateniert zwei Strings.
%%%%%%%%%%%%%%%%%%%%%%%%%%%%%%%%%%%%%%%%%% */

#include <iostream.h>


 char string1[100]        , string2[100]       , string3[200];
 char *p1 = &string1[0]   , *p2 = &string2[0]  , *p3 = &string3[0];
```

```
main( )
{
    cout    << "Bitte String1 eingeben       --> ";
    cin     >> string1;
    cout    << "\nBitte String2 eingeben      --> ";
    cin     >> string2;
    while (*p1) *p3++ = *p1++;
    while (*p2) *p3++ = *p2++;
    *p3 = '\0';
    cout    << "\nKonkatenation der Strings ist --> " << string3 << "\n";
}
```

Lösung für Aufgabe 12

```
/* %%%%%%%%%%%%%%%%%%%%%%%%%%%%%%%%%%%%%%%%%
     Name (des Programms/Moduls):   Stringspiegelung

     Autor(en):                     Bause/Tölle

     Datum:                         01.03.1990

     Beschreibung:                  Dieses Programm spiegelt die Zeichen eines Strings.
   %%%%%%%%%%%%%%%%%%%%%%%%%%%%%%%%%%%%%%%%% */

#include <iostream.h>

char string1[100]       , string2[100];
char *p1    = &string1[0]   , *p2 = &string2[0];
char *lauf  = &string1[0];

main( )
{
    cout    << "Bitte String eingeben    --> ";
    cin     >> string1;
    while (*lauf) lauf++;
    lauf--;
    while (lauf >= p1) *p2++ = *lauf--;
        /* Vergleich von Pointern sinnvoll, wenn gesichert ist, daß beide Pointer auf denselben
           Vektor verweisen. */
    *p2 = '\0';
    cout    << "Spiegelung des Strings   --> " << string2 << "\n";
}
```

Lösung für Aufgabe 13

```
/* %%%%%%%%%%%%%%%%%%%%%%%%%%%%%%%%%%%%%%%%
      Name (des Programms/Moduls):   Matrix

      Autor(en):              Bause/Tölle

      Datum:                  01.03.1990

      Beschreibung:           Dieses Programm fuehrt folgende Operationen auf
                              Matrizen mit konstanter Anzahl von Zeilen und
                              Spalten durch :
                              - Addition zweier Matrizen
                              - Multiplikation einer Matrix mit einem Skalar
                              - Multiplikation einer Matrix mit einem Vektor
%%%%%%%%%%%%%%%%%%%%%%%%%%%%%%%%%%%%%%%%%% */
#include <iostream.h>

   const int rows  = 5;
   const int cols  = 4;

/* Man beachte, dass der Bereich der Matrix folgender ist:[0..4] x [0..3] */
typedef int matrix[rows][cols];
typedef int vector_cols[cols];
typedef int vector_rows[rows];

   matrix         inp1,inp2,out;
   vector_cols    v_inp;
   vector_rows    v_out;
   int            scalar = 10;

   void add_two_matrices(matrix inp1, matrix inp2, matrix outp)
   {
     for (int i=0; i < rows; i++)
        for (int j=0; j < cols; j++) outp[i][j] = inp1[i][j] + inp2[i][j];
   }

   void mult_matrix_with_scalar(matrix inp, matrix out, int factor)
   {
     for (int i=0; i < rows; i++)
        for (int j=0; j < cols; j++) out[i][j] = factor * inp[i][j];
   }

   void mult_matrix_with_vector( matrix inpm, vector_cols inpv, vector_rows outv)
   {
     for (int i=0; i < rows; i++)
     {
       outv[i] = 0;
       for (int j=0; j < cols; j++) outv[i] = inpv[j] * inpm[i][j] + outv[i];
     }
   }
```

```cpp
// Prozedur zum Ausdrucken einer Matrix
void print_matrix(matrix m)
{
  cout << "\n";
  for (int i=0; i < rows; i++)
  {
    for (int j=0; j < cols; j++) cout << m[i][j] << " \t";
    cout << "\n";
  }
  cout << "\n";
}

// Prozedur zum Ausdrucken eines Vektors
void print_vector(int* v, int dim)
{
  cout << "\n";
  for (int i=0; i < dim; i++) cout << v[i] << " \t";
  cout << "\n\n";
}

main( )
{
 // Initialisierung der Matrizen
 for (int i=0; i < rows; i++)
    for (int j=0; j < cols; j++)
    {
      inp1[i][j]  = i+j;
      inp2[i][j]  = i*j;
      out[i][j]   = 0;
    }

 // Initialisierung der Vektoren
 for (int j=0; j < cols; j++)
 {
   v_inp[j] = j;
   v_out[j] = 0;
 }

 // Test
 cout << "\nEingabematrizen: \n";
 print_matrix(inp1);
 print_matrix(inp2);
 add_two_matrices(inp1, inp2, out);
 cout << "\nSumme der Matrizen: \n";
 print_matrix(out);
 cout << "\n\n\nEingabematrix: \n";
 print_matrix(inp1);
 cout << "\nmultipliziert mit dem Skalar " << scalar << " ergibt: \n";
 mult_matrix_with_scalar(inp1, out, scalar);
 print_matrix(out);

 cout << "\n\n\nEingabematrix: \n";
 print_matrix(inp2);
 cout << "\nmultipliziert mit dem Vektor \n";
 print_vector(v_inp, cols);
 cout << "\nergibt\n";
```

```
   mult_matrix_with_vector(inp2, v_inp, v_out);
   print_vector(v_out, rows);
}
```

Lösung für Aufgabe 14

```
/* %%%%%%%%%%%%%%%%%%%%%%%%%%%%%%%%%%%%%%%%%%%%
        Name (des Programms/Moduls):   String<->Integer

        Autor(en):                     Bause/Tölle

        Datum:                         01.03.1990

        Beschreibung:                  Dieses Programm wandelt einen String, in dem die
                                       Ziffern '0' bis '9' und die Vorzeichen '+' und '-'
                                       auftreten duerfen, in eine Integerzahl um und
                                       umgekehrt.
   %%%%%%%%%%%%%%%%%%%%%%%%%%%%%%%%%%%%%%%%%%% */

#include <iostream.h>

char string[80];
int  wert;

int str_to_int (char *string)
{
  int sign = 1, wert = 0;
  if  ((*string == '+') || (*string == '-'))
    {
    if (*string == '-') sign = -1;
    string++;
    }
  while ((*string >= '0') && (*string <= '9'))
    {
    wert *= 10;
    wert += (*string - '0');
    string ++;
    }
  return (sign * wert);
}

void int_to_str ( int wert, char* string)
{
  int ziffer;
  char hilf[80], *p, *anfang;
  p       = &hilf[0];
  anfang  = p;
  if (wert < 0)
    {
    wert        = -wert;
    *string++   = '-';
    }
```

```
  if (!wert)
  {
    *string++  = '0';
    *string    = 0;
    return;
  }
/*  Der String p nimmt die Zeichen zuerst in umgekehrter Reihenfolge
    auf. Danach werden sie umgekehrt nach s kopiert. */

  while (wert)
  {
    ziffer    = wert % 10;
    wert     /= 10;
    *p++      = ziffer + '0';
  }

  while (p != anfang) *string++ = *--p;
  *string = 0;
  return;
}

main( )
{
  cout << "Bitte String eingeben --> ";
  cin  >> string;
  cout << "\nIntegerzahl lautet : " << str_to_int(string) << "\n\n";
  cout << "Bitte Zahl eingeben   --> ";
  cin  >> wert;
  int_to_str(wert, string);
  cout << "\nString lautet    : " << string << "\n";
}
```

Lösung für Aufgabe 15

```
/* %%%%%%%%%%%%%%%%%%%%%%%%%%%%%%%%%%%%%%%%%%
       Name (des Programms/Moduls):  ?-Stop

       Autor(en):           Bause/Tölle

       Datum:               01.03.1990

       Beschreibung:        Dieses Programm liest solange characters ein bis ein
                            Fragezeichen eingegeben wird. Anschliessend wird
                            die Anzahl der eingegebenen Zeichen ausgegeben.
   %%%%%%%%%%%%%%%%%%%%%%%%%%%%%%%%%%%%%%%%%% */


#include <iostream.h>

extern system(char*);    // Deklaration der Funktion system.
                         // system ermöglicht das direkte
                         // Ausführen von Betriebssystem-
                         // kommandos.
```

```
extern read(int, char*, int);    // Einlesefunktion
                                  // 1. Parameter = File-Deskriptor, z.B. 0 für Standard-Input
                                  // 2. Parameter = wo Eingabe speichern
                                  // 3. Parameter = Anzahl zu lesender Bytes

main( )
{
    char zeichen;
    int zaehler = 0;
    cout    << "\nGeben Sie einen String ein.\n";
    cout    << "Abbruchbedingung: Eingabe eines '?' ! \n" << "Eingabe   : ";

    system("stty cbreak");
            // Alle Eingaben werden direkt an read weitergeleitet
            // Die Eingabe eines Returns ist nicht noetig.
    do
    {
        read(0, &zeichen, 1);
        zaehler++;
    }
    while (zeichen != '?');
    system("stty -cbreak");
    cout    << "\nDer String besitzt die Laenge: " << (zaehler - 1) << "\n";
}
```

Lösung für Aufgabe 16

1)   a = (((b + (c * d)) << 2) & 8)
2)   a & (077 != 3)
3)   (a == b) || ((a == c) && (c < 5))
4)   c = (x != 0)
5)   (0 <= i) < 7

/* Wegen Linksassoziativitaet binaerer Operatoren gleicher Prioritaet */

6)   (f(1,2)) + 3

7)   a = (((-1) + (+ (b--)) - 5)

/* Bei einigen Compilern kann es passieren, dass das unaere Plus (bei (+(b--)) nicht implementiert
   ist. Trotzdem ist dieser Ausdruck korrekt. Verwendet man ein unaeres Minus (also -b--), so
   laesst sich die Korrektheit des Ausdrucks im allgemeinen mit allen Compilern ueberpruefen. */

8)   a = (b = (c = 0))
9)   (a[4][2]) *= ((*b) ? (c) : ((*d) * 2))
10) (a - b) , (c = d)
11) *(p++)
12) *(--p)
13) ++a--

/* ist immer ein Compiler-Fehler, egal ob man und wie man klammert. Dies liegt daran, dass sich
   beispielsweise bei ++(a--) das ++ auf einen Ausdruck bezieht und nicht auf eine Speicherzelle
   (kein lvalue). Ein ++ auf einen Ausdruck kann man aber nicht ausfuehren. */

14 Musterlösungen

14) (int*) (p -> m)
15) *(p.m)
16) *(a[i])

Lösung für Aufgabe 17

```
/* %%%%%%%%%%%%%%%%%%%%%%%%%%%%%%%%%%%%%%
   Name (des Programms/Moduls): Stringkodierung

   Autor(en):        Bause/Tölle

   Datum:            01.03.1990

   Beschreibung:     Dieses Programm kodiert Strings. Die Basis (das
                     Schluesselwort) fuer die Kodierung ist der String key,
                     und der zu kodierende String ist der String normal.
                     Eine bitweise exor-Funktion wird auf den Zeichen
                     beider Strings ausgefuehrt, wobei key in einer
                     zyklischen Weise verwendet wird, bis alle Zeichen
                     von normal gelesen worden sind. Dekodierung wird
                     einfach durch wiederholte Kodierung des bereits
                     kodierten Textes mit gleichem Schluesselwort key
                     ausgefuehrt. Kombinationen von Buchstaben, die in
                     etwa die gleiche Position im ASCII-Code haben,
                     produzieren haeufig nicht darstellbare Zeichen!
%%%%%%%%%%%%%%%%%%%%%%%%%%%%%%%%%%%%%% */

#include <iostream.h>

char   keys[100];
char   normal[100];
char*  hlp[100];

char* encrypt(char* normal, char* key, int length)
{
  int i = 0;
  int z = 0;
  char* help = new char[100];
  while (normal[i] != '\0')
  {
    if ( z == length) z = 0;
    help[i] = (normal[i]^key[z]);
    z++;
    i++;
  }
  help[i] = '\0';
  return help;
}
```

```
main( )
{
  cout << "          KODIERUNGS-PROGRAM !!\n\n\n";
  cout << "Vorsicht: Kombinationen von Buchstaben, die in etwa die\n";
  cout << "gleiche Position im ASCII-Code haben, fuehren haeufig zu\n";
  cout << "nicht darstellbaren Zeichen!!\n\n";
  cout << "Geben Sie einen String als Schluesselwort fuer die \n";
  cout << "Kodierung ein \n(Maximum ist 99 Buchstaben): \n\n" << "--> ";
  cin >> keys;
  cout << "\nGeben Sie einen String, den Sie kodieren wollen\n";
  cout << "(Maximum ist 99 Buchstaben)  : \n\n" << "--> ";
  cin >> normal;
  cout << "\nDer kodierte String lautet : "
       << encrypt(normal, keys, strlen(keys)) << "\n";
  cout << "\nDer dekodierte String lautet : "
       << encrypt(encrypt(normal,keys,strlen(keys)),keys,strlen(keys))
       << "\n";
}
```

Lösung für Aufgabe 18

```
/* %%%%%%%%%%%%%%%%%%%%%%%%%%%%%%%%%%%%%%%%%
     Name (des Programms/Moduls):   for-while

     Autor(en):                     Bause/Tölle

     Datum:                         01.03.1990

     Beschreibung:                  Dieses Programm enthaelt aequivalente for- und
                                    while-Anweisungen.
   %%%%%%%%%%%%%%%%%%%%%%%%%%%%%%%%%%%%%%%%%% */

#include <iostream.h>


main ( )
{
 char ch;
 int quest_count  = 0, max_length = 10, i;

   for (i = 0; i < max_length; i++)  // for-Anweisung
   {
     cin >> ch;
     if (ch == '?') quest_count++;
   }
   cout << "Anzahl der ?'s in dem input string der "
        << "Laenge " << max_length << ": "   << quest_count << "\n";

   quest_count = 0;   // aequivalente while-Anweisung
   i           = 0;
```

```
  while (i < max_length)
  {
    cin >> ch;
    if (ch == '?') quest_count++;
    i++;
  }
  cout << "Anzahl der ?'s in dem input string der "
       << "Laenge" << max_length << ": "    << quest_count << "\n";
}
```

Lösung für Aufgabe 19

```
/* %%%%%%%%%%%%%%%%%%%%%%%%%%%%%%%%%%%%%%%%%
       Name (des Programms/Moduls):   Stringbearbeitung

       Autor(en):                     Bause/Tölle

       Datum:                         01.03.1990

       Beschreibung:                  Dieses Programm
                                      - zaehlt die Laenge eines Strings mit Funktion
                                         countstring
                                      - kopiert einen String in einen anderen mit Funktion
                                         copystring
                                      - vergleicht zwei Strings mit Funktion comparestrings
                                      - konkateniert zwei Strings mit Funktion cat
                                      - spiegelt die Zeichen eines String mit Funktion rev
                                      Vgl. Aufgaben 8 - 12.
   %%%%%%%%%%%%%%%%%%%%%%%%%%%%%%%%%%%%%%%%% */

#include <iostream.h>

   char string1[100]       , string2[100];
   char *p1 = &string1[0]  , *p2 = &string2[0];

   void countstring(char *string1)
   {
     char *p1    = &string1[0];
     int count   = 0;
     while (*p1++) count++;
     cout << "\nLaenge von String1      --> " << count << "\n";
   }

   void copystring(char *string1)
   {
     char string2[100];
     char *p1 = &string1[0], *p2 = &string2[0];
     while (*p1) *p2++ = *p1++;
     *p2 = '\0';
     cout << "\nInhalt des kopierten Strings   --> " << string2 << "\n";
   }
```

```
void comparestrings(char *string1, char *string2)
{
  char *p1 = &string1[0], *p2 = &string2[0];
  while (*p1 == *p2)
  {
     if (*p1 == '\0') break;
     p1++;
     p2++;
  }
  if (*p2 || *p1) cout << "\nString1 und String2 sind verschieden!\n";
  else            cout << "\nString1 und String2 sind identisch!\n";
}

void cat(char *string1, char *string2)
{
  char string3[200];
  char *p1 = &string1[0], *p2 = &string2[0], *p3 = &string3[0];
  while (*p1) *p3++ = *p1++;
  while (*p2) *p3++ = *p2++;
  *p3 = '\0';
  cout << "\nKonkatenation von String1 und String2";
  cout << "\nergibt                  --> " << string3 << "\n";
}

void rev(char *string1)
{
  char string2[100];
  char *p1 = &string1[0], *p2 = &string2[0];
  char *lauf;
  lauf = &string1[0];
  while (*lauf) lauf++;
  lauf--;
  while (lauf >= p1) *p2++ = *lauf--;
  *p2 = '\0';
  cout << "\nSpiegelung von String1      --> " << string2 << "\n";
}

main( )
{
 cout << "Bitte String1 eingeben    --> ";
 cin  >> string1;
 cout << "\nBitte String2 eingeben   --> ";
 cin  >> string2;
 countstring(string1);
 copystring(string1);
 comparestrings(string1, string2);
 cat(string1, string2);
 rev(string1);
}
```

Lösung für Aufgabe 20

```
/* %%%%%%%%%%%%%%%%%%%%%%%%%%%%%%%%%%%%%%
        Name (des Programms/Moduls):   vertausche1

        Autor(en):                     Bause/Tölle

        Datum:                         01.03.1990

        Beschreibung:                  Dieses Programm vertauscht den Inhalt zweier
                                       Integer-Variablen. Einmal wird int* und einmal int&
                                       als Parametertyp verwendet.
   %%%%%%%%%%%%%%%%%%%%%%%%%%%%%%%%%%%%%% */

#include <iostream.h>

int wert1, wert2;

void swap1(int* a, int* b)
{
 int help;
 help = *a;
 *a   = *b;
 *b   = help;
}

void swap2(int& a, int& b)
{
 int help;
 help = a;
 a    = b;
 b    = help;
}

main( )
{
 cout << "\n1. Wert --> : ";
 cin  >> wert1;
 cout << "2. Wert --> : ";
 cin  >> wert2;
 swap1(&wert1, &wert2);
 cout << "\nVertauschte Werte : \n";
 cout << "1. Wert : " << wert1 << "  2. Wert : " << wert2 << "\n\n";
 swap2(wert1, wert2);
 cout << "\nNochmal vertauschte Werte : \n";
 cout << "1. Wert : " << wert1 << "  2. Wert : " << wert2 << "\n\n";
}
```

Lösung für Aufgabe 20 (zweiter Lösungsvorschlag)

```
/* %%%%%%%%%%%%%%%%%%%%%%%%%%%%%%%%%%%%%%%%
     Name (des Programms/Moduls):   vertausche2

     Autor(en):                     Bause/Tölle

     Datum:                         01.03.1990

     Beschreibung:                  Dieses Programm vertauscht den Inhalt zweier
                                    Integer-Variablen. Einmal wird int* und einmal int&
                                    als Parametertyp verwendet. Eine Hilfsvariable zum
                                    Vertauschen wird hier nicht benoetigt.
   %%%%%%%%%%%%%%%%%%%%%%%%%%%%%%%%%%%%%%%% */

#include <iostream.h>

int wert1, wert2;

void swap1(int* a, int* b)
{
  *a ^= *b ^= *a, *b ^= *a;
}

void swap2(int& a, int& b)
{
  a ^= b ^= a, b ^= a;
}

main( )
{
  cout << "\n1. Wert --> : ";
  cin  >> wert1;
  cout << "2. Wert --> : ";
  cin  >> wert2;
  swap1(&wert1, &wert2);
  cout << "\nVertauschte Werte : \n";
  cout << "1. Wert : " << wert1 << "  2. Wert : " << wert2 << "\n\n";
  swap2(wert1, wert2);
  cout << "\nNochmal vertauschte Werte : \n";
  cout << "1. Wert : " << wert1 << "  2. Wert : " << wert2 << "\n\n";
}
```

14 Musterlösungen

Lösung für Aufgabe 21

```
/* %%%%%%%%%%%%%%%%%%%%%%%%%%%%%%%%%%%%%
   Name (des Programms/Moduls):   Anzahl der Tage pro Monat, Version 2

   Autor(en):                     Bause/Tölle

   Datum:                         01.03.1990

   Beschreibung:                  Dieses Programm legt eine Liste von Monaten des
                                  Jahres an, wobei jedes Listenelement den
                                  Monatsnamen und die Anzahl der Tage des Monats
                                  enthaelt.
   %%%%%%%%%%%%%%%%%%%%%%%%%%%%%%%%%%%%% */

#include <iostream.h>


  struct month_and_number_of_days
    {
     char*   month;
     int     day;
     month_and_number_of_days* next;
    };

  month_and_number_of_days* main_pointer;
  month_and_number_of_days* run;

main ( )
{
  main_pointer = new month_and_number_of_days;
  run = main_pointer;    run->month = "Januar   ";        run->day = 31;
  run->next = new month_and_number_of_days;
  run = run->next;       run->month = "Februar  ";        run->day = 29;
  run->next = new month_and_number_of_days;
  run = run->next;       run->month = "Maerz    ";        run->day = 31;
  run->next = new month_and_number_of_days;
  run = run->next;       run->month = "April    ";        run->day = 30;
  run->next = new month_and_number_of_days;
  run = run->next;       run->month = "Mai      ";        run->day = 31;
  run->next = new month_and_number_of_days;
  run = run->next;       run->month = "Juni     ";        run->day = 30;
  run->next = new month_and_number_of_days;
  run = run->next;       run->month = "Juli     ";        run->day = 31;
  run->next = new month_and_number_of_days;
  run = run->next;       run->month = "August   ";        run->day = 31;
  run->next = new month_and_number_of_days;
  run = run->next;       run->month = "September";        run->day = 30;
  run->next = new month_and_number_of_days;
  run = run->next;       run->month = "Oktober  ";        run->day = 31;
  run->next = new month_and_number_of_days;
  run = run->next;       run->month = "November ";        run->day = 30;
  run->next = new month_and_number_of_days;
  run = run->next;       run->month = "Dezember ";        run->day = 31;
  run->next = 0;     //Endemarkierung der Liste
```

```
run = main_pointer;

cout << "Monat    Tage    1988\n\n";

while (run)
{
   cout << run->month << " : " << run->day << "\n";
   run = run->next;
}
}
```

Lösung für Aufgabe 22

```
/* %%%%%%%%%%%%%%%%%%%%%%%%%%%%%%%%%%%%%%%%%
      Name (des Programms/Moduls):   Binärbaum

      Autor(en):                     Bause/Tölle

      Datum:                         01.03.1990

      Beschreibung:                  Dieses Programm definiert die Structure eines
                                     Baumknotens und fuehrt folgende Traversions-
                                     operationen auf einem speziell dafuer definierten
                                     Baum aus:
                                     - preorder
                                     - inorder
                                     - postorder
%%%%%%%%%%%%%%%%%%%%%%%%%%%%%%%%%%%%%%%%%%% */

#include <iostream.h>


struct tnode
{
  int       contents;
  tnode*    left;
  tnode*    right;
};

tnode* create( )
{
/*   Diese Funktion kreiert ein neues Element vom Typ tnode und
     initialisiert es     */
  tnode* t;
  t              = new tnode;
  t->contents    = 0;
  // Initialisierung zweier Zeiger auf 'nil'
  t->left        = 0;
  t->right       = 0;
  // Uebergabe eines Zeigers auf das kreierte Objekt
  return t;
}
```

14 Musterlösungen

```
void print_node(tnode* pointer)
{
 if (pointer) cout << "\nInhalt des Knotens ist " << pointer->contents;
}
void preorder(tnode* pointer)
{
 if (pointer)
  {
   print_node(pointer);
   preorder(pointer->left);
   preorder(pointer->right);
  }
}
void inorder(tnode* pointer)
{
 if (pointer)
  {
   inorder(pointer->left);
   print_node(pointer);
   inorder(pointer->right);
  }
}
void postorder(tnode* pointer)
{
 if (pointer)
  {
   postorder(pointer->left);
   postorder(pointer->right);
   print_node(pointer);
  }
}
main( )
{
 tnode* root;      // Definition der Wurzel
 tnode* run;       // Hilfszeiger

/* Der folgende binaere Baum von Integern wird erzeugt:

              1
             / \
            2   3
           / \   \
          4   5   6
         /
        7
       /\
      8  9
*/

 root = create( );
 root->contents = 1;
```

```cpp
     // Kreieren des linken Unterbaums
     root->left = create( );    run = root->left;          run->contents = 2;
     run->left = create( );     run->right = create( );    run->right->contents = 5;
     run = run->left;           run->contents = 4;         run->left = create( );
     run = run->left;           run->contents = 7;         run->left = create( );
     run->right = create( );    run->left->contents = 8;   run->right->contents = 9;

     // Kreieren des rechten Unterbaums
     root->right = create( );  run = root->right;          run->contents = 3;
     run->right = create( );   run->right->contents = 6;

     cout << "preorder: " << "\n";
     preorder(root);
     cout << "\n\n\n";
     cout << "inorder: " << "\n";
     inorder(root);
     cout << "\n\n\n";
     cout << "postorder: " << "\n";
     postorder(root);
     cout << "\n\n\n";
}
```

Lösung für Aufgabe 23

```
/* %%%%%%%%%%%%%%%%%%%%%%%%%%%%%%%%%%%%%%%%
       Name (des Programms/Moduls):   Stack

       Autor(en):                     Bause/Tölle

       Datum:                         01.03.1990

       Beschreibung:                  Dieses Programm definiert die Structure eines
                                      Stack-Objekts und fuehrt die bekannten Funktionen
                                      push und pop durch In der Funktion main kann der
                                      Benutzer eine beliebige Anzahl von Charactern
                                      eingeben, die auf den Stack gelegt und spaeter
                                      wieder vom Stack genommen werden.
%%%%%%%%%%%%%%%%%%%%%%%%%%%%%%%%%%%%%%%%%%% */

#include <iostream.h>


struct stack_object
 {
   char contents;
   stack_object* next;
 };

stack_object* stack;
```

14 Musterlösungen

```cpp
/*  Die Funktion create erzeugt ein neues Stack-Element und initialisiert
    seine Member.        */
stack_object* create( )
{
  stack_object* s;
  s = new stack_object;
  s->contents = ' ';
  s->next     = 0;
  return s;
}

void print_stack_object(stack_object* pointer)
{
  if (pointer) cout << "\nInhalt ist  " << chr(pointer->contents) << "\n";
}

/*  Die Funktion top liefert einen Zeiger auf das oberste Stack-Element
    ohne es vom Stack zu loeschen.        */
stack_object* top(stack_object* st)
{
      return st;
}

void push(stack_object*& stack, char cont)
// call by reference
{
  stack_object* s;
  s             = create( );
  s->contents = cont;
  s->next     = stack;
  stack       = s;
}

void pop(stack_object*& stack)
// call by reference
{
  stack_object* s;
  s       = stack;
  stack   = stack->next;
  s->next = 0;
  delete s;
}

main( )
{
  char inp;
  cout << "Geben Sie bitte Characters ein (0=Ende) \n";
  cin  >> inp;
  while (inp != '0')
  {
    push(stack,inp);
    cin >> inp;
  }
```

```
// Ausgabe und Loeschen des Stacks
while (stack)
{
  print_stack_object(top(stack));
  pop(stack);
}
}
```

Lösung für Aufgabe 24

```
/* %%%%%%%%%%%%%%%%%%%%%%%%%%%%%%%%%%%%%%%%%%%
      Name (des Programms/Moduls):    Klasse Matrix

      Autor(en):                      Bause/Tölle

      Datum:                          01.03.1990

      Beschreibung:                   Dieses Programm definiert eine Klasse Matrix mit
                                      konstanter und gleicher Anzahl von Zeilen und
                                      Spalten und besitzt folgende oeffentliche
                                      Operationen:
                                           - Zugriff auf ein Matrix-Element
                                           - Eintrag eines Matrix-Elements
                                      Weiterhin werden folgende Funktionen auf
                                      Matrizen implementiert
                                           - Addition zweier Matrizen
                                           - Multiplikation zweier Matrizen
                                           - Berechnung der Determinante einer Matrix
%%%%%%%%%%%%%%%%%%%%%%%%%%%%%%%%%%%%%%%%%%% */

#include <stream.h>


   const int rows_and_cols = 3;
   typedef double mat[rows_and_cols][rows_and_cols];

   class matrix
   {
      // Definition der Klasse Matrix
      private:
      mat      m;

       public:
       // oeffentliche Funktionen
       double    get_mat(int,int);
       void      put_mat(int,int,double);
   };

   double matrix :: get_mat(int i,int j)
   {
        return m[i][j];
   }

   void matrix :: put_mat(int i, int j, double contents)
   {
        m[i][j] = contents;
   }
```

```cpp
void print_matrix(matrix m)
{
    cout << "\n";
    for (int i=0; i < rows_and_cols; i++)
        for (int j=0; j < rows_and_cols; j++)
            cout << m.get_mat(i,j) << " \t" << "\n";
    cout << "\n";
}

matrix add(matrix inp1, matrix inp2)
{
    matrix    outp;
    for (int i=0; i < rows_and_cols; i++)
        for (int j=0; j < rows_and_cols; j++)
            outp.put_mat(i,j,(inp1.get_mat(i,j) + inp2.get_mat(i,j)));
    return outp;
}

matrix mul(matrix inp1, matrix inp2)
{
    matrix    outp;
    int       i,j;

    // Initialisierung von outp
    for (i=0; i < rows_and_cols; i++)
        for (j=0; j < rows_and_cols; j++)  outp.put_mat(i,j,0);

    // Berechnung des Produktes
    for (i=0; i < rows_and_cols; i++)
        for (j=0; j < rows_and_cols; j++)
            for (int k=0; k < rows_and_cols; k++)
                outp.put_mat(i,j, (outp.get_mat(i,j) + inp1.get_mat(i,k) *inp2.get_mat(k,j)));
    return outp;
}

double det(matrix inp)
    /*call by value !!
    Der folgende Algorithmus wird verwendet, um die Determinante einer
    quadratischen Matrix zu berechnen. Die Eingabematrix wird durch eine
    Kombination von elementaren Matrixoperationen (Addition zweier Zeilen
    und Multiplikation einer Zeile mit einem Skalar) auf Dreiecksform gebracht.
    Die Determinante ist dann das Produkt der Hauptdiagonal-Elemente der so
    transformierten Matrix.  */
{
    int row = 0, col = 0, i, j, k, l;
    double out, pivot, mem;
```

```
while (row < (rows_and_cols-1))
{
    if (col >= rows_and_cols) break;
    i = row;
    while ((i < rows_and_cols) && (inp.get_mat(i,col) == 0)) i++;
    if (i >= rows_and_cols) break;

    // Vertausche Zeilen, falls noetig
    if (i != row)
    {
       for (k=0; k < rows_and_cols; k++)
       {
          mem = inp.get_mat(row,k);
          inp.put_mat(row,k,inp.get_mat(i,k));
          inp.put_mat(i,k,mem);
       }
    }

    // Matrixtransformation, so dass jedes Element unterhalb der
    // Zeile 'row' mit Spaltenindex < 'col' Null ist
    pivot = inp.get_mat(row,col);
    for (l=(row+1); l < rows_and_cols; l++)
    {
       double factor = inp.get_mat(l,col) / pivot * -1;
       for (k=col; k < rows_and_cols; k++)
       {
          // Multiplikation der Zeile 'l' mit dem Skalar 'pivot' und
          // Addition der Zeile 'row' mit der Zeile 'l'
          inp.put_mat(l,k,(factor * inp.get_mat(row,k) + inp.get_mat(l,k)));
       }
    }
    row++;
    col++;
}

out = 1;
for (k=0; k < rows_and_cols; k++) out = out * inp.get_mat(k,k);
return out;

/*  Man beachte, dass der Parameter inp durch call by value uebergeben
    wurde und somit die Transformationen der Matrix inp in der
    Funktion det nicht den Wert des aktuellen Parameters aendern!  */
}
```

```
main( )
{
    matrix    inp1,inp2;

    // Initialisierung der Matrizen

    for (int i=0; i < rows_and_cols; i++)
        for (int j=0; j < rows_and_cols; j++)
        {
           inp1.put_mat(i,j,i*j*j+1);
           inp2.put_mat(i,j,i+j+1);
        }

    cout << "\nEingabematrizen: \n";
    print_matrix(inp1);
    print_matrix(inp2);
    cout << "\nSumme der Matrizen: \n";
    print_matrix(add(inp1,inp2));

    cout << "\n\n\n";
    cout << "\nMatrix: \n";
    print_matrix(inp1);
    cout << "\n multipliziert mit \n";
    print_matrix(inp2);
    cout << "\n ergibt \n";
    print_matrix(mul(inp1,inp2));

    cout << "\n\n\n";
    cout << "\nDeterminante der Eingabematrix: \n";
    print_matrix(inp1);
    cout << "\n ergibt ";
    cout << det(inp1) << "\n";;
}
```

Lösung für Aufgabe 25

```
/* %%%%%%%%%%%%%%%%%%%%%%%%%%%%%%%%%%%%%%%
   Name (des Programms/Moduls):    Histogramm

   Autor(en):                      Bause/Tölle

   Datum:                          01.03.1990

   Beschreibung:                   Dieses Programm druckt die Anzahl von Zahlen in
                                   einem Intervall von Integern als Histogramm.
                                   Genauer: Die Anzahl der Zahlen, die durch 1, 2, 3,
                                   4, 5 ganzzahlig teilbar sind, werden zeilenweise
                                   ausgegeben. Das Intervall, welches mittels linker
                                   und rechter Grenze angebenen wird, wird als
                                   Argument fuer den Konstruktor der Klasse
                                   histogramm benutzt. Es wird ueberprueft, ob das
                                   Intervall mehr als 50 Zahlen beeinhaltet. Falls
                                   dies der Fall ist, so wird das Intervall automatisch
                                   auf 50 Zahlen begrenzt, beginnend mit der linken
                                   Grenze.
   %%%%%%%%%%%%%%%%%%%%%%%%%%%%%%%%%%%%%%% */

#include <stream.h>

class histogramm
{
        private:
        int    left, right;

        public :
        histogramm(int l, int r)
        {
           left = l;
           ((r - l < 50) ? (right = r) : (right = (left + 49)));
        }

        void print_hist();
};


void histogramm :: print_hist()
{
        int z;

        cout << "\nIntervallgrenzen sind : [" << left << "," << right << "]";
        z = right - left + 1;
        cout << "\n\nAnz. der durch 1 teilbaren Zahlen : ";
        for (int i = 0; i < z; i++) cout << "X";
```

```cpp
        z = (right/2) - ((left-1)/2);
        cout << "\n\nAnz. der durch 2 teilbaren Zahlen : ";
        for (int j = 0; j < z; j++) cout << "X";

        z = (right/3) - ((left-1)/3);
        cout << "\n\nAnz. der durch 3 teilbaren Zahlen : ";
        for (int k = 0; k < z; k++) cout << "X";

        z = (right/4) - ((left-1)/4);
        cout << "\n\nAnz. der durch 4 teilbaren Zahlen : ";
        for (int l = 0; l < z; l++) cout << "X";

        z = (right/5) - ((left-1)/5);
        cout << "\n\nAnz. der durch 5 teilbaren Zahlen : ";
        for (int m = 0; m < z; m++) cout << "X";
        cout << "\n\n";
        }

main( )
{
        int lower  = 1;
        int upper  = 1;

        cout << "\n\n         HISTOGRAMM-PROGRAMM\n\n";
        cout << "Durch Eingabe von 0 fuer die untere Grenze\n";
        cout << "koennen Sie das Programm beenden!\n\n";

        while (lower)
        {
           cout << "Bitte geben Sie die untere Grenze an --> ";
           cin    >> lower;

           if (lower <= 0) break;
           cout << "\n";
           cout << "Bitte geben Sie die obere Grenze an --> ";
           cin    >> upper;
           if (upper <= 0) break;

           if (upper < lower)
           {
              cout << "\nFehler : Obere Grenze kleiner als untere Grenze!!\n\n";
              break;
           }

           histogramm his(lower, upper);
           his.print_hist();
           cout << "\n\n\n";
        }
}
```

Lösung für Aufgabe 26

```
/* %%%%%%%%%%%%%%%%%%%%%%%%%%%%%%%%%%%%%%%%
```
Name (des Programms/Moduls): Angestellten1

Autor(en): Bause/Tölle

Datum: 01.03.1990

Beschreibung: Dieses Programm definiert eine Klassenhierarchie der folgenden Art :Angestellter, Manager, Direktor und Praesident.

Ein Manager verwaltet einige Angestellte , ein Direktor einige Manager und ein Praesident einige Direktoren. Diese Personen werden in Inkarnationen der Klasse *names* gespeichert und jeder Manager, Direktor und Praesident hat einen Zeiger auf die von ihnen verwalteten Personen.

Vier Elemente der Klasse *employee*, zwei der Klasse *manager*, zwei der Klasse *director* und ein Element der Klasse *president* werden erzeugt und in eine Liste von Angestellten eingetragen.

Die Funktion *print* wird als Friend-Funktion der Klasse *employee* definiert und druckt die verschiedenen Informationsinhalte der jeweiligen Klassen einschliesslich der verwalteten Personen aus.

Die Hierarchie (betreffend der verwalteten Personen) ist:

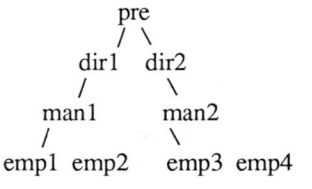

```
                pre
               /   \
            dir1    dir2
            /          \
         man1          man2
         /                \
      emp1 emp2        emp3 emp4
```

Die Liste der Angestellten sieht wie folgt aus :

emp1, emp2, emp3, emp4, man1, man2, dir1, dir2, pre

Zum Drucken der Informationen werden Typfelder benutzt.
Eine andere Loesungsmoeglichkeit waeren virtuelle Funktionen.
```
%%%%%%%%%%%%%%%%%%%%%%%%%%%%%%%%%%%%%%%% */
```

```cpp
#include <stream.h>


int p_print = 0, d_print = 0, m_print = 0, e_print = 0;
// Variablen zur Kennzeichnung, ob Textüberschrift bereits ausgegeben worden ist.

enum empl_type { E, M, D, P};

class names
{
        private:
        char*    na;
        names*   succ;

        public :
        names(char* nam) { na = nam;  succ = 0; }
};

class employee
{
        private:
        empl_type   e_type;
        char*       name;
        short       age;
        int         salary;

        friend void  print(employee*);

        public :
        employee*   next;

        employee(empl_type t, char* n, short a, int s) // Konstruktor
        {
           e_type = t;
           name   = n;
           age    = a;
           salary = s;
        }
};

class manager : public employee
{
        public :
        names*    group;
};

class director : public manager
{
        public :
        short     directed_department;
        names*    man_managed;
};
```

14 Musterlösungen

```
class president : public director
{
      public :
      names*   direct;
      long     swiss_bank_account_no;
};

void print(employee* run)
{
      switch (run -> e_type)
      {
        case P :
        if (p_print == 0)
        {
           cout << "\nPraesidenten sind : \n\n";
           p_print = 1;
        }

           cout << run -> name << "  " << run -> age << "  " << run -> salary << "  ";
           president* p = (president*) run;
           cout  << "Schweizer Bankkontonr. : "  << p -> swiss_bank_account_no
                 << "\n" << "Verwaltete Direktoren  : ";

           while (p -> direct)
           {
              cout << p -> direct -> na  << ", ";
              (p -> direct) = ((p -> direct) -> succ);
           }

           cout << "\n";
           break;

        case D :
        if (d_print == 0)
        {
           cout << "\nDirektoren sind : \n\n";
           d_print = 1;
        }

           cout << run -> name << "  " << run -> age << "  " << run -> salary << "  ";
           director* d = (director*) run;
           cout  << "Abteilung  : " << d -> directed_department << "\n"
                 << "Verwaltete Manager : ";

           while (d -> man_managed)
           {
              cout << d -> man_managed -> na << ", ";
              (d -> man_managed) = ((d -> man_managed) -> succ);
           }

           cout << "\n\n";
           break;
```

```
            case M :
            if (m_print == 0)
            {
               cout << "\n\nManager sind : \n\n";
               m_print = 1;
            }

            cout << run -> name << "   " << run -> age << "   " << run -> salary << "\n";
            manager* m = (manager*) run;
            cout << "Verwaltete Angestellte : ";

            while (m -> group)
            {
                cout << m -> group -> na << ", ";
                (m -> group) = ((m -> group) -> succ);
            }

            cout << "\n\n";
            break;

            case E :
            if (e_print == 0)
            {
               cout << "\n\nAngestellte sind : \n\n";
               e_print = 1;
            }

            cout << run -> name << "   " << run -> age << "   " << run -> salary << "\n";
            break;
        }
}

main( )
{
        employee* test;

        employee emp1(E, 'Peter", 26, 40000), emp2(E, "Uschi", 45, 38000),
                 emp3(E, 'Willi", 18, 22000), emp4(E, "Carla", 39, 78000);

        names    e1("Peter"), e2("Uschi"), e3("Willi"), e4("Carla"),
                 m1("Klaus"), m2("Bruno"), d1("Tommi"), d2("Berta"), p1("Hansi");

        manager man1(M, "Klaus", 42, 110000);
        manager man2(M, "Bruno", 47, 132000);
        man1.group              = &e1;
        man1.group -> succ      = &e2;
        man2.group              = &e3;
        man2.group -> succ      = &e4;

        director dir1(D, "Tommi", 55, 210000);
        dir1.directed_department = 1;
        dir1.man_managed        = &m1;
```

```
    director dir2(D, "Berta", 54, 230000);
    dir2.directed_department = 2;
    dir2.man_managed         = &m2;

    president pre(P, "Hansi", 58, 360000);
    pre.swiss_bank_account_no = 789432145;
    pre.direct               = &d1;
    pre.direct -> succ       = &d2;

    emp1.next    = &emp2;    emp2.next = &emp3;    emp3.next = &emp4;
    emp4.next    = &man1;    man1.next = &man2;    man2.next = &dir1;
    dir1.next    = &dir2;    dir2.next = &pre;

    cout << "Die Hierarchie ist : ";
    test = &emp1;
    for (; test; test = test -> next) print(test);
}
```

Lösung für Aufgabe 26 (zweiter Lösungsvorschlag)

/* %%

Name (des Programms/Moduls):	Angestellten2
Autor(en):	Bause/Tölle
Datum:	01.03.1990
Beschreibung:	Dieses Programm definiert eine Klassenhierarchie der folgenden Art : Angestellter, Manager, Direktor und Praesident.
	Ein Manager verwaltet einige Angestellte , ein Direktor einige Manager und ein Praesident einige Direktoren. Jeder Manager, Direktor und Praesident hat einen Zeiger auf die von ihnen verwalteten Personen.
	Vier Elemente der Klasse *employee*, zwei der Klasse *manager*, zwei der Klasse *director* und ein Element der Klasse *president* werden erzeugt und in eine Liste von Angestellten eingetragen.
	Die Funktion print wird als virtuelle Funktion der Klasse *employee* definiert und druckt die verschiedenen Informationsinhalte der jeweiligen Klassen einschliesslich der verwalteten Personen aus.

Die Hierarchie (betreffend der verwalteten Personen) ist:

```
            pre
           /   \
         dir1   dir2
         /         \
       man1        man2
       / \         / \
    emp1 emp2   emp3 emp4
```

Die Liste der Angestellten sieht wie folgt aus :

emp1, emp2, emp3, emp4, man1, man2, dir1, dir2, pre

%% */

```cpp
#include <stream.h>

int p_print = 0, d_print = 0, m_print = 0, e_print = 0;

struct names
{
      char*    na;
      names    *succ;
      names( char* nam) { na = nam;  succ = 0; }
};

class employee
{
      public :
      char*    name;
      short    age;
      int      salary;
      employee *next;

      virtual void print(employee*);   // Deklaration einer virtuellen Funktion

      employee(char* n, short a, int s)   // Konstruktor
      {
         name   = n;
         age    = a;
         salary = s;
      }
};
```

14 Musterlösungen

```
class manager : public employee
{
        public :
        names*    group;
        void      print(employee*);

        manager(char*n, short a, int s) : (n,a,s)
        // Definition des Konstruktors mit Parametern fuer den Konstruktor der Basisklasse
        {
          group = 0;
        }
};

class director : public manager
{
        public :
        short     directed_department;
        names*    man_managed;
        void      print(employee*);

        director(char*n, short a, int s) : (n,a,s)
        {
          directed_department = 0;
          man_managed = 0;
        }
};


class president : public director
{
        public :
        names* direct;
        long      swiss_bank_account_no;
        void      print(employee*);

        president(char*n, short a, int s) : (n,a,s)
        {
          direct = 0;
          swiss_bank_account_no = 0;
        }
};


void president::print(employee* run)
{
        if (p_print == 0)
        {
           cout << "\nPraesidenten sind: \n\n";
            p_print = 1;
        }

        cout << run -> name << "   " << run -> age << "   " << run -> salary << "   ";
        president* p = (president*) run;
```

```cpp
        cout << "Schweizer Bankkontonr. : " << p -> swiss_bank_account_no
             << "\n" << "Verwaltete Direktoren : ";

        while (p -> direct)
        {
           cout << p -> direct -> na  << ", ";
           (p -> direct) = ((p -> direct) -> succ);
        }

        cout << "\n";
}

void director :: print(employee* run)
{
        if (d_print == 0)
        {
           cout << "\nDirektoren sind : \n\n";
           d_print = 1;
        }

        cout  << run -> name << "   " << run -> age << "   " << run -> salary << "   ";
        director* d = (director*) run;
        cout  << "Abteilung  : " << d -> directed_department << "\n"
              << "Verwaltete Manager : ";

        while (d -> man_managed)
        {
           cout << d -> man_managed -> na << ", ";
           (d -> man_managed) = ((d -> man_managed) -> succ);
        }

        cout << "\n\n";
}

void manager :: print(employee* run)
{
        if (m_print == 0)
        {
           cout << "\n\nManager sind : \n\n";
           m_print = 1;
        }

        cout << run -> name << "   " << run -> age << "   " << run -> salary << "\n";
        manager* m = (manager*) run;
        cout << "Verwaltete Angestellte : ";

        while (m -> group)
        {
            cout << m -> group -> na << ", ";
            (m -> group) = ((m -> group) -> succ);
        }
        cout << "\n\n";
}
```

```
void employee :: print(employee* run)
{
      if (e_print == 0)
      {
         cout << "\n\nAngestellte sind : \n\n";
         e_print = 1;
      }

      cout << run -> name << "   " << run -> age << "   " << run -> salary << "\n";
}


main( )
{
      employee* test;

      employee emp1("Peter", 26, 40000), emp2("Uschi", 45, 38000),
               emp3("Willi", 18, 22000), emp4("Carla", 39, 78000);

      names    e1("Peter"), e2("Uschi"), e3("Willi"), e4("Carla"),
               m1("Klaus"), m2("Bruno"), d1("Tommi"), d2("Berta"), p1("Hansi");

      manager man1("Klaus", 42, 110000);
      manager man2("Bruno", 47, 132000);
      man1.group            = &e1;
      man1.group -> succ    = &e2;
      man2.group            = &e3;
      man2.group -> succ    = &e4;

      director dir1("Tommi", 55, 210000);
      dir1.directed_department = 1;
      dir1.man_managed      = &m1;
      director dir2("Berta", 54, 230000);
      dir2.directed_department = 2;
      dir2.man_managed      = &m2;

      president pre("Hansi", 58, 360000);
      pre.swiss_bank_account_no = 789432145;
      pre.direct            = &d1;
      pre.direct -> succ    = &d2;

      emp1.next   = &emp2;   emp2.next  = &emp3;    emp3.next = &emp4;
      emp4.next   = &man1;   man1.next  = &man2;    man2.next = &dir1;
      dir1.next   = &dir2;   dir2.next  = &pre;     pre.next  = 0;

      cout << "Die Hierarchie ist : ";
      test = &emp1;
      for (; test; test = test -> next) test->print(test);
}
```

Lösung für Aufgabe 27:

```
/* %%%%%%%%%%%%%%%%%%%%%%%%%%%%%%%%%%%%%%%%%%%%%
   Name (des Programms/Moduls):    Realisierung der Klasse menge aus Kapitel 8

   Autor(en):                      Bause/Tölle

   Datum:                          01.03.1990

   Beschreibung:                   Dieses Modul enthält die Definition der Klasse
                                   menge  aus Kapitel 8, samt der wichtigsten
                                   Konstruktoren und Operatoren. Als Datenstruktur
                                   wird hier eine einfach verkettete, unsortierte Liste
                                   verwendet. Ferner wurde bei der Implementation
                                   der Operationen mehr Gewicht auf eine kurze und
                                   verständliche Lösung gelegt, als auf effiziente
                                   Algorithmen.
   %%%%%%%%%%%%%%%%%%%%%%%%%%%%%%%%%%%%%%%%%%%%% */

#include <iostream.h>

class menge;       //Vorwaertsdeklaration

class elem
{
       friend class menge;
       public:
       elem(int i, elem* s)
       {
          inhalt = i;
          suc = s;
       }
       ~elem(void)
       {
          suc = 0;
       }
       private:
       int inhalt;
       elem* suc;
};

class menge
{
       friend menge    operator+(menge&, menge&);
       friend menge    operator/(menge&, menge&);
       friend int      operator==(menge&, menge&);

       public:
       menge( );
       menge(const menge&);
       ~menge( );
       menge&          operator=(const menge&);
```

```
        void      einfuegen(int);
        void      loeschen(int);
        int       in(int);
        private:
        int       operator() ( );  // Iterator, Hilfsfunktion daher private
        int       iter;            // kennzeichnet den Beginn einer Iteration
        elem      *objekte, *iterator;
};

menge operator+(menge& m1, menge& m2)
{
        menge m;        // m ist eine leere Menge
        for (int i = m1() ; i > 0; i = m1() )
           m.einfuegen(i);
        for (i = m2() ; i > 0; i = m2() )
           m.einfuegen(i);
        return m;       // Beachte: Ergebnisrueckgabe so moeglich, da ein Konstruktor vom Typ
                        // X::X(const X&) existiert; vgl. auch Kapitel 8.4.2 Teil d).
}

menge operator/(menge& m1, menge& m2)
{
        menge m;
        for (int i = m1() ; i > 0; i = m1() )
           if ( m2.in(i) )
                 m.einfuegen(i);
        return m;
}

int operator==(menge& m1, menge& m2)
{
        for (int i = m1() ; i > 0; i = m1() )
           if (!m2.in(i)) return 0;
        for (i = m2() ; i > 0; i = m2() )
           if (!m1.in(i)) return 0;
        return 1;
}

menge::menge( )
{
        objekte  = 0;   // objekte-Zeiger auf NULL entspricht der leeren Menge
        iterator = 0;
        iter     = 0;
}

menge::menge(const menge& m)
{
        menge( );  // leere Menge erzeugen
        *this = m; // Beachte: Zuweisungsoperator ist overloaded
}
```

```cpp
menge::~menge( )
{
    elem* p;
    for (; objekte; objekte = p)
    {
        p = objekte->suc;
        delete objekte;
    }
    iterator = 0;
    iter = 0;
}

int menge::operator() ()
{
    if (!objekte) return -1;
    if (!iter)
    {
        iterator = objekte;
        iter = 1;              // Beginn der Iteration
    }
    if (iter == 1)
    {
        int i = iterator->inhalt;
        iterator = iterator->suc;
        if (!iterator)
            iter = -1;
        return i;
    }
    if (iter == -1)
    {
        iter = 0;
        return -1;
    }
}

menge& menge::operator=(const menge& m)
{
    elem* p;
    for (; objekte; objekte = p)
    {
        p = objekte->suc;
        delete objekte;
    }
    iterator = 0;
    iter = 0;

    p = m.objekte;
    for (; p;  p = p->suc)  einfuegen(p->inhalt);
    return *this;
}
```

14 Musterlösungen

```cpp
void menge::einfuegen(int i)
{
    if (i <= 0)
    {
        cerr << "Bereichsfehler\n";
        exit(1);
    }
    if (objekte)
    {
        if ( !in(i) )
        {
            elem* p = new elem(i,objekte);
            objekte = p;   // unsortierte Liste
        }
    }
    else
    {
        objekte = new elem(i, 0);
    }
}

void menge::loeschen(int i)
{
    if (objekte)
    if ( in(i) )         // diese Abfrage erhoeht die Laufzeit!
    {
        if (objekte->inhalt == i)
        {
            elem* p = objekte;
            objekte = objekte->suc;
            delete p;
        }
        elem* p1 = objekte;
        elem* p2 = objekte->suc;
        while (p1->suc->inhalt != i)
        {
            p1 = p1->suc;
            if (p2) p2 = p2->suc;
        }
        p1->suc = p2->suc;
        delete p2;
    }
}

int menge::in(int i)
{
    for (elem* p = objekte; p ; p = p->suc)
        if (p->inhalt == i) return 1;
    return 0;
}
```

main()
{   // Test
        menge m;
        for (int i = 1 ; i < 20 ; i++)
            m.einfuegen(i);
        menge m1;
        for (i = 10 ; i < 30 ; i++)
            m1.einfuegen(i);

        menge m2 = (m / m1);
        menge m3 = m + m1;
        int ng = (m == m1);
        int g = (m == (((m/m1)/m2)+m));

        for (i = 1; i < 100; i++)
            if (m.in(i)) cout << "in der Menge m: " << i << "\n";
        for (i = 1; i < 100; i++)
            if (m1.in(i)) cout << "in der Menge m1: " << i << "\n";
        for (i = 1; i < 100; i++)
            if (m2.in(i)) cout << "in der Menge m2: " << i << "\n";
        for (i = 1; i < 100; i++)
            if (m3.in(i)) cout << "in der Menge m3: " << i << "\n";
        cout << form("ng ist %d und g ist %d \n",ng,g);
}

Lösung für Aufgabe 28:

/* %%
        Name (des Programms/Moduls):   Klassenhierarchie

        Autor(en):   Bause/Tölle

        Datum: 01.03.1990

        Beschreibung: Dieses Programm definiert eine Klassenhierarchie
                                        von Fahrzeugen. Die Superklasse fahrzeug wird
                                        dabei als virtuelle Basisklasse definiert. Weiterhin
                                        wird eine virtuelle Funktion ausgabe fuer alle
                                        Klassen definiert und in fahrzeug als pur
                                        gekennzeichnet. Da diese Aufgabe im Prinzip nur
                                        eine Zusammenfassung verschiedener kleiner
                                        Beispiele im gesamten Kapitel 9 ist, wird sie an
                                        dieser Stelle nur angedeutet.
   %% */

#include <iostream.h>

14 Musterlösungen

```
class fahrzeug
{
        public:
        ...
        virtual void ausgabe( ) = 0;
        /* Beachte : Durch die Definition von ausgabe als pur, kann kein Objekt vom Typ fahrzeug
           erzeugt werden; es duerfen jedoch Klassen abgeleitet werden.     */
        protected:
        ...
        private:
        ...
};

class landfahrzeug : virtual public fahrzeug
{
        public:
        ...
        void ausgabe( );
        /* Beachte: Der Name, der Returntyp und die Signatur muessen bei virtuellen Funktionen
           exakt uebereinstimmen    */
        protected:
        ...
        private:
        ...
};

class wasserfahrzeug : virtual public fahrzeug
{
        public:
        ...
        void ausgabe( );
        protected:
        ...
        private:
        ...
};


class pkw : public landfahrzeug
{
        ...
        void ausgabe( );
};


class lkw : public landfahrzeug
{
        ...
        void ausgabe( );
};
```

```
class motorboot : public wasserfahrzeug
{
        ...
        void ausgabe( );
};

class segelboot : public wasserfahrzeug
{
        ...
        void ausgabe( );
};

class cabrio : public pkw
{
        ...
        void ausgabe( );
};

class yacht : public motorboot
{
        ...
        void ausgabe( );
};

landfahrzeug :: ausgabe( )
{
        ...
}

wasserfahrzeug :: ausgabe( )
{
        ...
}

pkw :: ausgabe( )
{
        ...
}

...

main( )
{
        ...
}
```

15 Literatur

Auld, Will: "A C Programmer's Introduction to C++", UNIX Magazin (German), October, 1988, p74-75.

Bar-David, Tsvi: "Teaching C++", Proceedings of the USENIX C++ Workshop, (ed.) Keith Gorlen, Santa Fe, NM, November 9-10, 1987, p232-237.

Bause, Falko; Tölle, Wolfgang: "Einführung in die Programmiersprache C++", Vieweg, 1989.

Berman, C.; Gur, R.: "NAPS -- A C++ Project Case Study", USENIX Proceedings of the 1988 C++ Conference, Denver, CO, October 17-21, 1988, p137-152.

Berry, John: "The Waite Group's C++ Programming", Howard W. Sams & Company, 1988.

Breuel, Thomas M.: "Data-Level Parallel Programming in C++", USENIX Proceedings of the 1988 C++ Conference, Denver, CO, October 17-21, 1988, p153-168.

Breuel, Thomas M.: "Lexical Closures for C++", USENIX Proceedings 1988 C++ Conference, Denver, CO, October 17-21, 1988, p293-304.

Bruck, Dag M.: "Modelling of Control Systems with C++ and PHIGS", USENIX Proceedings of the 1988 C++ Conference, Denver, CO, October 17-21, 1988, p183-192.

Call, Lisa A.; Cohrs, David L.; Miller, Barton P.: "CLAM -- an Open System for Graphical User Interfaces", Proceedings of the USENIX C++ Workshop, (ed.) Keith Gorlen, Santa Fe, NM, November 9-10, 1987, p305-325.

Campbell, Roy; Russo, Vincent; Johnston, Gary: "The Design of a Multiprocessor Operating System", Proceedings of the USENIX C++ Workshop, (ed.) Keith Gorlen, Santa Fe, NM, November 9-10, 1987, p109-125.

Cargill, Tom: "Pi: A Case Study in Object-Oriented Programming", Proceedings of the USENIX C++ Workshop, (ed.) Keith Gorlen, Santa Fe, NM, November 9-10, 1987, p282-303.

Carolan, John: "C++ for OS/2", Proceedings of the USENIX C++ Workshop, (ed.) Keith Gorlen, Santa Fe, NM, November 9-10, 1987, p47-65.

Conrad, Al: "Modelling Graphical Data with C++", Proceedings of the USENIX C++ Workshop, (ed.) Keith Gorlen, Santa Fe, NM, November 9-10, 1987, p238-239.

Detlefs, David; Herlihy, Maurice; Kietzke, Karen; Wing, Jeannette: "Avalon/C++", Proceedings of the USENIX C++ Workshop, (ed.) Keith Gorlen, Santa Fe, NM, November 9-10, 1987, p451-459.

Detlefs, David; Herlihy, Maurice; Wing, Jeannette: "Inheritance of Synchronization and Recovery Properties in Avalon/C++", Proceedings of the 21th Hawaii International Conference on System Sciences, Kailua-Kona, Hawaii, January 1988.

Dewhurst, S.C.: "Flexible Symbol Table Structures for Compiling C++" Software Practice & Experience, August 1987.

Dewhurst, Steve: "Architecture of a C++ Compiler", Proceedings of the USENIX C++ Workshop, (ed.) Keith Gorlen, Santa Fe, NM, November 9-10, 1987, p35-45.

Doeppner, Thomas W., Jr.; Gebele, Alan J.: "C++ on a Parallel Machine", Proceedings of the USENIX C++ Workshop, (ed.) Keith Gorlen, Santa Fe, NM, November 9-10, 1987, p95-107.

Eccles, Joseph: "Porting from Common Lisp with Flavors to C++", USENIX Proceedings of the 1988 C++ Conference, Denver, CO, October 17-21, 1988, p31-40.

Eckel, Bruce: "A Programmer's Introduction to C++ C grows up", Micro Cornucopia, March/April 1988, p32.

Eckel, Bruce: "Building MicroCad: Design With C++", Micro Cornucopia, No. 44, Nov-Dec 1988, p32-37.

Franz, Marty: "Succeeding C", PC Tech Journal, September 1987, p166ff.

Friedenbach, Ken: "C++ on the Macintosh", Proceedings of the USENIX C++ Workshop, (ed.) Keith Gorlen, Santa Fe, NM, November 9-10, 1987, p67-76.

15 Literatur

Fuhrman, Ken: "Object-Oriented Class Library for C++", Proceedings of the USENIX C++ Workshop, (ed.) Keith Gorlen, Santa Fe, NM, November 9-10, 1987, p209-231.

Gansner, E.R.: "Iris: A Class-Based Window Library", USENIX Proceedings 1988 C++ Conference, Denver, CO, October 17-21, 1988, p283-292.

Gautron, Philippe; Shapiro, Marc: "Two Extensions to C++: A Dynamic Link Editor and Inner Data", Proceedings of the USENIX C++ Workshop, (ed.) Keith Gorlen, Santa Fe, NM, November 9-10, 1987, p23-32.

Gorlen, Keith E.: "An Object-Oriented Class Library for C++ Programs", Proceedings of the USENIX C++ Workshop, (ed.) Keith Gorlen, Santa Fe, NM, November 9-10, 1987, p181-207.

Gorlen, Keith E.: "Object-Oriented Programming Support (OOPS) Reference Manual",National Institutes of Health, May 1986.

Guyon, Janet: "Technology Column: Improving Production of Computer Software", The Wall Street Journal, Tuesday May 10, 1988, p37.

Hopkins, William E.: "Experience in Using C++ for Software System Development", Proceedings of the USENIX C++ Workshop, (ed.) Keith Gorlen, Santa Fe, NM, November 9-10, 1987, p327-344.

Johnston, Gary M.; Campbell, Roy H.: "A Multiprocessor Operating System Simulator", USENIX Proceedings of the 1988 C++ Conference, Denver, CO, October 17-21, 1988, p169-182.

Kirslis, Peter: "A Style for Writing C++ Classes", Proceedings of the USENIX C++ Workshop, (ed.) Keith Gorlen, Santa Fe, NM, November 9-10, 1987, p147-148.

Kirslis, Peter A.; Terwilliger, Robert B.: "Implementing a Logic-Based Executable Specification Language in C++", USENIX Proceedings of the 1988 C++ Conference, Denver, CO, October 17-21, 1988, p211-226.

Koenig, Andrew: "Associative Arrays in C++", Proceedings of the Summer 1988 USENIX Conference, San Francisco, CA, June 20-24, 1988, p173-186.

Koenig, Andrew: "What is C++, Anyway?", Journal of Object-Oriented Programming, April/May 1988, p48-52.

Koenig, Andrew: "Why I Use C++", Journal of Object-Oriented Programming, June/July 1988, p38-42.

Koenig, Andrew: "An example of Dynamic Binding in C++", Journal of Object-OrientedProgramming, August/September 1988.

Linton, Mark A.; Calder, Paul R.: "The Design and Implementation InterViews", Proceedings of the USENIX C++ Workshop, (ed.) Keith Gorlen, Santa Fe, NM, November 9-10, 1987, p256-267.

Lippman, S.B.: "C++ Primer", Addison-Wesley Pub. Comp., 1989.

Lippman, S.B.; Moo, B.E.: "C++: From Research to Practice", USENIX Proceedings of the 1988 C++ Conference, Denver, CO, October 17-21, 1988, p123-136.

Lippman, S.B.; Stroustrup, Bjarne: "Pointers to Class Members in C++", USENIX Proceedings of the 1988 C++ Conference, Denver, CO, October 17-21, 1988, p305-326.

Lowe, Anne: "C++ Gains Following From Industry Leaders", Software Business, Monday April 4, 1988, p7ff, (Good quotes on C++ from AT&T, Sun and users). Lea, Douglas: "libg++, The GNU C++ Library", USENIX Proceedings 1988 C++ Conference, Denver, CO, October 17-21, 1988, p243-256.

Mackinlay, Bruce: "After C", UNIX World, July 1986, p51ff.

Madany, Peter; Leyens, Douglas; Russo, Vincent; Campbell, Roy: "A C++ Class Hierarchy for Building UNIX-like File Systems", USENIX Proceedings of the 1988 C++ Conference, Denver, CO, October 17-21, 1988, p65-80.

Micallef, Josephine: "Encapsulation, Reusability and Extensibility in Object-Oriented Programming Languages", Journal of Object-Oriented Programming, April/May 1988, p12-34.

Miller, William: "Error Handling in C++", Computer Language, May 1988, p43-52.

Miller, William M.: "Exception Handling without Language Extensions", USENIX Proceedings of the 1988 C++ Conference, Denver, CO, October 17-21, 1988, p327-342.

Murray, R.: "An Introduction to C++: Data Hiding", The C Journal, Spring 1986.

Murray, R.: "An Introduction to C++: Object-oriented Programming", The C Journal, Summer 1986.

Murray, R.: "An Introduction to C++: Operator Overloading", The C Journal, Spring 1987.

Murray, R.: "Building Well-Behaved Type Relationships in C++", USENIX Proceedings of the 1988 C++ Conference, Denver, CO, October 17-21, 1988, p19-30.

O'Riordan, Martin J.: "Debugging and Instrumentation of C++ Programs", USENIX Proceedings of the 1988 C++ Conference, Denver, CO, October 17-21, 1988, p227-242.

Otillio, Troy: " A C++ Approach to Real-Time Systems: Task Interface Library", USENIX Proceedings of the 1988 C++ Conference, Denver, CO, October 17-21, 1988, p257-270.

Rafter, Mark: "Extending Stream I/O to include Formats", Proceedings of the USENIX C++ Workshop, (ed.) Keith Gorlen, Santa Fe, NM, November 9-10, 1987, p149-157.

Rafter, Mark: "Formatted Streams: Extensible Formatted for C++ I/O Using Object-Oriented Programming", Research Report 107, Department of Computer Science, Warwick University, 1987.

Raghavan, Raghunath; Ramakrishnan, Niranjan; Strater, Sue: "A C++ Class Browser", Proceedings of the USENIX C++ Workshop, (ed.) Keith Gorlen, Santa Fe, NM, November 9-10, 1987, p274-281.

Reyman, Joseph: "C inherits inheritance: A handful of C++ tools", Computer Language, May 1988, p89-93, (PC and translator oriented review).

Richards, J.E.: "Some Aspects of Binding GKS to C++", Computer Graphics Forum 6(3), (September 1987), p211-218.

Roland, Jon: "C on the Horizon", AI EXPERT, April 1987, p47-55.

Rose, John R.; Steele, Guy L. Jr.: "C*: An extended C Language", Proceedings of the USENIX C++ Workshop, (ed.) Keith Gorlen, Santa Fe, NM, November 9-10, 1987, p361-439.

Rose, John R.: "C*: A C++-like Language for Data-Parallel Computation", Proceedings of the USENIX C++ Workshop, (ed.) Keith Gorlen, Santa Fe, NM, November 9-10, 1987, p127-134.

Rose, John R.: "Implementing a Compiler in C++", Proceedings of the USENIX C++ Workshop, (ed.) Keith Gorlen, Santa Fe, NM, November 9-10, 1987, p135-146.

Russo, Vincent F.; Kaplan, Simon M.: "A C++ Interpreter for Scheme", USENIX Proceedings of the 1988 C++ Conference, Denver, CO, October 17-21, 1988, p95-108.

Salzman, Issac: "An Objective Look at C++ Compilers", Off the Shelf Column, UNIX REVIEW, November 1988, p81-88.

Schulert, Andrew; Erf, Kate: "Open Dialogue: Using an Extensible Retained Object Workspace to Support a UIMS", USENIX Proceedings of the 1988 C++ Conference, Denver, CO, October 17-21, 1988, p53-64.

Schwarz, Jerry: "A C++ Library for Infinite Precision Floating Point", USENIX Proceedings of the 1988 C++ Conference, Denver, CO, October 17-21, 1988, p271-282.

Scott, Roger; Reddy, Prakash; Edwards, Russel; Campbell, David: "GPIO: Extensible Objects for Electronic Design Tools", USENIX Proceedings of the 1988 C++ Conference, Denver, CO, October 17-21, 1988, p109-122.

Shopiro, Jonathan E.: "Extending the C++ Task System for Real-Time Control", Proceedings of the USENIX C++ Workshop, (ed.) Keith Gorlen, Santa Fe, NM, November 9-10, 1987, p77-94.

Stokes, Ronan: "Prototyping Database Applications with a Hybrid of C++ and 4GL", USENIX Proceedings of the 1988 C++ Conference, Denver, CO, October 17-21, 1988, p41-53.

Stroustrup, Bjarne: "A Set of C++ Classes for Co-routine Style Programming", Computer Science Technical Report No. 90, AT&T Bell Laboratories, Murray Hill, NJ, November 1, 1984.

Stroustrup, Bjarne: "The C++ Programming Language-Reference Manual", Computer Science Technical Report No. 108, AT&T Bell Laboratories, Murray Hill, NJ, Revised November, 1984.

Stroustrup, Bjarne: "Adding Classes to C: An Exercise in Language Evolution", Software-Practice and Experience, Vol. 13, 1983, p139-161.

Stroustrup, Bjarne: "Data Abstraction in C", Computer Science Technical Report No. 109, AT&T Bell Laboratories, Murray Hill, NJ, January 1, 1984; auch in AT&T Bell Laboratories Technical Journal, Vol. 63 No. 8, Part 2, October, 1984, p1701-1732.

Stroustrup, Bjarne: "A C++ Tutorial", Computer Science Technical Report No. 113, AT&T Bell Laboratories, Murray Hill, NJ, September 10, 1984.

Stroustrup, Bjarne: "An Extensible I/O Facility for C++", Proceedings of the 1985 Summer USENIX Conference, Portland, OR, June 11-14, 1985, p57-70.

Stroustrup, Bjarne: "An Overview of C++", ACM SIGPLAN Notices, (ed.) Richard L. Wexelblat, Vol. 21 No. 10, October, 1986, p7-18; auch in the C++ Translator Technical Papers collection from AT&T to attendees of OOPSLA'87.

Stroustrup, Bjarne: "Multiple Inheritance for C++", Proceedings of the Spring'87 EUUG Conference, Helsinki, May, 1987.

Stroustrup, Bjarne: "What is "Object-Oriented Programming"?", Proceedings of the First European Conference on Object-Oriented Programming, Paris, Springer-Verlag Lecture Notes in Computer Science, Vol. 276, June, 1987, p51-70; auch in Proceedings of the USENIX C++ Workshop, (ed.) Keith Gorlen, Santa Fe, NM, November 9-10, 1987, p159-180.

Stroustrup, Bjarne: "The Evolution of C++ 1985 to 1987", Proceedings of the USENIX C++ Workshop, (ed.) Keith Gorlen, Santa Fe, NM, November 9-10, 1987, p1-21.

Stroustrup, Bjarne: "Possible Directions for C++", Proceedings of the USENIX C++ Workshop, (ed.) Keith Gorlen, Santa Fe, NM, November 9-10, 1987, p399-416.

Stroustrup, Bjarne: "A Better C?", Byte Magazine, August 1988, p215-216.

Stroustrup, Bjarne: "Parameterized Types for C++", USENIX Proceedings of the 1988 C++ Conference, Denver, CO, October 17-21, 1988, p1-18. Stroustrup, Bjarne: "Type-safe Linkage for C++", USENIX Proceedings of the 1988 C++ Conference, Denver, CO, October 17-21, 1988, p194-210.

Stroustrup, Bjarne: "The C++ Programming Language", Addison-Wesley Publishing Company, 1986.

Stroustrup, Bjarne; Shopiro, Jonathan E.: "A Set of C++ Classes", Proceedings of the USENIX C++ Workshop, (ed.) Keith Gorlen, Santa Fe, NM, November 9-10, 1987, p417-439.

Tiemann, Michael D.: ""Wrappers": Solving the RPC Problem in GNU C++", USENIX Proceedings of the 1988 C++ Conference, Denver, CO, October 17-21, 1988, p343-361.

Trespasz, Nancy: "Zortech Developing OS/2 Compiler, Interface Toolkit", Reseller News, July 18, 1988.

Trickey, Howard: "C++ vs. Lisp", Proceedings of the USENIX C++ Workshop, (ed.) Keith Gorlen, Santa Fe, NM, November 9-10, 1987, p440-449.

Udell, J.: "A C++ Toolkit", BYTE Magazine, November, 1988, p223-227.

Vernon, Vaughn: "Object-Oriented OS/2", 1988 Programmer's Journal 6.5, p60-66.

Vlissides, John M.; Linton, Mark A.: "Applying Object-Oriented Design to Structured Graphics", USENIX Proceedings of the 1988 C++ Conference, Denver, CO, October 17-21, 1988, p81-94.

Waldo, Jim: "Using C++ to Develop a WYSIWYG Hypertext Toolkit", Proceedings of the USENIX C++ Workshop, (ed.) Keith Gorlen, Santa Fe, NM, November 9-10, 1987, p246-255.

Weinand, Andre; Gamma, Erich; Marty, Rudolf: "ET++ - An Object-Oriented Application Framework in C++", OOPSLA 88 Conference Proceedings, (ed.) Richard L. Wexelblat, San Diego, CA, September 25-30, 1988, p46-57.

Weinberger, Peter: "Interview with Bill Joy", UNIX REVIEW, April 1988, p60-67, (Contains the famous Bill Joy quote about the new UNIX and C++).

Weiss, Ray: "$99 PC C++ compiler", Electronic Engineering Times, July 11, 1988.

Weiss, Ray: "C++ compiler eliminates preprocessors", Electronic Engineering Times, July 11, 1988, p64.

Wiener, Richard S., Pinson, Lewis J.: "An Introduction to Object-Oriented Programming and C++", Addison-Wesley Publishing Company, 1988.

15 Literatur

Wiener, Richard S.: "A First Look at the Oregon Software C++ Compiler", Journal of Object-Oriented Programming, June/July 1988, p54.

Wiener, Richard S.: "The Guidelines C++ Translator", Journal of Object-Oriented Programming, August/September 1988, p83.

Wilkinson, Nancy M.: "Virtual Functions in C++", UNIX REVIEW, August 1988, p57-62.

16 REGISTER

_cplusplus	196
_new_handler	65
#include	6, 7, 65, 76, 77, 78, 169, 181, 182, 194, 195
.C	193
.cpp	193, 196
.cxx	193
abgeleitete Klassen	89, 124, 125, 127, 131, 133, 136, 138, 139, 140, 141, 142, 143, 148, 153, 170
abgeleitete Typen	26, 132
abort	52
abstrakte Basisklasse	134
abstrakte Datentypen	4, 86
abstrakte Superklasse	134
abstrakter Typname	66
Ableiten von Klassen	89
ADA	200
Adresse	3, 9, 17, 19, 20, 22, 31, 40, 60, 63, 64, 65, 68, 82, 93, 97, 107, 112, 113, 120, 122, 185
aktueller Parameter	68
ambiguity	168
anonyme Union	121

16 Register

ANSI C		3, 200
Anweisung		1, 7, 8, 10, 12, 34, 40, 41, 43, 44, 46, 47, 48, 49, 50, 51, 52, 53, 54, 55, 58, 59, 62, 63, 74, 75, 128, 146, 147, 149, 165, 169, 188, 195, 196, 204
	Anweisungsfolge	8, 50, 54, 55, 147
	Elementare Anweisungen	43
	Kontrollanweisungen	43, 46
	Tabelle der Anweisungen	188
append		178
argc		182, 183
Argument		56, 57, 62, 65, 67, 70, 72, 74, 91, 105, 117, 119, 132, 139, 143, 153, 157, 158, 163, 165, 174, 198, 199
argv		182, 183
assoziativ		37, 184, 203
Arithmetische Operatoren		34
Arrays		21, 60, 70
ASCII		28, 176, 202
Aufzählung		31, 179, 198
Ausdruck		24, 33, 39, 40, 41, 42, 43, 46, 47, 48, 49, 50, 51, 57, 63, 93, 147, 157, 158, 184, 198
	bedingter Ausdruck	40
	Tabelle der Ausdrücke	189
Ausgabe		1, 7, 8, 34, 49, 52, 54, 57, 58, 59, 66, 70, 72, 89, 90, 98, 169, 170, 171, 173, 174, 175, 176, 177, 178, 187, 193, 194, 197
	cerr	65, 66, 112, 159, 174, 181, 182
	cout	6, 7, 8, 34, 49, 50, 51, 53, 56, 58, 59, 61, 66, 72, 76, 77, 78, 82, 90, 98, 110, 126, 145, 147, 169, 171, 173, 174, 176, 177, 182, 204
	form	127, 143, 174, 175
	printf	70, 174
	Ausgabestrom	52, 173
	Formatierte Ausgabe	174
	Unformatierte Ein-/Ausgabe	169
Ausnahme-Behandlung		199, 200

backslash	28, 29
bad	180
Basisklasse	4, 124, 125 - 144, 146, 148, 149, 150, 152, 153, 154, 197, 198, 208
bedingter Ausdruck	40
Binden	4, 132
dynamisches Binden	132
typensicheres Binden	4
bitweise logische Operatoren	37
bitweises exklusives Oder	37
bitweises inklusives Oder	37
bitweises Und	37
blank	67, 171
Block	8, 43, 44, 45, 46, 51, 64, 82, 110, 173, 184
Blockstruktur	43
boolean	32, 35, 36
boolesche Operatoren	35
break	48, 49, 51, 52, 53, 63, 145, 182, 187, 188
C	1, 3, 4, 5, 9, 14, 32, 35, 41, 56, 70, 78, 79, 83, 84, 86, 183, 193, 194, 196, 201
CC	7, 78, 79, 193, 194
C++	1 - 14, 20, 23, 25, 27, 32 - 37, 39, 41, 43, 46, 51, 53 - 58, 60, 64, 65, 68 - 72, 75, 76, 79, 80, 81, 84, 86 - 90, 95, 104, 123, 127, 132, 134, 136, 139, 148, 156, 157, 158, 161, 163, 164, 169, 174, 178, 193 - 197, 199, 201
call by reference	59, 60
call by value	58, 59, 91, 106, 111
case	48, 49, 132, 145, 182, 187, 188
case-label	48

16 Register

cast	16, 17, 185
cerr	65, 66, 112, 159, 174, 181, 182
char	11, 13, 14, 16 - 21, 24, 25, 27, 30, 31, 49, 67 - 70, 72, 74, 76 - 80, 82, 109, 110, 111, 115 - 118, 121 - 123, 139, 140, 145, 146, 162, 169, 171 - 173, 175, 176, 181, 182, 187, 191, 197, 202, 205
character	171, 172
Tabelle der besonderen Character	187
white space characters	171, 172
Character-Konstante	27, 28
chr	202
cin	6, 7, 8, 169, 171, 172, 173, 174, 177, 180, 204
cin.get	172, 173
class	90 - 92, 95 - 97, 99 - 105, 107, 109, 112 - 119, 121 - 124, 126 - 129, 131, 133 - 140, 142, 143, 145 - 147, 150, 153, 155, 159, 160, 162, 165 - 167, 169, 170, 184, 185, 187
class body	90
class derivation	89
class head	90
clog	174
close	179
Code Review	86
Compiler	2, 4, 7 - 12, 14, 20, 23, 25, 46, 57 - 59, 62, 68, 70, 71, 75 - 79, 82, 87, 91, 93, 96, 100, 108, 121, 132, 146, 161 - 164, 167, 168, 173, 193 - 196, 200
Compiler-Anweisungen	195, 196
const	30 - 32, 59, 99 - 101, 108, 118, 141 - 143, 161, 173, 187 -189, 191, 195
continue	50, 52, 187, 188
core dumped	23
cout	6, 7, 8, 34, 49, 50, 51, 53, 56, 58, 59, 61, 66, 72, 76, 77, 78, 82, 90, 98, 110, 126, 145, 147, 169, 171, 173, 174, 176, 177, 182, 204
cout.precision	177
cout.put	173

cpp	193, 196
ctype.h	176
dangling reference problem	110
Dateioperationen	178
append	178
close	179
File	52, 76, 78, 79, 93, 170, 172, 178
filebuf	178
open	178, 181, 182
dec	176
default	48, 49, 105, 182, 187, 188
define	129, 195
Definition	1, 6, 7, 9 - 14, 17, 18, 21 - 24, 30 - 32, 41, 43 - 46, 51, 54 - 56, 64, 75, 77, 81, 84, 89 - 93, 95, 98 - 108, 113, 114, 116, 118, 119, 122, 124, 128, 139, 140, 145, 148, 153, 155 - 157, 161, 169, 178, 184, 199
Definition von Identifierlisten	17
Deklaration	1, 7, 10 - 12, 18, 26, 43, 56, 64, 65, 68, 70, 72, 77 - 80, 99, 100, 106, 114, 116 - 118, 122, 139, 142, 143, 150, 154, 156 - 158, 160, 188, 196
Dekrement	36, 185
Dekrement-Operator	36
delete	4, 64, 66, 67, 82, 93, 109 - 111, 120, 149, 150, 158, 163, 164, 185, 187, 189, 191, 197, 199
Dereferenzieren	19, 20, 93
Destruktor	52, 99, 100, 109 - 111, 120, 149, 150, 158, 163, 164, 185, 187, 189, 191, 197, 199
virtueller Destruktor	149
dezimal	27, 28, 67, 174 - 177, 202
Dimension	21, 23, 24, 61, 62, 120
dimensionslos	21, 24
do-while	51, 52

16 Register   271

double	14, 16, 17, 29, 33, 34, 37, 56, 63, 69, 70, 72 - 75, 90, 91, 95 - 97, 99, 104 - 106, 121, 122, 126, 155, 157, 165, 166, 167 - 170, 177, 187, 191, 198, 202, 205, 206
dynamisches Binden	132
EBCDIC	202
Einbinden	170, 195
einfache Vererbungshierarchie	133
Eingabe	8, 170 - 174, 177, 180, 183, 192, 201, 204, 206
cin	6, 7, 8, 169, 171, 172, 173, 174, 177, 180, 204
Eingabestrom	173
Elementare Anweisungen	43
Elementare Typen	13
Ellipse	70
else	40, 46 - 48, 55, 90, 91, 100, 112, 132, 146, 149, 159, 181, 182, 187, 188, 196, 197
Ende des Strings	29
Endemarkierung	172, 173
endif	195 - 197
endl	174
Endlosschleife	50, 52
enum	31, 32, 145, 187
enumeration	31, 32, 179
eof	172, 173, 180
Ergebnisrückgabe	6, 7, 62, 63, 91, 107, 166, 170
Ergebnistyp	12, 18, 54, 55, 62, 63, 69, 70, 77, 146, 163, 166, 199
Exception-Handling	199
exit	52, 182
exor	204

Explizite Typkonvertierung	16, 25, 61, 73
extern	11, 23, 67, 72, 74, 77 - 79, 102, 131, 165, 167, 187, 196
fail	180 - 182
Fakultätsfunktion	62
false	35, 50, 172, 176
Fehlerausgabestrom	174
File	52, 76, 78, 79, 93, 170, 172, 178
filebuf	178
float	11, 14, 16 - 18, 20, 25, 29, 37, 112 - 114, 121, 122, 159, 169, 174, 187, 191, 198, 202
flush	173, 174
for	1, 8, 15, 16, 18, 25, 27, 35, 39, 49, 50 - 54, 56 - 63, 66, 67, 69 - 72, 74, 76, 77, 86 - 90, 97, 100, 104, 108, 111, 113, 114, 120, 123 - 125, 127 - 130, 132 - 134, 140, 143, 145 - 147, 149, 150, 163, 167, 169, 171, 173 - 177, 187, 188, 192, 204
form	127, 143, 174, 175
formaler Parameter	59, 79, 171
Formatierte Ausgabe	174
form	127, 143, 174, 175
Freispeicher	64, 66, 67, 82, 163
Friend	95, 112 - 114, 126 - 130, 156 - 158, 171
fstream	170, 178 - 182
fstream.h	178, 181, 182
Funktion	1, 4, 6 - 12, 14, 16 - 18, 21, 23 - 25, 36, 40, 41, 43, 45, 46, 54 - 79, 81, 82, 85, 86, 88 - 93, 95 - 107, 111 - 114, 117, 118, 125 - 129, 131, 132, 136, 138, 143 - 148, 156 - 169, 171 - 182, 184, 188, 197 - 199, 202 - 208
Funktionsdefinition	56, 70, 76, 103
Funktionsdeklaration	70, 79

16 Register

Funktionskopf	59, 105
Funktionsprototyp	56, 57
Funktionsrumpf	8, 12, 54 - 56, 58, 75, 98, 100, 118
Hilfsfunktion	99
Inline-Funktion	46, 74, 75, 98, 103
Member-Funktion	4, 90, 95 - 100, 103 - 105, 111 - 114, 125, 128, 129, 136, 138, 148, 156 - 158, 164, 171, 177, 197, 199, 206
pure virtuelle Funktion	148
statische Member-Funktion	164, 197
Verwaltungsfunktion	98
virtuelle Funktion	132, 143, 146, 148, 198
Zugriffsfunktion	88, 99
Funktionen als Parameter	68
garbage collection	66
gcount	173
generischer Programmierstil	132
generic style of programming	132
get	8, 11, 23, 25, 36, 41, 65, 69, 76, 77, 86, 117, 153, 158, 169, 171 - 173, 182, 206
getline	173
good	180, 181
Gültigkeitsbereich	43, 46, 93, 96, 98, 101 - 103, 111, 157
Scope	45, 72, 93, 96, 102, 114, 137, 138, 157, 164, 184, 198
Scope-Operator	45, 93, 102, 137, 138, 157, 164
goto	49, 53, 187, 188
handle	187, 200
handler	65
header	77, 78
hex	67, 176, 177
hexadezimal	27, 28, 67, 175 - 177
Hierarchie	133, 134, 148, 207

Hilfsfunktion	99
Identifier	12 -14, 16 - 18, 26, 27, 30, 32, 44, 51, 53, 187
Definition von Identifierlisten	17
Identifierlisten	17, 18
if	46, 47
ifdef	195 - 197
if-else	46, 48, 132, 146, 149
ifndef	195
ifstream	170, 178, 179, 180 - 182
Implizite Typkonvertierung	14, 164, 167
include	6 -8, 65, 76 - 78, 169, 181, 182, 194, 195
Indexgrenzen	160
Indexoperator	158, 159
Information Hiding	86, 87, 89, 90, 120, 123
Inheritance	89
Vererbung	4, 89, 123, 130, 133 - 136, 141, 150 - 152, 197, 198
Initialisierung	4, 21, 24, 58, 68 - 70, 81, 89, 93, 95, 96, 98, 104 - 108, 117 - 120, 139, 141 - 143, 150, 153, 161, 197 - 199, 207
memberweise Initialisierung	4, 107, 108, 141, 142, 161
Initialisierung von Klassen	104
Inkrement	3, 36, 38, 39, 158, 185
Inkrement-Operator	3, 36, 39
Inline	46, 74, 75, 98, 100, 103, 159, 187
Inline-Funktionen	46, 74, 75, 98, 103
Input	169, 176
int	6, 7, 9 - 14, 18, 21, 23, 24, 26, 27, 30 - 32, 45, 55 - 58, 61, 63, 66 - 70, 72, 100, 112, 119, 122, 155, 166, 167, 172, 173, 175, 198

Integer	6, 7, 9, 10, 13, 16
Integer-Konstante	27 - 29, 31
iomanip.h	172
ios	178 - 182
ios::in	179 - 182
ios::out	181, 182
iostream	170, 177 - 179
iostream.h	6, 7, 67, 76 - 78, 169, 178, 181, 182, 194, 195, 202
isalnum	176
isalpha	176
iscntrl	176
isdigit	176
islower	176
isspace	176
istream	169, 170, 172, 176 - 179
istrstream	170
isupper	176
Iterationsfunktion	160
Klasse	1, 3, 4, 26, 52, 83, 84, 86 - 150, 153, 155 - 180, 197 - 200, 205 - 208
abgeleitete Klassen	89, 124, 125, 127, 131, 133, 136, 138, 139, 140, 141, 142, 143, 148, 153, 170
Basisklasse	4, 124, 125 - 144, 146, 148, 149, 150, 152, 153, 154, 197, 198, 208
class	90 - 92, 95 - 97, 99 - 105, 107, 109, 112 - 119, 121 - 124, 126 - 129, 131, 133 - 140, 142, 143, 145 - 147, 150, 153, 155, 159, 160, 162, 165 - 167, 169, 170, 184, 185, 187
class head	90
class body	90
class derivation	89
Initialisierung von Klassen	104
Klassen als Member von Klassen	115, 138
Klassendefinition	88, 89, 91, 92, 102, 121, 124, 159, 165

	Klassendeklaration	115
	Klassenhierarchie	4, 133, 138, 140, 206, 208
	Klassenkonzept	3, 84
	Klassenkopf	90, 114
	Klassenrumpf	90, 92, 98, 101, 103
	Konstruktoren/Destruktoren für abgeleitete Klassen	138
	Konstruktoren/Destruktoren für Member-Klassen	115
	Löschen von Klassen	109, 199
	Member-Klasse	115 - 118, 139 - 141
	Oberklasse	125
	Öffentliche Basisklasse	129, 130
	private Basisklasse	129
	Superklasse	134
	virtuelle Basisklasse	4, 197
	Zeiger auf Klassen	92, 132
Kommaoperator		34, 40 - 42, 158, 199
Kommentar		8 - 10, 196
Komplement		37, 109, 185
konditionale Compiler-Anweisung		195 - 196
Konstante		1, 20, 21, 27 - 31, 46, 48, 49, 59, 60, 99, 195, 197, 199
	Character-Konstante	27, 28
	const	30 - 32, 59, 99 - 101, 108, 118, 141 - 143, 161, 173, 187 -189, 191, 195
	Integer-Konstante	27 - 29, 31
	konstante Member-Funktion	4, 99, 100
	konstanter Zeiger	30
	reelle Konstante	29
Konstruktor		13, 99, 100, 104 - 106, 108 - 110, 115 - 121, 138 - 143, 149, 150, 154, 165, 166, 178, 206, 207
	Member-Konstruktor	116 - 118
Konstruktoren/Destruktoren für abgeleitete Klassen		138
Konstruktoren/Destruktoren für Member-Klassen		115
Kontrollanweisungen		43, 46
Konvertierung		15 - 17, 58, 73, 74, 98, 131, 32, 165 - 168, 174, 175, 180
	Implizite Typkonvertierung	14, 164, 167
	Explizite Typkonvertierung	16, 25, 61

16 Register

Typkonvertierung	13 - 16, 25, 33, 56 - 61, 63, 72, 73, 124, 131, 145, 164, 166, 167, 201
label	48, 49, 53
Lader	146
Laufzeit	57, 58, 64, 75, 79, 82, 86, 146, 150, 163
Leerzeichen	9, 67, 68, 171
Literale	197
literal	28, 197
Löschen von Klassen	109, 199
logisches Nicht	35
logisches Oder	34, 35
logisches Und	34, 35
long	13, 14, 27, 28, 64, 67, 73, 74, 122, 163, 167 - 169, 175, 177, 179, 187, 191, 202
lvalue	60, 100, 108, 184 - 186
main	6, 7, 12, 45, 65, 69, 75 - 78, 147, 181, 182
Manipulatoren	172 - 173
Mehrdeutigkeit	138, 151, 168
mehrfache Vererbung	4, 134, 151, 197
mehrfache Vererbungshierarchie	134
Member	4, 80 - 82, 90 - 109, 111 - 118, 120 - 133, 136 - 142, 146, 148, 151, 152, 156 - 158, 161, 164, 166, 169, 171, 172, 177, 179, 181, 184, 185, 197 - 199, 206 - 208
Klassen als Member von Klassen	115, 138
Konstruktoren/Destruktoren für Member-Klassen	115
Member-Funktion	4, 90, 95 - 100, 103 - 105, 111 - 114, 125, 128, 129, 136, 138, 148, 156 - 158, 164, 171, 177, 197, 199, 206

Member-Klasse	115 - 118, 139 - 141
Member-Konstruktor	116 - 118
memberweise Initialisierung	4, 107, 108, 141, 142, 161
memberweise Zuweisung	161
Modulooperator	34
Musterlösungen	2, 209
namenlose Member	139
new	4, 64 - 66, 82, 93, 108 - 111, 149, 163, 164, 199
new.h	64, 65
new_handler	65
newline	171, 173, 176
nil	20
null	20, 29, 65, 85, 11, 124, 149, 195
Oberklasse	125
Objectcode	88
Objektorientiertes Programmieren	3, 87, 89
oct	175, 176, 202
öffentlich	3, 91, 92, 105, 114, 125 - 130, 132, 133, 136, 141, 146, 153, 169
Öffentliche Basisklasse	129, 130
ofstream	170, 178, 179, 181, 182
oktal	27, 28, 175, 176
Oktaldarstellung	27
open	178, 181, 182

16 Register

Operator	1, 3, 4, 15, 17, 19, 33 - 41, 45, 64, 71, 81, 90, 93, 102, 108, 122, 137, 138, 155 - 171, 178 - 180, 184, 197 - 199, 203, 205, 207
Arithmetische Operatoren	34
Bitweise logische Operatoren	37
boolesche Operatoren	35
Dekrement-Operator	36
Inkrement-Operator	3, 36, 39
Kommaoperator	34, 40 - 42, 158, 199
Modulooperator	34
Pfeiloperator	82, 115
Punktoperator	80, 91
Scope-Operator	45, 93, 102, 137, 138, 157, 164
Tabelle der Operatoren	184
ternärer Operator	158
unärer Operator	37
Vergleichsoperatoren	31, 35, 36
Zeigerzugriffsoperator	158, 162
Zuweisungsoperatoren	6, 35, 36, 38 - 40, 43, 68, 118, 158, 161, 184, 207
Operator-Overloading	1, 3, 81, 90, 155, 156, 164, 166, 168, 170, 171, 207
ostream	6, 7, 67, 76 - 78, 159, 169 - 172, 176 - 179, 181, 182, 194, 195, 202
ofstream	170, 178, 179, 181, 182
ostrstream	170
Output	169, 174
Overloading	1, 3, 4, 70, 71, 81, 90, 155 - 157, 164, 166, 168, 170, 171, 199, 207
Parameter	6, 7, 9, 10, 12, 18, 23 - 25, 41, 54 - 63, 66 - 77, 100, 104, 106, 110, 111, 113, 116, 117, 119, 120, 132, 139 - 141, 154, 155 - 157, 163, 166, 167, 171, 174, 176 - 178, 182, 183, 205, 206
aktueller Parameter	68
call by reference	59, 60
call by value	58, 59, 61, 106, 111
formaler Parameter	59, 171
Funktionen als Parameter	68
Parameterliste	7, 24, 41, 55, 67, 69, 100, 104, 116, 117, 119, 139, 157, 166
Parametertyp	12, 25, 56, 69, 205
Vektoren als Parameter	23, 60
Parametrisierte Typen	199

Parameterübergabe	54, 56, 60, 61, 67, 70, 111
call by reference	59, 60
call by value	58, 59, 61, 106, 111
Pascal	1, 3, 4, 6, 8, 20, 24, 32, 33, 35, 80, 86, 121
Pfeiloperator	82, 115
pop	109, 110, 205
Portierung	27
Postfix	17, 36, 39, 158
Postfixoperator	36, 39
Präfix	17, 36, 158
Präfixoperator	36
precision	177
printf	70, 174
Priorität	17, 18, 33, 36, 37, 69, 93, 158, 184, 203
private	3, 90 - 99, 101, 105, 107, 109, 112 - 116, 119, 122, 125 - 130, 133, 135, 138 - 140, 153, 155, 157, 159, 160, 162, 165, 170, 187
private Basisklasse	129
Programmierstil	33, 71, 130, 132, 149
generischer Programmierstil	132
Programmstruktur	75, 76
public	
Punktoperator	80, 91
pur	148, 208
pure virtuelle Funktion	148
push	109, 110, 205
put	169, 173, 174, 176, 179, 182, 206
putback	173
Quellcode	76, 88

16 Register

rdbuf	181
Rechnertyp	14, 16
reelle Konstanten	29
reference	59, 60, 110
Referenz	17 - 19, 59, 131, 132, 146, 148, 162, 198
reservierte Worte	12, 187
Tabelle der reservierten Worte	187
return	6, 7, 12, 55, 57, 62, 63, 66, 69, 74, 75, 90, 91, 96, 99 - 101, 107, 109, 112, 113, 119, 156, 157, 159, 162, 166, 167, 170, 171, 176, 187, 188
rvalue	60
Schlüsselwort	7, 13, 14, 26, 30, 31, 45, 49, 55, 59, 71, 75, 77, 80, 82, 90 - 92, 100, 127, 130, 146, 148, 152, 155, 192, 197
Schleifenbedingung	50
Schnittstelle	85, 86, 125, 129
Scope	45, 72, 93, 96, 102, 114, 137, 138, 157, 164, 184, 198
Scope-Operator	45, 93, 102, 137, 138, 157, 164
seek_dir	179
seekg	179, 180
seekp	179
Seiteneffekt	40, 59, 111, 117
selbstdefinierte Typkonvertierung	74, 166, 167
sequence point	34
set_new_handler	65
setf	177
setw	172

shiften	37
shiften nach links	37
shiften nach rechts	37
short	13, 14, 16, 115 - 118, 122, 123, 139, 140, 145 - 147, 169, 187, 191, 202
Signatur	54, 72, 73, 100, 114, 129, 146, 148, 157
Simula	3, 5, 8, 20, 35, 56
sizeof	14, 25, 29, 66, 111, 184, 187, 189, 202
Speicheranforderung	163
Speicherplatz	11 - 14, 21, 45, 56, 60, 63 - 66, 82, 91, 96, 109, 111, 120, 122, 151, 153, 163
delete	4, 64, 66, 67, 82, 93, 109 - 111, 120, 149, 150, 158, 163, 164, 185, 187, 189, 191, 197, 199
garbage collection	66
new	4, 64 - 66, 82, 93, 108 - 11, 149, 163, 164, 199
new_handler	65
Speicherplatzmangel	65
Stackverwaltung	74
static	21, 45, 46, 78, 95, 96, 106, 122, 187
statische Member-Funktion	96, 164, 197
stdarg.h	71
strcmp	82
strcpy	81, 115
stream.h	7, 169, 178
strenge Typüberprüfung	3, 57, 58
String(s)	24, 27, 29, 67, 76 - 79, 81, 82, 107, 115, 162, 171 -173, 175, 189, 202 -204
Ende des Strings	29
Strong type checking	57
strongly typed	57
strstream	170
struct	80, 81, 92, 124, 187, 205

structure	1, 26, 80 - 84, 91, 92, 115, 120, 121, 124, 130, 170, 178, 187, 205
Superklasse	134
switch	48, 49, 51, 145, 146, 149, 182, 187, 188
Tabelle der Anweisungen	188
Tabelle der Ausdrücke	189
Tabelle der besonderen Character	187
Tabelle der Operatoren	184
Tabelle der reservierten Worte	12, 187
Tabulator	171, 187
tabs	171
Tabulatorzeichen	171
tellg	179
template	187, 200
ternärer Operator	158
this	96, 97, 164, 187, 189
true	35, 41, 176, 180, 181
Typ	6, 7, 11, 13, - 20, 24 - 27, 29, 31 - 33, 35 - 37, 56, 60, 62 - 65, 70, 72 - 74, 76, 82, 84, 89, 91 - 94, 97, 110, 112, 118 - 122, 124, 125, 132, 140, 141, 144, 150, 153, 156, 157, 160, 161, 163, 166, 167, 171, 173, 179, 203
abgeleitete Typen	26, 132
abstrakte Datentypen	4, 86
abstrakter Typname	66
boolean	32, 35, 36
char	11, 13, 14, 16 - 21, 24, 25, 27, 30, 31, 49, 67 - 70, 72, 74, 76 - 80, 82, 109, 110, 111, 115 - 118, 121 - 123, 139, 140, 145, 146, 162, 169, 171 - 173, 175, 176, 181, 182, 187, 191, 197, 202, 205
double	14, 16, 17, 29, 33, 34, 37, 56, 63, 69, 70, 72 - 75, 90, 91, 95 - 97, 99, 104 - 106, 121, 122, 126, 155, 157, 165, 166, 167 - 170, 177, 187, 191, 198, 202, 205, 206
Elementare Typen	13
Explizite Typkonvertierung	16, 25, 61, 73

float	11, 14, 16 - 18, 20, 25, 29, 37, 112 - 114, 121, 122, 159, 169, 174, 187, 191, 198, 202
Implizite Typkonvertierung	14, 164, 167
int	6, 7, 9 - 14, 18, 21, 23, 24, 26, 27, 30 - 32, 45, 55 - 58, 61, 63, 66 - 70, 72, 100, 112, 119, 122, 155, 166, 167, 172, 173, 175, 198
long	13, 14, 27, 28, 64, 67, 73, 74, 122, 163, 167 - 169, 175, 177, 179, 187, 191, 202
short	13, 14, 16, 115 - 118, 122, 123, 139, 140, 145 - 147, 169, 187, 191, 202
typedef	17, 26, 27, 69, 73, 122, 187, 190, 191
typensicheres Binden	4
Typfelder	144
Typkonvertierung	13 - 16, 25, 33, 56 - 58, 61, 63
Explizite Typkonvertierung	16, 25, 61
Implizite Typkonvertierung	14, 164, 167
selbstdefinierte Typkonvertierung	74, 166, 167
Übungsaufgaben	2, 201
unärer Operator	37
Unformatierte Ein-/Ausgabe	169
cerr	65, 66, 112, 159, 174, 181, 182
cin	6, 7, 8, 169, 171, 172, 173, 174, 177, 180, 204
cout	6, 7, 8, 34, 49, 50, 51, 53, 56, 58, 59, 61, 66, 72, 76, 77, 78, 82, 90, 98, 110, 126, 145, 147, 169, 171, 173, 174, 176, 177, 182, 204
Union	26, 120, 121, 198
anonyme Union	121
Unix	3, 4, 66, 192, 196, 197
unsigned	13, 16, 28, 38, 74, 122, 187, 191, 202
va_arg	71
va_end	71
va_start	71

16 Register

Vektor	6, 7, 17, 18, 20 - 24, 37, 38, 51, 60 - 63, 80, 110, 112, 113, 119, 120, 144, 159, 160, 164, 166, 170, 173, 184, 185, 201, 203
Vektoren als Parameter	23, 60
Vektoren von Klassen	119, 164
Vererbung	4, 89, 123, 130, 133 - 136, 141, 150 - 152, 197, 198
einfache Vererbungshierarchie	133
mehrfache Vererbung	4, 134, 151, 197
mehrfache Vererbungshierarchie	134
Vererbungshierarchie	133, 134
Vergleichsoperator	31, 35, 36
Verwaltungsfunktion	98
virtual	146, 148, 150, 152, 153, 187
virtuelle Basisklasse	150, 153, 154, 198
virtueller Destruktor	149
virtuelle Funktion	143, 146, 148, 198
void	24, 25, 52, 55, 56, 58 - 65, 68 - 74, 76 - 79, 82, 90, 91, 93, 97, 98, 100, 109, 110, 114, 124, 126 - 128, 131, 132, 137, 145 - 148, 156, 163, 187, 191, 206
Vorwärtsdeklaration	12, 56, 113
Vorzeichen	38, 203
while	6, 7, 36, 39, 45, 46, 49 - 52, 160, 172, 173, 180, 182, 187, 188, 204
white space character	171, 172
write	173
X(const X&)	108, 118, 141 - 143

Zahlenbereich	13, 14
Zeiger	9, 10, 17 - 27, 30, 31, 38, 59 - 71, 81, 82, 84, 85, 91 - 94, 96, 97, 110, 111, 119, 120, 122 - 124, 131, 132, 141, 143 - 146, 148, 153, 158, 161, 162, 164, 185, 198, 202
konstanter Zeiger	22, 23, 30, 120
Zeigerarithmetik	20
Zeiger auf Klassen	131 - 132
Zeiger auf Klassen-Member	92
Zeigerzugriffoperator	158, 162
Zeiger auf Klassen	131 - 132
Zeiger auf Klassen-Member	92
Zeilenvorschub	8, 28, 174
Zugriffsfunktionen	88, 99
Zuweisung	4, 6, 10, 14, 16, 22, 30, 32, 35, 36, 38 - 41, 43, 45, 58, 60, 68, 69, 81, 83, 106, 108 - 110, 113, 117, 118, 131, 142, 158, 161, 162, 184, 186, 188, 197, 207
memberweise Zuweisung	161
Zuweisungsoperatoren	38 - 40, 184